S. 9'9
L - 3.

à conserver

TRAITÉ COMPLET

SUR

LES ABEILLES. 4034

TRAITÉ COMPLET

SUR

LES ABEILLES,

AVEC

Une Méthode nouvelle de les gouverner, telle qu'elle se pratique à Syra, île de l'Archipel;

Précédé d'un Précis historique et économique de cette île.

DÉDIÉ A MADAME.

Par M. l'abbé DELLA ROCCA, Vicaire-Général de Syra.

Admiranda tibi levium spectacula rerum :
Magnanimosque duces, totiusque ex ordine gentis,
Mores et studia, et populos, et prælia dicam.
In tenui labor, at tenuis non gloria. . . . . *Virg. Georg.*

TOME TROISIÈME.

A PARIS,

Chez { BLEUET père, Libraire, Pont-Saint-Michel.
{ RÉGENT et BERNARD, Libraires, Quai des
{ Augustins, n°. 37.

1790.

AVERTISSEMENT.

C<small>E</small> troisième volume termine tout ce que nous avions à dire sur la nouvelle méthode de gouverner les abeilles, pratiquée dans l'Isle de Syra. Ces trois volumes nous ont donc paru renfermer un Traité complet sur cette partie de l'économie rurale. Cependant nous comptons y joindre par forme de supplément un ou deux volumes, dans lesquels nous développerons plusieurs pratiques très-intéressantes sur cette même économie, et des découvertes essentielles sur l'histoire de nos insectes, qui mettront les amateurs en état de connoître plus à fond leur caractère, et d'en tirer un profit aussi constant que les vicissitudes des saisons, sur-tout dans ces contrées, peuvent le permettre.

TABLE DES CHAPITRES

Contenus dans ce volume.

LIVRE V.

Sur le travail intérieur des abeilles, et sur les différentes matières qu'elles y emploient. Page 1

LIVRE VI.

DES ennemis des abeilles, de leurs maladies, et de quelques autres particularités concernant leur gouvernement.

LIVRE VII.

FIN DE LA TABLE.

TRAITÉ

COMPLET

SUR LES ABEILLES.

LIVRE V,

Sur le travail intérieur des abeilles, et sur les différentes matières qu'elles y emploient.

CHAPITRE I.

Des rayons et de leur construction.

A peine un essaim est-il placé dans une ruche, qu'il se met à nétoyer et à débarrasser l'endroit où il doit attacher ses premiers rayons, de tout ce qui peut lui nuire et arrêter son travail. Après cette opération, il pose les bases qui doivent soutenir tout le poids de sa bâtisse.

Tome III.   A

Tous les auteurs modernes, qui traitent sur les abeilles, et que j'ai parcourus, ne font mention d'autres matériaux, dont elles se servent en posant la base de leurs rayons, que de la propolis. Cependant les anciens ont reconnu, outre la propolis, deux autres substances que les abeilles emploient à cet effet, avant la propolis. Pline nous dit que la première substance, avec laquelle les abeilles enduisent l'endroit où elles commencent la construction de leurs rayons, s'appelle *Commosin;* c'est une drogue très-amère au goût. Sur cette première couche, elles en étendent une seconde d'une moindre consistance, qu'il appelle *Pissokeros* (1). Ce n'est qu'après ces deux couches que les abeilles se servent de la propolis, qui est, dit Pline, moins visqueuse que les deux autres, et se rapproche davantage de la nature de la cire.

Effectivement, si on fait bien attention, on peut aisément reconnoître ces trois sortes de drogues, employées par les abeilles, en posant

_____

(1) Albert croit que ce *Pissokeros* n'est autre chose, que *pingue oleum instar ceræ pice admixtæ,* c'est-à-dire, une espèce d'huile grasse, provenant d'un mélange de cire et de poix.

les fondemens.'de leurs rayons, et en bouchant les fentes de leurs ruches; et on verra par là l'exactitude des anciens dans leurs observations.

Nous avons déjà dit, en parlant des essaims, que, dès leur départ de la mère, ils sont pourvus de tout ce qui leur est nécessaire pour commencer leurs premiers travaux, et pour se nourrir pendant quelques jours. La preuve en est, que quand le cultivateur est trop lent à les recueillir, ils forment, dès l'instant, là où ils sont posés, les fondemens de quelque rayon.

L'activité des abeilles est si grande dans ces momens-là, que pendant que les unes nétoyent la ruche et bouchent ses fentes, les autres travaillent à la construction de leurs rayons ou gâteaux, et à la sublime régularité de leurs cellules ou alvéoles.

Quelquefois celles qui ont préparé les matériaux, sont aussi chargées de la construction de l'édifice; quelquefois ce sont d'autres qui leur succèdent; mais toujours celles qui ont élevé le corps de l'ouvrage ne sont point celles qui le polissent; il en vient d'autres qui ont cette commission, qui rendent les angles plus exacts, applanissent les superficies, et donnent à tout la dernière perfection.

A ij

On a remarqué, nous dit M. l'abbé de Lille, (de qui j'ai emprunté presque toute cette description sur les rayons des abeilles, dans ses Notes sur les *Georg. de Virg.* liv. 4 pag. 3o1 ;) on a remarqué, dis-je, que celles-ci travailloient beaucoup plus long-temps que les autres, sans se reposer, comme si le travail de polir étoit moins fatigant que celui d'édifier (1).

Pour la plus grande économie du temps, pendant qu'une partie des abeilles est occupée à la construction des rayons, une autre partie est chargée de la nouriture des ouvrières : ainsi les travaux ne sont point interrompus, et l'ouvrage avance avec une vitesse incroyable. Aussi, a-t-on vu des mouches élever en vingt-quatre heures des rayons d'un pied de long et

---

(1) L'abeille qui s'occupe à la construction des rayons, ne travaille que tant qu'elle a de la matière dans son gosier ; après quoi il est nécessaire qu'elle s'en procure de nouvelle dans les champs, ou qu'elle en reçoive dans la ruche même, des abeilles qui en reviennent. L'abeille au contraire qui polit les cellules, travaille autant qu'elle trouve de nouveaux rayons, c'est pourquoi son travail est plus long que celui de la première. Quoique les autres détails de notre auteur paroissent assez vraisemblables, cependant on ne peut rien prononcer de certain.

de six pouces de large, qui contenoient près de quatre mille alvéoles. A Syra, on observe souvent de forts essaims, dans les bonnes années, en vingt-quatre heures, former plusieurs rayons ronds, parmi lesquels on en voit quelques-uns d'un pied de diamètre.

Quelqu'un pourroit ici demander si les abeilles ne se reposent jamais, sur-tout pendant les ténèbres de la nuit; Virgile le croit : *Omnibus,* dit-il, *una quies operum, labor omnibus unus.* On les voit s'occuper, se délasser ensemble. « Nous sommes forcés de convenir (c'est l'observation que fait M. l'abbé de Lille, sur ce vers de Virgile) qu'il se trouve ici plusieurs méprises. Les abeilles travaillent la nuit comme le jour; se reposent le jour comme la nuit, et ne travaillent jamais toutes à la fois. Dans la plus grande chaleur de l'ouvrage, on voit toujours une partie des ouvrières qui se tiennent dans l'inaction, attachées les unes aux autres par les petits crocs qu'elles ont aux pattes antérieures, et vraisemblablement dans cette position elles se délassent de leurs fatigues. Effectivement, il étoit naturel d'imaginer que des insectes qui habitent perpétuellement les ténèbres d'une ruche, et qui dans ces ténèbres élèvent

des ouvrages aussi finis que les leurs; qui ont
plus de seize mille yeux, lorsque nous n'en
avons que deux; qui ont ces yeux taillés dif-
féremment que les nôtres; qui aperçoivent su-
rement des différences, où nous ne voyons que
de l'uniformité, des espaces où nous ne découvrons que des points, qui voient enfin où nous
ne voyons plus; il étoit, dis-je, naturel d'imaginer que des êtres ainsi conformés, ne devoient
guères connoître et attendre ce retour périodique de lumière et d'obscurité que nous avons
appellé le jour et la nuit. »

    Je suis d'autant plus persuadé que les abeilles
travaillent de nuit comme de jour, qu'à quelqu'heure qu'on s'approche de leur ruche, pendant la nuit, on entend un bruit continuel,
occasionné par le mouvement qu'elles font en
travaillant. Mais il n'est pas également certain
que toutes les abeilles qu'on voit accrochées les
unes aux autres, restent dans une inaction inutile à leur communauté. Nous observons toujours dans nos ruches, que le gros de ces pelotons se porte sur les rayons qui sont pleins de
couvain, ou du côté que les abeilles travaillent
à de nouveaux gâteaux. De là, nous concluons
que ces pelotons servent à produire une chaleur

nécessaire aux embryons pour hâter leur avancement, et aux abeilles qui travaillent pour tenir la cire molle et plus maniable.

On pourroit aussi penser que ces mêmes abeilles attachées les unes aux autres, ont le gosier plein de cire, qu'elles purifient avec leurs dents et leur langue, pour ensuite l'employer d'elles - mêmes, ou la faire passer à d'autres abeilles qui bâtissent de nouveaux rayons. Je dis cela, parce qu'un jour, observant, au travers d'un verre, les abeilles pendant leur travail, j'en ai vu une qui attachoit un rayon sur le verre, avec de la cire qui sortoit comme un fil de sa bouche; et aussitôt que la cire finissoit, je la voyois courir du côté du peloton; comme elle me paroissoit la même, je pensois qu'elle alloit auprès des autres se pourvoir de matériaux pour avancer son travail.

Qui sait encore si ces mêmes abeilles n'ont pas le ventre rempli de molividlie, de miel et d'eau, et si elles ne se tiennent pas ainsi tranquilles pour donner à ces trois substances le degré de cuisson le plus propre à la nouriture de leurs embryons?

M. Duchet croit que toutes ces abeilles en pelotons sont pleines de miel, et qu'elles se tiennent ainsi pour le digérer plus vîte , et que par ce moyen , le miel s'évapore en pure cire à travers leurs anneaux. Nous combattrons ailleurs cette opinion de M. Duchet.

Revenons à la construction des rayons. Les abeilles travaillent d'abord au haut de leur ruche, c'est là qu'elles attachent leurs gâteaux , dont la direction est perpendiculaire à la base de la ruche. Cette méthode paroît avoir bien des inconvéniens. Leur ville est, pour ainsi dire, suspendue en l'air. Le poids des alvéoles et des magasins de miel et de cire , sembleroit devoir faire craindre pour la solidité de l'ouvrage ; mais nos architectes ont pourvu à tout. Ils attachent d'abord les rayons avec une glu extrêmement visqueuse , avec leur propolis ; ils multiplient de tous côtés ces attaches , et ne négligent rien pour assurer les fondemens; en même temps pour diminuer le poids du bâtiment, ils donnent aux cellules la moindre épaisseur qu'il est possible ; et comme les inconvéniens naissent les uns des autres , et que le peu d'épaisseur de ces cellules les mettroit hors d'état de résister au mouvement perpétuel des mouches , elles ont soin de fortifier d'un rebord de cire l'entrée de leurs alvéoles, comme étant la partie qui doit souffrir le plus, et qui sera attaquée le plus souvent.

Elles ne se contentent pas de travailler à un seul rayon; elles en élèvent plusieurs à-la-fois, qui sont parallèles entre eux, et qui, attachés également à la voûte de la ruche, tombent aussi perpendiculairement sur la base. Il y a toujours entre les différens rayons un espace vide propre à laisser passer deux mouches de front; ce sont les grandes rues de leur cité. De plus, elles ont ménagé différens petits trous par lesquels une mouche peut passer promptement d'un rayon à l'autre, sans prendre un long circuit. Ainsi la communication paroît fort bien établie entre les différentes parties de leur empire, et la correspondance entre les citoyens peut être fort prompte.

Dans des circonstances où elles sont pressées par l'ouvrage, et où elles doivent préparer des berceaux pour recevoir les œufs de la reine, elles ne donnent aux nouveaux alvéoles qu'une partie de la profondeur qu'ils doivent avoir; elles les laissent imparfaits, et diffèrent de les finir jusqu'à ce qu'elles aient ébauché le nombre des cellules qui sont nécessaires pour le temps présent.

Chaque rayon est composé d'un double rang d'alvéoles, qui sont adossés les uns contre les autres, et qui ont une base commune. La figure de l'alvéole est un hexagone régulier à six pans. Pappus, fameux géomètre de l'antiquité, a prouvé que cette figure avoit le double avantage de remplir un espace sans y laisser de vide, et de renfermer un plus grand espace dans le même contour (1); et il est bien étrange que les abeilles aient précisément choisi ou rencontré entre une infinité de figures, la seule qui pût remplir exactement leurs conditions aussi essentielles. La figure de la base est une pyramide formée de trois losanges parfaitement égales; les quatre angles de ces losanges sont encore si heureusement combinés, et leur ouverture est dans une telle proportion, que la circ est employée avec la plus grande économie possible,

_____

(1). Nos Archimèdes modernes, dit un autre auteur, admirant les dispositions de la forme de ces alvéoles, ont trouvé résolu, par un mécanisme naturel, un des plus beaux et des plus difficiles problêmes de la géométrie, *faire tenir dans le plus petit espace possible, le plus grand nombre de cellules, et les plus grandes possible, avec le moins de matière possible.*

en sorte que toute autre losange composée d'angles de toute autre grandeur, n'auroit pu procurer le même avantage. M. Kœnig, qui avoit employé l'analyse des infiniment petits, pour résoudre ce problême qui lui avoit été donné par M. de Réaumur, après bien des calculs, n'étoit arrivé qu'au résultat des abeilles. La manière dont elles s'y prennent pour construire tous ces côtés de leurs hexagones, toutes ces losanges de leurs bases, et tous ces angles de leurs losanges, est aussi étonnante que le choix même des figures. Mais tous ces détails, ajoute M. l'abbé de Lille, sont trop compliqués pour être expliqués en peu de mots, et il faudroit que mes lecteurs eussent eux - mêmes bien de la géométrie, pour entendre toute celle de nos insectes.

L'épaisseur de chacun de ces rayons est d'un peu moins d'un pouce (cependant leur partie supérieure a ordinairement quelque chose de plus). Ainsi la profondeur de chaque alvéole destiné pour les abeilles ouvrières, est d'environ cinq lignes, et leur largeur est constamment de deux lignes deux cinquièmes dans tous les pays où il y a des abeilles. Voilà donc une mesure invariable que tout le monde connoît, qui se

trouve par-tout, et que la nature a fixée sur tous
les points du globe.

Outre ces alvéoles, qui sont les plus nombreux, elles en construisent d'autres qui sont
un peu plus grands, destinés à recevoir les œufs
desquels doivent naître les faux-bourdons. Les
abeilles, dans la construction de leurs alvéoles,
ont égard à ces deux combinaisons, celles de la
grosseur et du nombre des mouches qui doivent
y naître. Ainsi ces cellules diffèrent des premières par la largeur et la profondeur ; mais elles
sont aussi toujours d'un diamètre constant, qui
est de trois lignes et demie ; de sorte que vingt
de ces cellules destinées aux faux - bourdons,
couvriroient une ligne de cinq pouces dix lignes
et un peu plus ; tandis que vingt cellules d'a-
beilles ouvrières ont juste quatre pouces de
longueur. Tout ce travail est fait avec une telle
délicatesse, et les parois et les bases de ces cellules sont d'une si grande finesse, que trois ou
quatre de ces côtés, posés les uns sur les autres,
n'ont pas plus d'épaisseur qu'une feuille de papier ordinaire.

Elles construisent encore plusieurs autres
alvéoles destinés à être le berceau des reines :
pour lors elles abandonnent leur architecture

ordinaire ; elles bâtissent exprès des cellules de
figure arrondie et oblongue, qui ont beaucoup
de solidité. Une seule de ces cellules pèse autant
que cent ou cent cinquante des cellules ordinaires : il y a moins d'économie dans celles-ci ;
la cire y est employée avec profusion, les dehors
en sont guillochés; ce sont des cellules vraiment
royales. Elles sont en très-petit nombre en comparaison des autres. Nos travailleuses, dit M. de
Bomare, savent ou paroissent savoir que leur
mère ne doit pondre, pour l'ordinaire, que
quinze à vingt œufs par an, d'où naîtront d'autres mères (1). On peut voir la planche II, fig.
1re. à la fin du second volume, et son explication
qui la suit. Cette figure présente un morceau
de rayons composé de cellules ordinaires pour
les ouvrières, de celles à grands yeux pour les

_____

(1) Les abeilles ne couvent effectivement, dans le
temps des essaims, que 15 à 20 œufs royaux ; cependant
il est certain que la reine en pond, dans le cours de
l'année, un plus grand nombre, dont les abeilles se
défont, lorsqu'elles n'en ont pas besoin, comme nous
l'avons dit ailleurs. Contardi nous rapporte que dans la
troisième partie des Mémoires de la société des abeilles,
établie en Lusace, il est fait mention d'un essaim qui
avoit un nombre prodigieux de reines.

faux-bourdons, et de plusieurs royales de différentes grandeurs.

Un gâteau composé d'alvéoles est un spectacle
charmant ; tout y est disposé avec tant de symé-
trie, et si bien fini, qu'à la première inspection
on est tenté de le regarder comme un chef-
d'œuvre de l'industrie des insectes.

M. de Buffon, effrayé des merveilles de l'architecture et de la géométrie des abeilles, et se
refusant à leur reconnoître une intelligence qui
auroit surpassé la nôtre, a essayé d'expliquer
tous ces faits par le mécanisme seul. Ces hexagones, dit - il, tant vantés, tant admirés, me
fournissent une preuve de plus contre l'enthou-
siasme et l'admiration. Cette figure, toute géo-
métrique et toute régulière qu'elle nous paroît,
et qu'elle est dans sa spéculation, n'est ici qu'un
résultat mécanique, et assez imparfait, qui se
trouve souvent dans la nature, et que l'on remarque même dans ses productions les plus
brutes, les cristaux, et plusieurs autres pierres.
Quelques sels prennent constamment cette figure dans leur formation. Qu'on observe les
petites écailles de la peau d'une roussette, on
verra qu'elles sont hexagones, parce que chaque
écaille croissant en même temps, se fait obstacle

et tend à occuper le plus d'espace qu'il est possible dans un espace donné. On voit ces mêmes hexagones dans le second estomac des animaux ruminans. On les trouve dans les graines, dans les capsules, dans certaines fleurs, etc. Qu'on remplisse un vaisseau de pois, ou plutôt de quelque autre graine cylindrique, et qu'on le ferme exactement, après y avoir jetté autant d'eau que les intervalles qui restent entre ces grains peuvent en recevoir, qu'on fasse bouillir cette eau ; tous ces cylindres deviendront des colonnes à six pans. On en voit clairement la raison, qui est purement mécanique. Chaque graine, dont la figure est cylindrique, tend, par son renflement, à occuper le plus d'espace possible dans un espace donné ; elles deviennent toutes nécessairement hexagones, par la compression réciproque. Chaque abeille cherche à occuper de même le plus d'espace possible dans un espace donné ; il est donc nécessaire aussi, puisque le corps des abeilles est cylindrique, que leurs cellules soient hexagones, par la même raison des obtacles réciproques.

Cette explication, répond ici M. l'abbé Delille, est très-ingénieuse ; mais j'ose dire, avec le respect que l'on doit à un écrivain tel que M.

de Buffon, qu'elle est encore insuffisante. Un des faits les plus certains dans l'histoire de ces insectes, c'est que tous les ouvrages de leur petite république ne sont faits que par les ouvrières, et que les mâles et les reines, loin de contribuer aux travaux publics, n'ont pas même reçu de la nature les organes et les instrumens qui y sont propres. Or, si la régularité de ces alvéoles n'avoit pas d'autre cause que celle que M. de Buffon lui assigne; si elle n'étoit produite que par une loi mécanique, et par la compression réciproque de ces insectes combinée avec leur figure, il est certain que tous les alvéoles auroient la même forme et la même dimension, puisqu'ils sont tous construits par les ouvrières. Ceux des mâles auroient la même grandeur, ceux des femelles auroient la même grandeur et la même figure, et on ne verroit point cette étonnante proportion du nombre des différentes cellules, avec le nombre des différentes mouches qui doivent y naître.

« Au reste, ajoute M. Deleuze, quiconque aura pu voir les abeilles travailler à la construction de leurs gâteaux, ou observé avec attention des gâteaux commencés, sentira le faux de l'explication mécanique que divers naturalistes ont

ont voulu donner de cette régularité de figure,
en supposant qu'elle n'est que le résultat nécessaire de ce qu'un grand nombre d'abeilles travaillent dans un espace étroit; d'où il suit que
la figure ronde qu'elles tendent à donner à leurs
alvéoles, se change en hexagone par la pression
que chacune éprouve de toutes parts. On voit,
au contraire, que les pièces sont faites les unes
après les autres, et ont chacune, dès leur première construction, la figure régulière qui leur
est propre, sans aucun indice d'une compression,
qui ne peut avoir lieu ni dans une ruche peu
peuplée, ni sur les bords des gâteaux. »

« Leuwenhoek, en examinant les yeux des
abeilles au microscope, avoit cru observer que
la lumière, mêlée aux ombres, peignoit sur
leur rétine des cellules semblables à leurs rayons;
ce qui lui avoit fait conjecturer que ces animaux,
en travaillant, ne faisoient qu'exécuter ce qui s'of-
froit à leurs yeux. Nous ne nous arrêterons pas
à discuter le faux de cette singulière explication. »

« Revenons à considérer l'industrie de nos
abeilles. C'est avec un vrai plaisir qu'on les voit
travailler, chacune suivant son district, à l'ouvrage commun. Elles volent sur les fleurs de
diverses plantes, et s'y roulent au milieu des

Tome III. B

étamines, dont la poussière s'attache à une forêt de poils dont leur corps est couvert. La mouche en paroît quelquefois toute coloriée (1). »

« Elles ramassent ensuite toute cette poussière avec les brosses que nous avons vu qu'elles ont à l'extrémité des pattes, et l'empilent dans la palette triangulaire. Chaque palette est de la grosseur d'un grain de poivre un peu aplati. Quand les fleurs ne sont pas encore bien épanouies, nos mouches pressent avec leurs dents les sommets des étamines où elles savent que les grains de poussière sont renfermés, pour les obliger de s'ouvrir et faire leur récolte (2). On voit bientôt

---

(1) Ce phénomène n'est qu'un pur accident. Les abeilles qui entrent dans une fleur remplie de poussières, telle qu'un lys, par exemple, pour en sucer le miel, en se remuant et en se retournant se trouvent couvertes sans dessein de ces poussières : je les ai vues souvent ainsi couvertes, rentrer dans leur ruche, et d'autres abeilles les nettoyer entièrement.

(2) Vers le temps où le thym est prêt à fleurir, on observe à Syra que les abeilles parcourent les boutons du thym, et qu'elles y ramassent avec leurs dents une matiere blanchâtre, que nous croyons n'être que la vraie cire. En effet, nous voyons les abeilles s'en char-

les abeilles rentrer dans la ruche, chargées les
unes de pelottes jaunes, les autres de pelottes
rouges ou d'autres diverses nuances, selon la
couleur des différentes poussières. Cette poussière qu'elles rapportent est la matière à cire
ou la cire brute, car elles ne rencontrent nulle
part la cire toute faite (1). »

« A peine les mouches, ainsi chargées de la récolte, sont-elles arrivées, que plusieurs abeilles, viennent détacher avec leurs serres une petite portion de cette matière à cire qu'elles font
passer dans un de leurs estomacs; car elles en
ont deux, l'un pour le miel, l'autre pour la

ger, et rentrer dans les ruches les pattes pleines. Cette
matière est autrement disposée que ne l'est la molividhe. Nous les voyons aussi commencer la construction
de nouveaux rayons avant que le thym soit fleuri; preuve
que cette matière blanchâtre n'est pas la poussière des
étamines, mais la cire en nature.

(1) Nous croyons, au contraire, que cette poussière
ou molividhe est une matière différente de la vraie cire,
et que les abeilles travaillent celle-ci, comme elles la
recueillent. Elles ne font que la purifier de tout corps
hétérogène, et la manipuler avec la bouche et les pattes,
et elles en composent la matière de leurs rayons.

B ij

cire (1). C'est dans cet estomac que se fait une merveilleuse élaboration. La véritable cire y est extraite en très-petite quantité de la cire brute, dont une partie leur sert d'aliment, et le reste est rejeté en excrémens; ce que M. de Réaumur a prouvé par un calcul ingénieux. Il observa que dans une ruche de 18 mille abeilles, chacune d'elles pouvoit faire quatre à cinq voyages par jour; qu'il falloit huit pelottes de cire (molividhe) pour le poids d'un grain; que les mouches rapportoient, pendant sept à huit mois consécutifs, cent livres et plus de cette matière, et que cependant, si l'on retire, au bout d'une année,

_____

(1) La molividhe dont nous parlons ne sert que pour alimenter les abeilles et leur couvain. D'ailleurs, elle n'entre pour rien dans la composition de la vraie cire, à moins qu'il ne s'y trouve de petites parcelles de cire, dont elles peuvent faire la séparation avec les dents, la langue et les pattes; ainsi, je ne crois pas aux deux estomacs qu'on leur attribue communément: elles en ont un véritablement pour la digestion du miel et de la molividhe qu'elles mangent pour se conserver; l'autre n'est qu'une vessie qui n'a aucune communication avec leurs viscères. Je suis persuadé que cette vessie ne sert qu'à recevoir le miel qu'elles recueillent et qu'elles rapportent à la ruche, pour le dégorger dans les alvéoles.

la cire d'une semblable ruche, on n'y trouve qu'environ deux livres de vraie cire, d'où il suit nécessairement que la cire brute fait partie de leur nourriture, et qu'elles en extraient peu de véritable cire (1). »

« Les mouches dégorgent cette cire, sous la forme d'une bouillie ou pâte, par la bouche que nous leur avons vue ; et à l'aide de leur

---

(1) Une abeille peut faire dans un quart d'heure plus d'une lieue de chemin, et il ne lui faut pas plus de tems pour faire son chargement. Un jour, comme je visitois des ruches par un tems très-couvert qui retenoit toutes les abeilles captives, le soleil ayant dissipé les nuages, et le tems s'étant mis au beau, à l'instant je vis les ruches vomir un peuple immense d'abeilles. Je pris ma montre à la main, et je vis avec plaisir qu'il ne s'étoit passé que six à sept minutes depuis le moment de leur départ, jusqu'à celui de leur retour, que je ne distinguois qu'au butin dont je les voyois chargées. Je crois, d'après cela, qu'une abeille peut faire assurément plus de cinq voyages par jour. Le calcul de M. de Réaumur, sur la quantité de molividhe que les abeilles apportent est très-probable ; il ne s'ensuit cependant pas que la molividhe soit la première matière de la cire. Nous verrons ailleurs quelle immense quantité de miel et de molividhe les abeilles consomment pour leur nourriture, et pour celle de leurs embryons.

B iij

langue, de leurs dents et de leurs pattes, elles construisent ces alvéoles dont nous avons admiré la figure. Dès que cette pâte est sèche, c'est de la cire ordinaire (1). »

« Les gâteaux nouvellement construits sont blancs, mais ils perdent peu à peu leur éclat en vieillissant; ils jaunissent, et les plus vieux deviennent d'un noir de suie : les vapeurs qui règnent dans l'intérieur d'une ruche, les dépouilles des vers, et le miel en sont la cause. La cire qui a été originairement blanche, recouvre sa blancheur, étant exposée à la rosée : mais toutes les abeilles ne font pas la cire également blanche; ce qui dépend moins de l'insecte que de la nature des poussières des étamines qu'il va recueillir (2). On éprouve même dans les

---

(1) Nous croyons, au contraire, que les abeilles recueillent la cire telle qu'elle est sur les plantes, et qu'elles ne font autre chose que la nettoyer des matières hétérogènes, et la manipuler avec leur langue, leurs dents et leurs pattes pour la fabriquer en rayons.

(2) La qualité de la cire, et son plus ou moins de blancheur dépendent de la qualité des plantes. Dans notre île, la cire qu'elles recueillent sur le thym est,

blanchisseries qu'il y a des cires qu'on ne peut rendre d'un beau blanc. »

« Dans les mois d'avril et de mai, les abeilles recueillent du matin au soir de la matière à cire ; mais lorsqu'il fait plus chaud, comme dans les mois de juin et juillet, c'est sur - tout le matin jusque vers les dix heures qu'elles font leur grande récolte, parce qu'alors les poussières des étamines, étant humectées par la rosée de la nuit, sont plus propres à faire corps les unes avec les autres, et à être réunies en masse (1). Ces poussières, ainsi réunies, qui for-

sans comparaison, la meilleure et la plus blanche. La diversité des poussières des étamines n'y entre pour rien ; puisque les fleurs du thym n'ont pas de cette poussière, et que dans le tems qu'il fleurit on ne voit pas d'autres fleurs qui en produisent ; c'est cependant dans ce tems-là que les abeilles produisent la meilleure cire, et en plus grande quantité.

(1) Dans le Levant aussi les abeilles cessent, lors des grandes chaleurs, d'aller faire la récolte ; et nous croyons fortement que c'est uniquement parce que cette grande chaleur les incommode. Mais lorsqu'il règne un bon vent de tramontane qui rafraîchit l'air, malgré la chaleur du soleil, elles sortent depuis le matin jusqu'au soir, sans discontinuer, et sans relâche.

ment la cire brute, diffèrent essentiellement de la véritable cire, qui se ramollit sous les doigts, devient flexible comme une pâte et est ductible, au lieu que la cire brune ne s'amollit point sous les doigts, n'y prend point de ductilité, mais s'y brise (1).»

« Des expériences très-faciles démontrent que les poussières d'étamines sont les principes de la cire, mais ne sont point la cire. Si l'on met une boulette, formée de plusieurs petites pelottes de cire dans une cuiller d'argent sur des charbons allumés, au lieu de fondre comme la cire, ces pelottes conservent leur figure, se dessèchent, et se réduisent en charbons. Si l'on fait un petit filet de ces pelottes, en les roulant entre les doigts, et qu'on le présente à la flamme d'une bougie, il brûlera sans couler, comme un brin de bois sec et résineux. Si l'on jette la cire brute dans l'eau, on la voit tomber au fond, au lieu qu'on verra la cire surnager : tous ces caractères distinctifs prouvent d'une manière in-

_____

(1) Nous verrons ci-après, que toutes ces expériences prouvent clairement que la molividhe n'est pas la matière brute de la cire, avec laquelle les abeilles, après l'avoir digérée, forment la vraie cire.

contestable l'élaboration qui se fait dans le corps de ces insectes (1). »

« M. de Réaumur, dont le moindre objet d'utilité attiroit l'attention, a fait plusieurs tentatives pour voir s'il ne seroit pas possible de tirer par art, la cire toute faite de la cire

---

(1) En supposant que les abeilles ne forment la cire que de la molividhe, la conséquence de M. de Bomare est juste, puisque ces deux substances sont différentes. Pour que la molividhe puisse se convertir en cire, il est nécessaire qu'elle soit digérée dans l'estomac des abeilles, et c'est positivement ce que je ne crois pas. Je ferai voir, au chapitre troisième, ci-après, que l'origine de la cire est différente de celle que lui donne M. de Réaumur. M. Géer, dans ses Mémoires sur les insectes, avance que » suivant tous les chimistes, la » décomposition de la cire de toute manière est im- » possible à effectuer, quand même on y emploieroit » les moyens avec lesquels on décompose toutes les » pierres et les métaux, de sorte que l'estomac le plus » fort ne peut pas la digérer, excepté la fausse teigne. » (Quand je parlerai de ces vers, je ferai voir que c'est une erreur de croire qu'ils mangent la cire.) Or, si l'estomac des abeilles avoit la force de transformer la molividhe en cire, je ne vois pas pourquoi un autre estomac, également chaud, ou quelque procédé chimique, ne pourroit pas y parvenir.

brute : il se proposoit de concourir, avec les
abeilles, à la fabrication de la cire ; mais ses
expériences n'ont abouti qu'à lui apprendre qu'il
ne nous est pas plus aisé de parvenir à faire de
la vraie cire avec les étamines des fleurs, qu'il
ne l'est de faire du chyle avec les différentes
substances qui nous servent d'aliment, ou qu'il
ne le seroit de faire de la soie en distillant les
feuilles de mûrier. »

Tout ce que j'ai rapporté de M. de Bomare,
servira pour faire connoître ce que les auteurs
pensent communément, d'après M. de Réaumur, sur l'origine de la cire. Quand ensuite
j'expliquerai, dans le chapitre troisième, ce
que nous pensons dans l'Ile de Syra sur cette
même origine, chacun jugera ce qu'il trouvera
plus raisonnable, et suivra le sentiment qui
lui paroîtra le plus simple et le plus naturel.

CHAPITRE II.

DE la direction que les abeilles donnent à leurs rayons dans nos ruches ; de celle qui seroit la plus utile aux propriétaires, et des moyens de la faire suivre aux abeilles.

IL faut se rappeler ici ce que nous avons dit dans le second livre, de la forme de nos ruches, qui doivent être longues, rondes, et posées horizontalement: cela supposé les abeilles donneront à leurs rayons une des trois directions que je vais expliquer.

La première, la plus commode pour les propriétaires, lors de la vendange, est de tirer les rayons droits d'un côté de la ruche à l'autre, et qu'ils soient parfaitement ronds, et du même diamètre, à peu de chose près, que celui de la ruche. En l'ouvrant, on doit avoir devant soi un rayon parfaitement rond, quand il est fini. On voit alors facilement l'intérieur et le fond des cellules, les œufs que la reine y dépose, et les vers qu'ils produisent, etc.

La seconde direction que les abeilles donnent à leurs rayons est entièrement opposée à la première. Elle prend depuis le fond de la ruche jusqu'à son ouverture. Les abeilles commencent un rayon dans le fond de la ruche, et ne le terminent que lorsqu'elles sont arrivées près du couvercle antérieur.

Il ne faut pas croire pour cela que les abeilles ne commencent qu'un seul rayon, ni qu'elles le finissent avant d'en commencer un autre ; ce n'est pas ainsi qu'elles travaillent. Elles commencent à la fois presque autant de rayons qu'en peut contenir la largeur de la ruche, et elles les perfectionnent en commun, jusqu'à ce qu'ils soient complètement finis. On conçoit qu'il n'est pas possible alors de voir l'intérieur des alvéoles, à moins que ce ne soit de côté, en y pratiquant quelque petite ouverture.

La troisième direction tient le milieu entre la première et la seconde. Ses rayons sont tirés obliquement.

De ces trois directions, la plus commode pour la vendange, est la première. La seconde est la plus difficile ; celle qui est oblique n'a ni les avantages de la première, ni les incommodités de la seconde. On parlera de toutes ces différences au chapitre de la vendange.

Quoique les abeilles suivent ordinairement la première direction qu'elles ont commencée, il arrive quelquefois que dans le cours de leur travail, elles en changent pour en prendre une très-irrégulière et fort bizarre; il est alors plus difficile de les vendanger. Ce changement, selon nous, provient de ce que les jeunes essaims, destinés à former une nouvelle république, se regardant déja comme un corps à part, et imaginant travailler pour leur propre compte, tirent une espèce de ligne de démarcation entre la cité maternelle et la leur. Voilà pourquoi leur travail n'est jamais dans la même direction. Cela est si vrai, que lorsque deux essaims s'établissent ensemble dans la même ruche et restent au moins pour quelque temps séparés, la direction de leurs rayons est diamétralement opposée.

Cela se trouve aussi confirmé par une observation de M. La Grenée sur les ruches de paille, en forme de cloches; c'est-à-dire lorsqu'un essaim qui s'y établit se sépare en deux à cause de la pluralité des reines. Dès que chacun d'eux, cantonné dans un côté de la ruche, commence à travailler, alors dit-il, pag. 123, » il est remarquable que les rayons d'un essaim ne vont

pas dans la même parallèle que ceux de son
voisin. Ils forment avec eux deux angles de différens degrés. On voit aussi que certains rayons
forment une séparation du haut de la ruche en
bas, pour empêcher la communication d'un essaim avec l'autre. Il y a apparence que ces sortes de rayons se font à frais communs.«

Un essaim peut se séparer en deux, et occuper deux postes dans la ruche pour travailler
séparément; on ne peut pas en douter. Nous
en avons vu un à Syra s'emparer du fonds de la
ruche et un autre de la partie antérieure, et faire
tous les deux leurs rayons dans une direction opposée. Rien n'est plus admirable que la paix et
la tranquillité avec laquelle ils travaillent réciproquement. On remarque même dans nos ruches que, comme il y a différentes entrées et
sorties autour du couvercle antérieur, les abeilles de ces essaims entrent et sortent par différens trous.

Cependant, malgré cette union, quand les
essaims ont pris une certaine croissance, et que
les rayons commencent à se joindre, nous
croyons que cette séparation ne peut plus avoir
lieu, et que leur tranquillité doit être troublée:
ces deux essaims sont forcés de se réunir en-

semble, et de n'en former qu'un seul, parce que celui de devant remplissant à lui seul la partie antérieure de la ruche, il seroit difficile de concevoir comment les abeilles de l'autre pourroient impunément passer, au milieu de tant d'ennemis. En effet, par tout ce que l'on remarque à cette époque dans les ruches, on doit croire que les deux essaims se sont unis, et qu'ils n'en forment qu'un seul (1), ou que l'un d'eux sera allé chercher une autre demeure.

(1) « On voit des ruches, dit l'Encyclopédie méthodique, « pag. 319, au mot ABEILLES, qui ont plusieurs reines « et dans lesquelles la paix règne ; dans ce cas, les ru-« ches sont partagées en autant de divisions qu'il y a de « reines. Chaque essaim particulier ne confond pas son « travail avec celui d'un autre ; une cloison intermé-« diaire les sépare. Les gâteaux n'y sont pas rangés « dans le même sens. Je suis assuré que l'intelligence « peut durer plusieurs années de suite dans ces ruches ; « mais ordinairement elle dure peu, à ce qu'on assure, « et elle cesse quand la population est augmentée dans « chacune des familles. Alors, dit-on, il y a une « guerre sanglante entre les essaims, ou les uns et les « autres prennent la fuite. » Nous n'avons à Syra aucun exemple de cette désertion totale de ruches pour une pareille cause.

Revenons à la direction de nos rayons; et puisque nous avons dit que la première direction est la plus commode pour les propriétaires dans le temps de la récolte, il faut voir s'il y a quelque moyen pour engager les abeilles à la donner à leurs rayons : voici celui que nous employons; il est très-simple et très-facile.

On prend un morceau de bois ou de roseau, de la longueur du diamètre de la ruche; on le fend de la manière prescrite à la Planche II, figure 4; c'est-à-dire en espèce de fourche à deux dents, qui ont environ 5 pouces de long. On tire de quelque ruche un morceau de rayon de 7 à 8 pouces de large, sur 5 ou 6 de haut, et on le pose entre les dents de cette fourche, en l'arrondissant dans sa partie supérieure, comme on le voit dans ladite figure. On place dans la ruche ce morceau de rayon avec la petite fourche, de manière que la fourche soit bien assujettie et resserrée entre la partie supérieure et la partie inférieure de la ruche : on comprend que la fourche doit tenir fortement à la ruche, en proportion du poids du rayon qu'il faut soutenir droit.

Pour assurer le rayon et la fourche, on doit mettre au-dessous de celle-ci une petite cale qui
étant

étant ôtée, facilitera le moyen de la retirer, après que les abeilles auront attaché le morceau de rayon à la partie supérieure de la ruche.

Le propriétaire pourra voir alors de quelle manière il aime mieux que les abeilles placent leurs rayons, et il dirigera en conséquence celui qui est dans la fourche. S'il veut leur donner la première direction, que nous croyons la meilleure, il disposera dans cette direction, le rayon appliqué sur la fourche, et il l'enfoncera jusqu'à ce qu'il touche ceux qui sont dans la ruche. La première chose que feront les abeilles, sera d'attacher ce rayon au haut de la ruche; et pour qu'elles puissent le faire plus commodément et plus solidement, nous avons observé qu'il falloit que le bout des deux dents de la fourche excédât le rayon d'un pouce. On ménage ainsi à nos insectes ce petit espace pour travailler et attacher leur rayon à la ruche.

Après cette opération, les abeilles abandonnent leur direction ancienne, et suivent exactement celle que nous voulons leur donner, parce qu'elles construisent ordinairement leurs rayons pareils les uns aux autres.

Il faut faire attention que si dans le haut de

Tome III.   C

la ruche, il se trouvoit des vestiges de quelques anciens rayons qu'on auroit taillés, on doit les gratter radicalement, pour que les abeilles ne prennent pas une direction contraire à celle que nous cherchons à leur faire prendre.

Cette opération de donner une direction au rayon, peut se faire en trois temps différens.

1°. Lorsqu'on place un essaim dans une ruche. On peut y mettre, comme on l'a dit, un morceau de rayon, pour donner aux autres la direction que l'on désire, avant que les abeilles aient commencé leur travail ; et c'est le moment le plus propre et le plus sûr pour les engager à donner à leurs rayons cette direction. On doit établir la fourche et le rayon avant d'y mettre l'essaim.

2°. On peut faire encore cette opération, quand les abeilles commencent à travailler et à diriger leurs rayons en sens contraire.

3°. Enfin, on peut aussi la faire après que l'on a vendangé la ruche, en ayant soin, comme nous l'avons remarqué, de bien gratter tous les vestiges de l'ancienne direction des rayons.

Rien n'est si facile, par la disposition des ruches, que j'ai proposées pour l'usage des cultivateurs en France. Supposons qu'une moitié des rayons d'une de nos ruches soit dirigée, comme nous le désirons, et que l'autre moitié ait une direction contraire ; alors on vendangera les ruches du côté des rayons de la direction contraire, et on les retirera tous, jusqu'à l'endroit où ils commencent à avoir la bonne direction ; on grattera bien toutes les attaches, et on y appliquera une ou deux fourches avec des morceaux de rayon, parallèlement aux autres qui sont dans la direction désirée, et dans la même année elles travailleront sur cette direction.

Cette méthode de placer un ou deux morceaux de rayon dans une ruche est très-utile, non-seulement dans la circonstance que je viens d'exposer, mais encore dans d'autres occasions; quand on veut mettre, par exemple, quelques morceaux de rayons avec du miel ou même avec du couvain, dans une ruche, où l'on a introduit un petit essaim, pour l'engager à y rester plus facilement, et à s'y établir; ou lorsqu'on veut faire des essaims artificiels, suivant la méthode que j'ai décrite ailleurs, et que j'ai pratiquée moi-même, en dressant un morceau de rayon sur lequel on met une reine; ou enfin en y plaçant un morceau de rayon, qu contienne quelques cellules royales, d'où il ne tarde pas à sortir quelques reines. Voyez le quatrième livre, chapitre 15.

On peut placer encore des rayons remplis de couvain dans des ruches foibles, pour les fortifier et pour ne pas perdre les petites abeilles, sur-tout quand les rayons ne sont ni trop grands ni trop pesans. En pareil cas, on peut partager le rayon en deux parties, et les dresser à part dans la ruche. Dans le chapitre où l'on parlera de la récolte ou taille des ruches, on rapportera à ce sujet quelques autres particularités.

Pour faciliter l'opération de changer la direction des rayons, et procurer aux ruches foibles quelques rayons avec du couvain, j'ai inventé un machine qui m'a paru bien plus propre à remplir cet objet que la fourche de bois ou de roseau, que nous avons décrite.

J'en avois d'abord imaginé une simple, telle que je l'ai fait graver, Planche II du second volume; je l'ai ensuite perfectionnée et triplée, au point de pouvoir mettre en même temps trois rayons sur la même direction. On la trouvera gravée, Planche IV, à la fin de ce volume. Pour mieux l'entendre, et connoître tous les avantages que l'on peut en retirer dans le gou-

vernement de nos ruches, on peut lire le détail
que j'en ai donné à la fin du second volume.

CHAPITRE III.

De la cire à laquelle on attribue une ori-
gine plus simple et plus naturelle que
celle qu'on a adoptée jusqu'ici.

APRÈS avoir traité de la construction des
rayons, il convient de parler de la matière dont
les abeilles composent ces mêmes rayons, c'est-
à-dire de la cire.

Presque tous les auteurs modernes que j'ai
lus s'accordent à regarder comme une chose
certaine et démontrée, que la cire se forme de
cette matière que nous appelons molividhe, en
italien *pane delle api*, et en françois, *cire brute*,
ou *matière de cire*.

Ces auteurs croient que les abeilles mangent
une quantité étonnante de cette même matière,
dont la plus grande partie se convertit en excrémens, et que ce n'est qu'une très-foible portion,
qui digérée dans l'estomac des abeilles, se trans-
forme en cire parfaite, c'est-à-dire en une pâte

blanche, qui sort de leur bouche, en forme d'écume, et avec laquelle elles construisent leurs rayons de cire.

J'avoue franchement que, d'après la persuasion où nous sommes dans l'Archipel que cette cire brute, c'est-à-dire la molividhe, ne sert qu'à la nourriture des abeilles et à celle de leur couvain, et que la cire et la propolis sont deux substances différentes que les abeilles recueillent séparément de plusieurs plantes ; j'avoue, dis-je, que d'après cette persuasion, j'ai été on ne peut pas plus étonné que des personnes instruites aient pu embrasser une pareille opinion sur l'origine de la cire.

Peut-être nous trompons-nous ; mais les preuves et les expériences sur lesquelles nous sommes fondés, m'ont toujours paru si évidentes que je ne saurois les abandonner. Je vais donc les exposer, et si les connoisseurs les trouvent claires et concluantes, je serai charmé d'avoir désabusé le public de son erreur ; ou si l'on me prouve que je suis moi-même dans l'erreur, on me trouvera toujours prêt à en faire l'aveu, et si je puis, à la rectifier.

Il est certain que plusieurs espèces de mouches, et sur-tout les mouches maçonnes, ramassent la molividhe comme les abeilles, et en chargent leurs pattes. Cependant aucune d'elles ne produit de la vraie cire, cette matière qu'elles ramassent sur les étamines des fleurs ne leur servant que pour leur nourriture. Il est donc très-probable aussi que nos ruches ne se servent de la molividhe, que pour leur nourriture et celle de leur couvain.

On peut objecter que quoique les autres abeilles ne puissent produire de la vraie cire, par le moyen de la molividhe, ce n'est pas une raison pour que les mouches à miel ne puissent pas le faire : cela n'est sans doute pas impossible; mais ce que nous rapporterons pour faire voir la véritable origine de la cire, et l'analogie qu'on peut observer entre nos insectes et les autres mouches qui ramassent de la molividhe, autorisent à croire que cette matière ne sert à nos insectes, ainsi qu'aux autres mouches, que pour leur nourriture.

On sait que les abeilles recueillent dans les campagnes, et rapportent [dans leurs ruches, 1°. de la cire dont elles forment leurs cellules; 2°. du miel qui sert pour leur nourriture et celle de leur couvain; 3°. de la molividhe pour le même usage; 4°. de l'eau pour se désaltérer,

C iv

et préparer avec le miel et la molividhe la nourriture de leurs vers et de leurs nymphes; 5°. la
propolis pour attacher leurs rayons , et pour
boucher les trous qui pourront s'y trouver.
Elles apportent le miel et l'eau dans leur vessie. Quant à la cire , la propolis et la molividhe,
elles les chargent ordinairement sur leurs
pattes de derrière , en forme de petites boulettes.

Si l'on y fait attention , on verra qu'il y a une
différence marquée entre ces sortes de boulettes (1) : celles de la molividhe sont plus grandes ,
plus unies, de différentes couleurs, mais le plus
souvent jaunes ; celles de la propolis et de la
cire sont plus petites, et moins lisses : il y a de
plus cette différence que la matière de la
propolis est brune, et celle de la vraie cire d'un
blanc, tirant sur le jaune.

---

(1) Aristote a bien reconnu lui-même ces différentes
charges de la cire et de la molividhe que les abeilles
portent également sur leurs pattes. *Lib. 9 , Hist Anim.
64 , pag. 1108. Est et alius apibus cibus , quem cerinthum vocant; gerunt hoc cruribus , quemadmodum et
veram.*

M. Duchet lui-même confirme cette différence sans la connoître : il dit, pag. 198, qu'ayant
examiné avec soin un essaim pendant les cinq
premiers jours qu'il avoit été placé dans la
ruche, il s'étoit assuré, autant que le permet-
toit le flux et reflux continuel des abeilles, que
de quarante ou cinquante qui entroient, à peine
s'en trouvoit-il une seule qui eût sa charge en
farine, charge qui même étoit très-modique.
On doit faire attention à cette expression *très-
modique :* ce sont les charges de la vraie cire,
qui, comme nous le dirons, sont autrement
disposées que celles de la molividhe, et au
moins d'un quart de volume plus petites. Mais
nous entrerons dans un plus ample détail, lorsque nous discuterons l'opinion de cet auteur
sur l'origine de la cire.

Toutes les expériences de M. Réaumur, ci-
tées par M. de Bomare, ne prouvent rien contre mon assertion. Je crois même qu'elles la favorisent : car si dans toutes ces expériences,
on n'a pu tirer de la vraie cire de ces boules,
c'est parce qu'on n'en a recueilli que de molividhe ; mais si les amateurs veulent se donner
la peine de distinguer, par les caractères que
j'indique, les boulettes qui servent à la cons-

truction des gâteaux, ils parviendront facilement à connoître que ces dernières contiennent de la vraie matière à cire, et ils en distingueront le vrai caractère, avant même qu'elle
ait pu être travaillée par les abeilles, et employée à la construction de leurs rayons. Je dis que
les expériences de M. de Réaumur favorisent notre opinion, parce que si dans les poussières des
étamines des fleurs, c'est-à-dire dans la molividhe, il ne se trouve aucun principe de cire, il
faut dire et croire que la cire ne provient absolument point de ces poussières, mais qu'elle a
une autre origine.

Examinons à présent les faits et les expériences, sur lesquels se fonde notre opinion concernant l'origine de la cire, qu'elle est recueillie par les abeilles sur les différentes fleurs et
plantes aromatiques, et qu'elles la transportent
dans leurs pattes à la ruche.

Nous avons déja dit qu'il y a dans notre île
deux différentes époques où elles travaillent
avec chaleur à leurs rayons, au printemps dans
les mois de mars, avril et mai, et en été vers
la fin de juin, juillet et août. Entre ces deux
saisons, il y a une espèce de repos d'environ
trois à quatre semaines, où les abeilles ne tra-

vaillent pas à former de nouveaux rayons, faute
de matériaux. Au printemps, où les campagnes
fournissent beaucoup de fleurs, elles rapportent
à la ruche une quantité incroyable de cette molividhe que nous avons décrite ; en été, au contraire, où les campagnes et les montagnes ne
fournissent presque d'autre plante que le thym,
on ne les voit guère porter de molividhe à la
rnche ; mais elles sont chargées de cette matière blanchâtre, irrégulière et raboteuse que
nous croyons être la véritable cire. Malgré une
différence aussi marquée, nos insectes bâtissent
ordinairement un plus grand nombre de rayons
pendant la fleuraison du thym, que dans toute autre saison ; et ce qui est beaucoup plus fort, il y a
quantité de nos ruches, qui, au printemps ne
forment aucun rayon nouveau : elles ne s'occupent qu'à augmenter leur population, ce qui
prouve que la molividhe ne leur sert que pour
élever leur couvain. Ce n'est que lorsque le
thym fleurit, qu'elles travaillent à toute force
aux rayons ; or si la molividhe étoit la véritable matière à cire, les abeilles devroient produire plus de rayons au printemps, que dans
toute autre saison.

Il y a même de petits essaims, et des ruches foibles, qui passent des années entières, sur-tout les mauvaises, sans construire de gâteaux nouveaux, quoique les anciens soient remplis de molividhe ou poussières des étamines. Dans notre île, elles portent dans la ruche une grande quantité de molividhe, dès les premiers jours du mois de février, temps où elles commencent à peu près leurs couvées, et cependant elles n'entreprennent ordinairement à former les nouveaux rayons que vers la mi-mars. Or si la molividhe étoit la matière première de la cire, aussi-tôt que les abeilles en auroient une certaine quantité, elles devroient commencer à fabriquer de nouveaux rayons.

De plus, tous les jours on observe, au printemps, des ruches qui commencent à travailler avec beaucoup d'activité à des rayons nouveaux, et qui dérangées ensuite par les mauvais temps dont la durée embrasse quelquefois des semaines entières et empêchent les abeilles d'aller à la picorée, cessent tout-à-fait leur travail. Cependant il est certain que presque toutes ces ruches sont fournies de quantité de molividhe ou poussières. Or si ces poussières digérées formoient

la cire, pourquoi les abeilles n'en mangent-elles
pas pour se procurer de la matière à perfectionner leurs rayons commencés? Dira-t-on que c'est
pour ménager leurs provisions? Cette réponse
pourroit être jusqu'à un certain point satisfaisante pour tout autre saison; mais pour le commencement du printemps, où nos insectes connoissent par instinct que la campagne doit
fournir abondamment à leur travail et à leur provision, c'est avoir envie de se faire illusion, et
être ingénieux à se tromper soi-même, que
d'admettre une pareille raison.

J'ajouterai que si les poussières des étamines
digérées, et préparées dans l'estomac des abeilles, deviennent la vraie cire, on ne peut expliquer d'une manière satisfaisante toute cette
quantité immense de poussières que les abeilles transportent dans leurs rayons, hors le temps
même de la bâtisse. Prétendre qu'elles l'avalent,
qu'elles la transforment en cire, et que lorsqu'elles n'en ont pas besoin, elles la digèrent,
et la font sortir par les excrémens, outre que
cette conjecture est arbitraire, elle s'oppose au
sentiment de tous les chimistes, qui, selon M.
Géer, prétendent que la cire ne peut être digérée

par aucun estomac (1), ni même décomposée par aucun moyen.

Quelqu'un objectera peut-être que si la cire ne sortoit pas de l'estomac des abeilles, molle et en forme d'écume blanche, on ne pourroit pas expliquer comment elles peuvent faire, avec le seul secours de leur langue, de leurs dents et de leurs pattes, un travail aussi parfait que leurs rayons.

Cette difficulté n'a aucune force : nous avons des épreuves fondées sur des expériences journalières et incontestables, que les abeilles, avec de la cire ramassée dans la ruche et manipulée avec leurs dents, fabriquent de petits rayons, presque aussi raffinés que ceux qu'elles construisent avec de la cire vierge recueillie sur les plantes.

Il arrive souvent qu'après la vendange des ruches, les abeilles détachent des parcelles de cire dispersées çà et là, ou qui sont attachées dans la partie supérieure, et qu'avec ces parcelles elles forment deux ou trois languettes de

---

(1) M. Géer dit, qu'entre tous les animaux, il n'y a que la fausse teigne qui mange et qui dévore la cire. Quand je parlerai de cet insecte, je ferai voir que cette opinion est fausse.

nouveaux rayons ; que ces languettes sont formées de la cire recueillie dans la ruche même,
et non dans la campagne : c'est un fait constaté
par leur couleur brune, couleur très-différente
de celle des nouveaux rayons qui se fabriquent
avec la cire vierge recueillie immédiatement
sur les fleurs. Mais voici des faits qui prouvent
encore plus positivement ce qu'on vient d'avancer. Il m'est arrivé souvent, après la récolte
de mes ruches, de voir une quantité immense
de guêpes, qui attirées par l'odeur du miel vol-
tigeoient tout autour. Craignant qu'elles ne les
tourmentassent, le soir je fermais les ruches,
de façon qu'il passât assez d'air pour ne pas les
incommoder , mais sans laisser d'ouverture
par où les mouches pussent sortir : quelques jours après, je trouvois qu'elles y avoient
formé de nouvelles languettes de rayons, moins
déliés et moins blancs que ceux qu'elles font
avec dé la cire vierge, ramassée sur les fleurs.
J'ai donc la certitude que ces rayons ne pouvoient avoir été faits qu'avec des morceaux de
cire qu'elles avoient trouvés dans la ruche, et
pétris et manipulés avec les dents, et non avec
de la cire recueillie dans la campagne , puis-

que pendant ces deux jours il n'étoit pas sorti une seule abeille.

Il arrive encore souvent qu'en hiver , temps auquel elles ne peuvent pas trouver de pâturage , lorsque nous mettons un morceau de rayon à nos ruches foibles ou anciennes , dont les rayons sont presque noirs , les abeilles sont dans l'usage de l'attacher à la ruche , ou aux rayons mêmes, selon sa position. Ce travail est fait avec de la cire qu'elles ont grattée , ou de leurs rayons , ou de celui même que nous leur avons donné : la preuve en est que ce travail est tout-à-fait de la même couleur.

De plus, on voit continuellement les abeilles , dans nos ruches de terre cuite , ramasser les rognures ou les parcelles de cire qui tombent de leur travail, et avec ces rognures former des languettes de différentes figures dans le bas et dans les côtés des ruches. Nous croyons que les abeilles construisent ces languettes , pour ne pas perdre ces rognures, dont elles destinent la cire à quelque travail utile.

On dira peut-être que ces faits ne prouvent pas que les abeilles fassent tous ces travaux avec de la cire qu'elles aient elles-mêmes manipulée avec leurs dents , leur langue et leurs
pattes

pattes. Il est bien clair que les abeilles retirent de
la ruche même la cire pour ces petits travaux.
Il se pourroit aussi qu'elles avalassent toutes
ces rognures, et qu'ensuite elles les rendissent
sous la forme d'une pâte ou d'une écume, après
qu'elles les auroient digérées dans leur estomac;
mais cette hypothèse ne pourroit pas se soutenir, et n'auroit aucune force contre notre opinion, parce que si, pour travailler ces fragmens, les abeilles devoient les avaler et les purifier dans leur estomac, il est certain que la
cire qu'elles dégorgent devroit être d'une couleur plus blanche, plus claire et plus naturelle
que celle qu'elles donnent à ces petits rayons;
d'autant plus qu'en mettant ces petits morceaux
de cire presque noire dans de l'eau bouillante,
et en les faisant fondre, la cire qu'on en retire est de couleur aussi jaune que la cire ordinaire. Or, si la seule chaleur de l'eau a assez
de vertu pour purifier ces languettes de cire,
et pour leur rendre leur couleur naturelle,
l'estomac des abeilles doit avoir, à plus forte raison, cette même vertu pour purifier la cire
qui y auroit passé. En effet, c'est une conséquence très-naturelle, que si l'estomac des abeilles a assez de chaleur et de vertu pour conver-

tir la substance de la molividhe en substance
de cire, bien certainement ce même estomac, si
les abeilles avaloient les rognures en question,
avant de les employer à la construction des
rayons, devroit avoir assez de force et de vertu
pour les purifier et pour leur rendre leur couleur
naturelle ; ce qu'on ne voit pourtant pas, ainsi
que nous l'avons observé.

Ne voyant donc aucune différence de couleur
entre les petites languettes de rayon qu'elles
font dans cette circonstance, et entre les fragmens de cire dont elles les composent, il faut
nécessairement en conclure que les abeilles n'ont
aucun besoin d'avaler ces rognures ou parcelles de cire pour les amollir et pour les rendre maniables, et que leurs dents, leur langue et leurs pattes sont suffisantes pour ce travail.

La difficulté qu'on nous oppose, que si la
cire ne sortoit pas de l'estomac des abeilles,
molle comme de la pâte, on ne pourroit pas
expliquer comment elles réussiroient à faire un
travail aussi raffiné et aussi délicat, est peu fondée et tout-à-fait nulle.

Il est vrai que le travail exécuté avec la cire
qu'elles rapportent de la campagne, est plus

fin et plus délicat que celui qu'elles font avec
la cire grattée des autres rayons. La raison en
est que celle qu'elles ont butinée immédiatement sur les fleurs, doit être plus pure, et par
conséquent plus maniable que celle qu'elles ont
retirée des anciens rayons, qui ont tout au
moins l'inconvénient d'être ternis des vapeurs
de toute espèce que l'intérieur de la ruche ex-
hale continuellement.

Disons donc que les abeilles recueillent la
cire, de même que la propolis, sur les plantes
aromatiques, telle qu'elle est; qu'elles la portent dans la ruche, et qu'elles l'emploient, sans
y faire autre chose que de la purifier avec leur
langue, leurs dents et leurs pattes, afin de la
rendre propre à former leurs rayons.

Si on me demande d'où les abeilles tirent la
cire, je ne puis que rapporter deux observations que nous faisons habituellement au Levant sur ce sujet.

La première, c'est que dans la saison du
thym, quand l'année paroît devoir être bonne
pour la récolte du miel, nous voyons les abeilles parcourir les boutons de cette plante, lorsqu'ils sont prêts à fleurir. Il faut se rappeler
la description que j'ai donnée ailleurs de notre

thym, dont la fleur forme une petite tête de la grosseur d'un gros pois, composée de plusieurs petites fleurs, en forme de calices dont le fond est rempli de miel. Les abeilles parcourent ces têtes de thym, ramassent une bonne quantité de cire, et travaillent à créer de nouveaux rayons, avant de pouvoir retirer du miel du fond des fleurs, dont les boutons ne sont pas encore ouverts : les abeilles ramassent certainement toute cette cire de dessus ces boutons du thym qui ne sont pas encore ouverts. En effet, on voit sur ces boutons, à la seule inspection de l'œil, et bien plus clairement avec un microscope, des suinte-mens qui sortent des pores de ces plantes, et qui peuvent très-bien être la matière qui forme la matière de la vraie cire.

L'autre observation que j'ai faite sur le même sujet, c'est que souvent nous voyons les abeil-les recueillir sur des figuiers une certaine ma-tière que nous jugeons être de la vraie cire, d'après les raisons suivantes : quelquefois ces figuiers sont sujets dans l'Archipel à une maladie que nous appelons la rogne ; elle attaque les petites branches de l'arbre, ses feuilles, et quelquefois même ses fruits. Cette rogne ressemble à au-tant de boutons de petite vérole qui forment tous ensemble une espèce de croûte sur la partie attaquée ; et ce qu'il y a de merveilleux , ces boutons sont distingués les uns des autres , quoique formant un corps : il semble même que ce sont des êtres vivans , et qu'ils prennent une certaine croissance. Si on les presse entre le doigt et la branche, il en sort comme une espèce de sang et de pourriture. Ce n'est sans doute qu'une trop grande abondance de lait et de sève (1). Autour de ces boutons , entre leur bord et la branche , on voit quantité de petits grains d'une couleur tirant sur le blanc et le jaune , que les abeilles recueillent avec avidité, et dont elles chargent leurs pieds de la même manière que nous avons dit qu'elles les chargeoient de vraie cire et de propolis ; c'est ce qui nous fait croire que cette matière n'est autre chose que de la cire.

Après tout ce que j'ai exposé pour prouver notre opinion sur l'origine de la cire , je rapporterai ce que je viens de lire dans l'encyclo-

(1) Pour prévenir cette maladie nous donnons des coups de couteau sur les écorces des branches du figuier, comme si on les hachoit, sans entamer le bois , pour leur faire dégorger une partie de son lait et de sa sève.

pédie méthodique, au mot *Abeille*, et j'y ajouterai mes observations.

« La matière de la cire proprement dite, est
« contenue dans les anthères des fleurs, si l'on
« en croit des observations exactes. M. Bernard
« de Jussieu, homme d'un mérite qui ne s'en
« laissoit pas aisément imposer, l'assure d'après
« des expériences particulières. Les grains des
« poussières des étamines, qu'il mettoit dans
« l'eau, s'y gonfloient jusqu'à crever. Au mo-
« ment où un de ces grains crevoit, il en sor-
« toit un petit jet d'une liqueur onctueuse et
« huileuse, qui surnageoit sur l'eau sans jamais
« s'y mêler. J'ai répété cette expérience bien des
« fois et avec le même succès ; mais je ne crois
« pas que cela suffise pour avancer que la ma-
« tière qui est destinée par la nature pour la
« production des individus, soit celle qui serve
« à la formation de la cire, quoiqu'elle en con-
« tienne les principes. J'ai procuré à M. Four-
« croy, docteur en médecine et chimiste célè-
« bre, une grande quantité de poussières d'éta-
« mines de chanvre ; il n'a pu en tirer de la
« cire. »

D'après les expériences de M. de Jussieu, on
pourroit dire que cette matière onctueuse qui

se trouve dans quelques grains de certaine poussière, lorsqu'elle est mûre, et qu'elle a acquis toute sa perfection, suinte par les pores de ces mêmes grains ; que les abeilles la recueillent, et qu'elles s'en chargent pour la transporter à leur ruche. On pourroit croire aussi que plusieurs espèces de plantes, sur-tout les aromatiques, sont empreintes de cette humeur onctueuse, qui suinte également par les pores de leur écorce, des étamines de leurs fleurs, et même par les pores de leur feuilles, et que cette matière est la véritable cire que les abeilles ramassent.

Je suis très-persuadé, d'après ces observations, que les abeilles qu'on voit à Syra sur les branches et sur les feuilles des figuiers, ne font que recevoir les suintemens de cire qu'on aperçoit visiblement couler sur ces arbres, et même sur les figues, où l'on voit autour de leur ouverture de petites boulettes (1) d'une matière

(1) Le P. Hardouin rapporte certaine particularité, dans ses notes sur Pline, qui peut confirmer ce que nous disons. Voici le texte latin : *ex oleâ ceram apes carpere Varro docet, lib. 3, de re rusticâ, cap. 16, pag. 114. Non ex flore quidem, ut Plinius rectè observat lib.*

onctueuse, et d'où même on voit couler le miel.

Et si M. Fourcroy et autres observateurs n'ont pu tirer des poussières des fleurs, la moindre partie de cire on peut répondre ou que ces poussières originairement n'en contenoient pas, ou que les abeilles l'en avoient déja enlevée, ou enfin que la matière onctueuse de ces pous-

---

21 , sect. 41 , sed ex frondium partibus , quæ cùm crassiores sint quàm florium , ceræ fingendæ videntur esse accommodatiores. Id à se visum observatumque sæpiùs scribit Albertus , lib. 8 , de animal. tract. 4 , cap. 3 , p. 268.

C'est-à-dire : » Varron, d'après Aristote , nous ap-
« prend que les abeilles ramassent la cire de dessus
« l'olivier , non de ses fleurs , comme Pline l'a très-
« bien observé, mais de certaines parties de ses bran-
« ches qui , étant plus crasses que celles des fleurs ,
« sont plus propres à former et à produire la cire. Al-
« bert le grand atteste d'avoir souvent observé les abeil-
« les retirer la cire de ces mêmes branches d'olivier ».

Je suis aussi persuadé, que ce que M. Geoffroi, Hist. abreg. des Insectes, tom. 2, pag. 386, dit sur l'origine de la propolis , on doit plutôt l'entendre de celle de la cire. » Les abeilles , dit-il , tirent la matière de la propolis de cette espèce de résine que fournissent les jeunes bourgeons du peuplier , du saule et de plusieurs autres arbres , avant que ces bourgeons soient épanouis ».

sières a besoin de passer par la bouche de l'abeille, qui seule à la vertu de donner à la cire sa consistance, et sa dernière perfection; de manière qu'on pourroit croire que lorsque la cire est encore liquide, les abeilles la transportent dans leur gosier, et qu'elles en chargent leurs pattes, lorsqu'elle a plus de consistance.

Quoiqu'il en soit des sources où les abeilles puisent la cire, si on avoit l'attention et l'adresse de saisir celles qui sont chargées de pelotons disposés de la manière indiquée, je ne doute pas qu'on ne parvînt à en retirer de la vraie cire.

Avant de terminer ce chapitre, nous ajouterons une dernière observation. Il existe entre la cire et la propolis une si grande analogie, que plusieurs auteurs regardent cette dernière comme une espèce de cire; elle est onctueuse et inflammable, au point que souvent nous la fondons avec la cire, sans faire attention, et sans apercevoir par la suite aucun changement dans la qualité de la cire. Si donc, de l'aveu de tous les auteurs, les abeilles ramassent la propolis telle qu'elle est sur les plantes, il y a lieu de croire qu'elles en font de même pour la cire.

J'ai lu dans les Mémoires de M. Bonnet sur les abeilles, un autre sentiment sur le même sujet, que M. Duchet a traité à fonds. On y prétend que la vraie origine de la cire n'est autre chose que le miel même figé dans l'estomac des abeilles, qui, étant devenu cire, suinte entre leurs anneaux. Ce qui a donné lieu à cette singulière opinion, c'est qu'on a trouvé quelquefois, dit-on, des écailles de cire entre les anneaux des abeilles.

Comme cette discussion mérite un trop long examen, elle fera l'objet d'une dissertation particulière dans laquelle j'en rapporterai une très-intéressante de M. Duchet; et j'y ajouterai mes observations en réfutant son opinion.

Je préviendrai seulement ici que ce nouveau systême ne se fonde, comme nous venons de voir, que sur les écailles de cire qu'on a trouvées quelquefois entre les anneaux de quelques abeilles. Or, si on pouvoit raisonnablement expliquer ce qui a pu occasionner ces écailles de cire entre les anneaux des abeilles, et faire voir qu'elles sont produites par une toute autre cause que celle qu'a imaginée M. Duchet, son sentiment sur l'origine de la cire tomberoit de lui-même.

P. S. Voici une anecdote que M. le Chevalier Gentil, qui a demeuré long-temps aux Indes, m'a fait l'honneur de me communiquer, et qui se rapporte au sujet que nous traitons sur l'origine de la cire.

En 1777 à False-Bay, dépendance du Cap de Bonne-Espérance, et relâche des vaisseaux qui retournent en Europe contre la mousson, M. Daniel Brand, chirurgien de l'hôpital de la Compagnie Hollandoise, établi à False-Bay, me fit part de la découverte qu'on avoit faite dans le pays, d'une plante qu'on prendroit pour de la cire, en la faisant bouillir dans l'eau, sur laquelle après un certain temps de cuisson la cire surnageoit, et qui se figeoit, en se refroidissant, après l'avoir tirée de dessus le feu; que cette plante se trouvoit dans toutes les montagnes du Cap de Bonne-Espérance; qu'elle se nommoit dans le pays *Glas hout*, ou *haout*, et en hollandois, *Fincer brompies*.

M. Brand donna deux bougies de cette cire à M. le chevalier Gentil, qui en fit présent à M. Bertin ministre, chez qui on peut les voir à Paris.

Par ce que nous venons de rapporter et ce que nous dirons dans le chap. 5, sur une espèce

de plante ou arbre de l'Amérique septentrio-
nale, qui donne de la cire, on verra que cette
substance existe en nature dans plusieurs végétaux, d'où les abeilles la recueillent. Il ne
faut donc pas se casser la tête à chercher l'origine de la cire, ni dans les poussières des étamines, digérées dans l'estomac des abeilles,
ni dans le miel évaporé et suinté par les anneaux de ces insectes; c'est se jeter fort inutilement dans une infinité de difficultés, qui
ne font qu'obscurcir la matière.

On voit encore par-là que si l'on faisoit bouillir dans l'eau des boutons de thym du Levant, et
qu'on les laissât ensuite refroidir, on parviendroit peut-être, comme je l'ai soupçonné, à y
trouver un peu de véritable cire.

CHAPITRE IV.

*DE l'usage et de la consommation de la
cire, de ses différentes espèces, et de
la manière de la blanchir.*

« LES usages de la cire, dit M. Ducarne, sont
si muliplés aujourd'hui, qu'il seroit trop long

de les détailler. Je me contenterai donc de dire qu'outre plusieurs arts qui, tels que celui de la médecine, en font une grande consommation, la quantité qu'on en emploie dans la composition de la cire, surpasse de beaucoup tous les autres usages ensemble. »

« Il seroit même à souhaiter qu'on n'employât qu'elle pour nous éclairer. L'huile et le suif qui servent à son défaut, empoisonnent nos habitations d'une vapeur et d'une fumée aussi désagréables que nuisibles. »

« Néanmoins en France, il n'y a pas encore la dixième partie de ce que le royaume pourroit en produire, et même de ce qui seroit nécessaire ; car à peine toutes les ruches du royaume peuvent-elles fournir le tiers de la cire qui s'y consomme. On est obligé d'en tirer des Isles et des pays étrangers, près d'un million de livres, qui, à 25 ou 30 sols la livre, font un objet de 14 ou 1,500,000 francs ; somme considérable qu'on donne aux étrangers, et qu'on pourroit garder pour l'état. »

« Cependant il n'y a presque aucune province dans le royaume où l'on ne puisse multiplier les abeilles avec avantage. Ce n'est pas la matière à cire qui manque, mais des ouvrières pour la recueillir et la mettre en œuvre. Quels regrets n'auroit-on pas , si dans un pays rempli des coteaux les mieux exposés, et couverts de vignes chargées de raisins propres à donner le meilleur vin , on étoit obligé , faute de vendangeurs, de les laisser pourrir sur les ceps, ou si l'on n'avoit d'ouvriers que pour faire la récolte de ceux de quelques petits clos?»

« On n'y fait point attention, et l'on sait que la quantité de fleurs qui couvrent la campagne est immense ; que ces fleurs ont de la cire et du miel qui surpasseroient prodigieusement tous les besoins du royaume , mais que cet avantage est perdu , parce que le genre d'économie qui fait la vraie richesse est négligé parmi nous, et que nous dédaignons de donner nos soins à la culture de l'industrieuse abeille, que la nature a chargée seule du soin de fournir aux hommes et la cire et le miel: on le sait , le remède est dans nos mains, et cependant on ne voit toujours que peu de ruches dans des cantons où les abeilles produiroient considérablement. A qui s'en prendre , si ce n'est au peu d'encouragement qu'on leur a donné , et à la mauvaise façon dont on les a conduites jusqu'à présent ? Le peu de profit qu'on en retire, les accidens multipliés qui les font périr et qui réduisent encore ce profit, la difficulté ou l'ignorance de les soigner et de les vendanger, ont dégoûté la plus grande partie des propriétaires de s'occuper de cette culture.

« La coutume barbare de faire périr les abeilles pour arracher leurs provisions, en a arrêté la multiplication. Comment ne seroient-elles pas rares, quand d'un côté on en élève très-peu, et que de l'autre on en détruit tous les ans la majeure partie ? La véritable cause de la rareté de la cire et de la bougie dans le royaume n'est donc pas difficile à trouver. »

On peut voir, au premier livre, ce qu'on a dit sur cette décadence des abeilles en France, et sur l'usage non moins funeste que barbare de les faire périr pour leur enlever leurs provisions.

Quant aux différentes qualités de la cire, voici ce qu'en dit M. Ducarne : « il y a quelquefois beaucoup de différence entre les cires faites par diverses abeilles en différentes contrées, et dans différens climats. Cette différence consiste principalement, en ce que les unes sont plus difficiles à blanchir que les autres. On ne peut parvenir à donner un beau

blanc à la cire d'un certain pays; et dans ce
même pays la cire qu'on tire de quelques ruches ne peut jamais prendre toute la blancheur
qu'on parvient à donner à celle des autres ruches. A la blanchisserie d'Yèvre-la-ville, on
préfère la cire de Sologne à celle du Gâtinois;
mais on regarde la cire de la forêt de Fontai-
nebleau comme bien inférieure à cette dernière.
On assure qu'elle ne devient jamais bien blanche.

Mais ce qui fait le plus de tort à la cire,
c'est la moisissure dans les anciennes ruches,
parce que l'humidité y pénètre facilement, sur-
tout quand les vents et les orages fouettent
violemment la pluie contre les ruches. Cette
humidité s'imbibe dans la paille, y séjourne
et perce la ruche en peu de temps; elle gâte
et corrompt tout l'ouvrage des abeilles, les dé-
goûte elles-mêmes, et les force enfin à abandonner le terrain. Ce malheur n'est que trop
commun dans les vieilles ruches, et quelques précautions qu'on prenne, on ne réussit
que rarement à le prévenir. Il est encore plus
difficile d'y remédier, quand il est arrivé. Il
faut souvent couper et rogner tout l'ouvrage
de la ruche jusqu'à quatre pouces près du fond,

ce

ce qui est très-difficile à exécuter ; cette opération désole et déconcerte les abeilles au point
que, quand elles n'abandonnent pas tout-à-fait
leur domicile, elles sont quelquefois une campagne entière à réparer cette perte. »

La facilité avec laquelle la moisissure attaque les ruches de paille et d'osier, font sentir
plus que jamais l'avantage de nos ruches, qui
ne peuvent en être atteintes ; au moins n'en ai-je
vu aucune qui en ait éprouvé les funestes effets ; elles sont cependant entourées de terre.

Au surplus, voyez ce que j'ai dit au livre 1,
chap. 5, sur la construction de nos ruches, et le
conseil que j'y donne de les fixer et de les ci-
menter. Je suis très-persuadé que cet arran-
gement empêchera l'humidité d'y pénétrer aisément ; et par la facilité qu'il nous donne de
récolter le miel et la cire à notre aise, il nous
met dans le cas de renouveler tous les ans
leurs rayons, et par conséquent de les préserver des pernicieux effets de la moisissure ;
car les vieux rayons étant pleins des dépouilles
des nymphes qui sortent des cellules, ces dépouilles s'imbibent aisément d'humidité, et la
conservent longtems, au lieu que les nouveaux
rayons n'étant composés que de cire sans aucun

Tome III.   E

mélange, doivent être moins sujets à la moisissure.

A l'égard des diverses qualités de la cire,
j'observerai qu'on ne peut guères en trouver
de plus parfaite que dans les îles de l'Archipel,
sur-tout celle qu'on retire des rayons qui ont
été construits dans la saison du thym. Elle
est si belle et d'une si bonne qualité, qu'elle
est presque transparente ; la bougie qu'on en
fait n'a besoin, pour acquérir un certain degré
de blancheur, que d'être exposée à l'air pendant
quelque tems. Cela vient de ce que la cire est
formée tous les ans presqu'entièrement de nouveaux rayons, sans mélange des vieilles cires,
ayant pour habitude de laisser à nos abeilles
toujours les mêmes rayons pour leur provision:
ceux que nous en retirons sont tous de l'année,
ce qui contribue beaucoup à rendre la cire
d'une excellente qualité.

Dans tout l'Archipel, il n'y a d'autre manière de blanchir la cire que celle dont je viens
de parler ; on se contente d'exposer la bougie
pendant quelque tems à l'air, ce qui pourtant
n'empêche pas que dans ces mêmes Iles on ne
fasse usage, pour les églises, que de bougie
jaunâtre. Ceux qui veulent en avoir de la blan-

che, la font venir de Constantinople ou de Smyrne; mais, quoique blanche, on peut dire qu'en général celle qui est faite dans les manufactures des Turcs ou des Grecs, est d'une très-mauvaise qualité, à cause de la quantité de suif que l'on y met; au contraire, celle qui y est manufacturée par les Européens, et surtout par les François, est très-belle et très-bonne.

M. Pingeron, dans son ouvrage sur les abeilles, pag. 292, s'exprime ainsi sur la manière de blanchir la cire : « On fait fondre la nouvelle cire jaune dans un chaudron ; on l'écume avec soin, pendant qu'elle se fond ou qu'elle bout, et on la passe au travers d'un linge clair pour en ôter les ordures ; on la fera ensuite refondre sur un feu lent dans un vase très-large Il faut avoir une palette de bois que l'on trempera dans de l'eau fraîche, et en même tems dans de la cire fondue qui s'y attachera en pellicules : on la séparera aisément, en replongeant la palette dans l'eau, où l'on doit laisser la cire, afin qu'elle se raffermisse. On mettra de nouveau la cire sur le feu pour répéter cette opération jusqu'à une troisième et dernière fois : vous retirerez ensuite votre ciré de l'eau fraîche, et vous l'étendrez sur des claies bien couvertes de toile pour l'exposer à l'air, au soleil et à la rosée, qui pénétreront ces pellicules de cire, et qui les blanchiront dans peu de jours. Il faut éviter soigneusement le dégât que les mouches à miel pourroient faire de la cire, et les en chasser (1). On doit encore avoir soin que la cire ne se fonde pas par la trop grande ardeur du soleil : on évite cet inconvénient, en arrosant la cire, sur le midi, avec de l'eau fraîche. »

Butler, anglois, parle dans son ouvrage intitulé *Monarchia feminina*, d'une autre manière de blanchir la cire. Il conseille de choisir la plus pure que l'on pourra trouver, et de

---

(1) Le miel a plus d'attraits pour les abeilles que la cire, et même l'on peut attribuer à l'odeur du miel, dont la cire fraîche et vierge est imprégnée, l'empressement de ces insectes à s'y attacher ; et si on rapporte avoir vu quelquefois des abeilles emporter de la cire exposée aux boutiques, ce sont des cas très-rares ; peut-être n'est-ce que pour couvrir les alvéoles de quelque peu de couvains que les abeilles élèvent, pendant le tems que la campagne cesse de leur en fournir, ou pour boucher leurs magasins.

la couper par petits morceaux pour la mettre sur un feu doux, dans un vase de terre, avec une quantité d'eau de mer ou de saumure. Lorsque l'ébullition commence, on doit jeter un peu de nitre dans le vaisseau. Après deux ou trois bouillons, on versera cette cire fondue dans de l'eau fraîche, et l'on enlévera toute la malpropreté. On répète cette opération un certain nombre de fois, selon que l'on désire que la cire soit plus ou moins blanche. On prend un morceau de bois de forme circulaire, avec une poignée dans le milieu, que l'on trempe dans de l'eau fraîche, et ensuite dans de la cire fondue, qui s'y attache en forme de pellicules; on replonge ce morceau de bois dans de l'eau froide, et la cire s'en sépare aussitôt : on continue cette manœuvre jusqu'à ce que l'on ait épuisé toute la cire. Il faut enfin placer ces feuilles de cire au grand air sur un drap, et les arroser avec de l'eau pendant les grandes chaleurs ; et ces morceaux de cire ne se doivent point toucher. Il y a quelque apparence que le sel, qui, dans plusieurs cas, attaque la partie colorante des corps, facilite le blanchissage de la cire. Dioscoride enseigne la même pratique dans son second livre, chap. 105.

E iij

Quant à la manière de donner à la cire différentes couleurs, le même auteur ajoute que « les Vénitiens, qui excellent dans l'art d'imiter toutes sortes de fruits en cire, font souvent des envois de cette nature, pour les sérails des seigneurs Turcs.

Il me paroît qu'on devroit renoncer à faire des portraits en cire coloriée : l'immobilité d'une figure qui paroît vivante, révolte ou effraie; (je crois que M. Curtius auroit de la peine à se soumettre aux conseils de M. Pingeron); cet usage subsiste en Allemagne et en Angleterre. Il n'en est pas de même des préparations anatomiques. Un certain Zumo s'est acquis beaucoup de gloire en imitant toutes sortes de sujets en cire; on peut citer cette tête humaine, dont on a scié le crâne, et qui se voit dans la galerie de Florence. On travaille très-adroitement à Bologne dans la préparation des sujets anatomiques en cire : un démonstrateur de pareils modèles épargne les dégoûts que les cadavres causeroient à ses disciples.

Les sculpteurs rendent la cire susceptible de toutes les formes, en y mêlant un quart de son poids de graisse de mouton, et un peu de vermillon pour la colorer. Lorsque le modèle est fini, on le couvre de plâtre ou de glaise, et l'on fait fondre peu-à-peu la figure de cire; il reste un creux bien exact, dans lequel on coule le métal pour en faire la statue. On ne parlera pas ici, poursuit M. Pingeron, de la fameuse découverte de la peinture en cire ou encaustique, faite, de nos jours, par le célèbre Comte de Caylus. Ceux qui désirent s'en instruire, peuvent consulter le dix - septième volume des Mémoires de l'Académie des Inscriptions et Belles-lettres, et le mémoire que M. le Comte de Caylus et M. Majault, Docteur de la faculté de Paris, ont fait imprimer en 1755.

On remarquera seulement, que la lecture réfléchie de Pline en avoit fait naître l'idée à l'inventeur. Comme ce genre de peinture est terne, et demande beaucoup de temps et de préparations, il y a grande apparence qu'il retombera bientôt dans l'oubli dont on l'avoit tiré. Il n'a que le seul avantage de n'avoir pas le luisant de la peinture à l'huile : on peut voir un tableau encaustique sous tous les différens points de vue, de même que la détrempe. »

CHAPITRE V.

De l'arbre de cire qui croît à la Louisiane et dans la Caroline

LE lecteur ne peut que nous savoir gré de rapporter ici ce que dit M. de Bomare, dans son Dictionnaire, de cette espèce d'arbre dont le fruit produit une cire de si bonne qualité, que l'on en fait d'excellentes bougies ; voici comme il s'exprime.

« Cet arbre est une espèce de galé, connu sous le nom de *myrica*, et qui n'est pas l'espèce appelée piment royal. C'est un arbrisseau aquatique dont les uns portent les fruits, les autres les fleurs fécondantes : il y en a deux espèces très-curieuses. L'une croît à la Louisiane, où on l'appelle *arbre de cire* ; et l'autre espèce, plus petite, croît à la Caroline, et est connue sous le même nom.

L'arbre de cire s'élève à la hauteur de nos petits cerisiers ; il a le port du myrte, et ses feuilles ont aussi à-peu-près la même odeur.

Ces arbres ont été ainsi nommés, parce que leurs baies qui sont de la grosseur d'un grain de coriandre et d'un gris cendré, contiennent des noyaux qui sont couverts d'une espèce de cire, ou plutôt d'une espèce de résine, qui a quelque rapport avec la cire.

Les habitans de ces pays retirent de ces baies, en les faisant bouillir dans de l'eau, une espèce de cire verte qui surnage, et dont on peut faire des bougies. Une livre de graine produit deux onces de cire : un homme peut aisément en cueillir quinze livres en un jour. Ils sont parvenus depuis quelque temps à avoir cette cire assez blanche, ou du moins jaunâtre. Pour cela, ils mettent les baies dans des chaudières, et ils versent dessus de l'eau bouillante, qu'ils reçoivent dans des baquets, après avoir laissé fondre la cire pendant quelques minutes. Quand l'eau est refroidie, on trouve dessus une cire résineuse, qui est jaunâtre; mais la résine qui surnage ensuite, en répétant l'opération, est plus verte. Cette cire résineuse est sèche ; elle a une odeur douce et aromatique assez agréable : on la réduit aisément en poudre graine. Mêlée avec un peu de cire, ou de suif, elle prend un peu plus de corps et de blancheur sur le pré, mais toujours moins que la vraie cire.

L'eau qui a servi à faire fondre cette cire, est astringente. On prétend qu'en faisant fondre du suif dans cette eau, il acquiert presqu'autant de consistance que la cire. Plusieurs personnes de la Louisiane ont appris, par les esclaves sauvages de la Caroline, qu'on n'y brûloit point d'autre bougie que celle qui se fait de la cire dont il est question. Un arbrisseau bien chargé de fruit peut avoir, en six livres de graine et une livre de fruit, quatre onces de cire.

Quand on a enlevé la cire de dessus les fruits, on aperçoit sur leur surface une couche d'une matière qui a la couleur de la laque : l'eau chaude ne la dissout point, mais l'esprit de vin en tire une teinture.

Cet arbrisseau est encore trop rare en France pour qu'on ait pu en reconnoître d'autre usage que ceux que l'on a appris des habitans de la Louisiane. M. Duhamel, dont les travaux et les vues tendent toujours à l'utilité, propose d'essayer à naturaliser cet arbre, qui pourroit nous procurer de grands avantages. Il faudroit, dit-il, prendre de bonnes graines des deux espèces d'arbres dont nous venons de parler, les semer dans des terrines ou caisses, afin de les enfermer dans les orangeries jusqu'à ce que les tiges fussent un peu grosses, car ces jeunes arbres craignent nos grands hivers : on pourroit alors les mettre en pleine terre dans un lieu humide, avec la précaution de les couvrir d'un peu de litière. Lorsqu'ils auroient passé quelques années, il y auroit lieu d'espérer qu'ils subsisteroient. M. Duhamel en a vu en Angleterre et à Trianon, qui étoient chargés de fleurs et de fruits.

Toutes les observations s'accordent à confirmer son sentiment. L'espèce du Canada est, dit-on, la même que celle qui nous vient de la Louisiane ; ce qui n'est pas surprenant, car il y a des espèces de plantes qu'on trouve dans des pays chauds, et dans la partie froide de la zone tempérée ; telle est, dit cet académicien, l'épine blanche, et une espèce de piment royal, dont je n'avois point parlé ; arbuste très-odorant qui se trouve en Espagne, en Canada, en France, en Portugal et en Suède : on l'appelle même *galé du nord*. Pris en infusion, il enivre et entête violemment. Beaucoup de plantes se naturalisent dans les endroits où on les cultive, sur-tout lorsqu'elles ont été amenées à la température du climat par degrés insensibles; ce qui fait penser à M. Duhamel, que les ciriers, qui proviendroient de graines élevées dans ces pays, seroient moins tendres à la gelée que ceux qui viennent des semences que l'on a envoyées de la Louisiane. Suivant les voyageurs, on trouve les ciriers à l'ombre des autres arbres: on en voit qui sont exposés au soleil, d'autres dans des lieux aquatiques, d'autres dans les terrains secs; enfin on en trouve indifféremment dans les pays chauds et les pays froids; observations qui toutes, comme nous l'avons dit, confirment le sentiment de ce savant académicien.

Il croît aussi en Chine une espèce d'arbre de cire, mais qui est très-rare; on l'y nomme *pe-la-chu*. Sur les feuilles de cet arbre s'attachent de petits vers, qui y laissent des rayons de cire bien plus petits que ceux des abeilles. Cette cire est très-dure, très-luisante, mais écailleuse, et coûte beaucoup plus que la cire ordinaire.

Suivant une lettre du P. Yncarville, écrite de la Chine à M. Geoffroy, on retire la cire blanche des vers mêmes. On trouve, dit-il,

dans une province de cet empire, de petits
vers qui se nourrissent sur un arbre. On les
ramasse, on les fait bouillir dans l'eau, et ils
rendent une espèce de graisse qui, étant figée,
est la cire blanche de la Chine. »

Je me félicite d'autant plus d'avoir rapporté
ce détail, que les objets utiles faits pour tourner à l'avantage de l'humanité, ne peuvent jamais être rendus trop publics, et qu'on ne sauroit
trop en répandre la connoissance, afin que les
personnes intelligentes et instruites puissent
s'occuper de pareilles entreprises.

Et puisque nous parlons de cires artificielles,
je vais rapporter aussi ce que dit M. Pingeron
à ce sujet dans son traité sur les Abeilles, pag.
297. « L'art de blanchir la cire, dit-il, et d'en
faire les flambeaux, est une branche considérable
d'industrie dans quelques provinces de France,
sur-tout dans la Bretagne et dans le Maine. Les
bougies du Mans sont renommées par toute l'Europe. On en fait d'excellentes en Angleterre,
mais qui sont extrêmement chères. On a imaginé d'y suppléer par les bougies faites avec du
blanc de baleine, *sperma ceti* : on mêle cette
matière avec un peu d'huile pour en faciliter la
fusion ; on la jette ensuite dans un moule comme

les bougies ordinaires. Ceux qui desireront des instructions plus détaillées sur cet objet, pourront
consulter le dictionnaire anglois d'Owen, en 4 vol.
in-8°, chargés d'impression, et un volume de
planches, article *the Candlewax*, Chandelle de
cire.

Les bougies de blanc de baleine sont très-
blanches, et coûteroient peu aux nations qui
font un objet capital de la pêche de la baleine:
tels que les Hollandois et les Anglois. Elles se
vendent un tiers moins à Londres que celles de
cire pure; leur durée est à peu près la même.»

Enfin, pour ce qui regarde le nom de bougie, j'ai lu, je ne sais dans quel recueil d'anec-
dotes, que « ce nom, qu'on donne en France
aux chandelles de cire, vient de la ville de *Bu-*
gie en Afrique, sur les côtes de la Méditerranée,
où anciennement on fabriquoit une grande
quantité de ces bougies, et où pour la première fois, selon cet auteur, on a fabriqué des
chandelles de cire. »

Après avoir traité de ce qui concerne la cire,
son origine et ses usages, nous allons passer au
miel, qui est la seconde des denrées utiles que
nous produit l'économie des abeilles.

CHAPITRE VI.

Du Miel ; de la manière dont les abeilles le recueillent , et le déposent dans les alvéoles.

„ LE miel , dit M. Duchet, est un sel doux et sucré qui paroît sous une forme ou fluide ou visqueuse , et en petites gouttes. C'est l'objet de la quête des abeilles, qui ne le font pas , mais le cueillent , qui s'en nourrissent elles et leur famille , ou qui le mettent en réservoir , sans faire autre chose que d'en rassembler plusieurs gouttes dans leurs cellules , où le tems et la chaleur lui font prendre la consistance requise. Parmi les sentimens les plus communs sur l'origine du miel , démêlons celui qui s'accorde le mieux avec la raison et l'expérience, nos guides ordinaires. »

« Quelques auteurs modernes, entraînés par l'opinion commune , ont pensé que le miel est un écoulement de l'air , une rosée qui tombe sur les fleurs, comme si elle avoit ordre de ne tomber que là. M. Pluche et autres sont d'un sentiment contraire. Il est aisé de détromper les premiers qui devroient faire attention que la rosée et la pluie sont très-contraires au miel, le font couler, et empêchent les abeilles d'en trouver. Il est facile d'observer que loin de se jeter avec avidité sur les fleurs, pendant les plus fortes rosées, elles sont contraintes d'attendre que le soleil les ait dissipées; et si quelques-unes se détachent pendant ce temps-là, ce ne peut être que pour faire de la rosée l'usage qu'elles font de l'eau. C'est, au contraire, un temps couvert sans rosée, qui fournit à nos quêteuses une plus ample récolte de ce nectar. Si la rosée en étoit la matière, les abeilles devroient la prendre sur toutes les feuilles des végétaux, comme sur les fleurs, ce qu'elles ne font pas : et d'ailleurs, combien de fleurs, fertiles en miel, qui, dans une situation horizontale ou perpendiculairement inclinées contre la terre, ne permettent pas à la rosée d'être reçue dans leur orifice? Qu'on examine le fleuron d'une fève couchée horizontalement, il n'a d'autre canal pour recevoir la rosée que l'orifice de son calice, avant que l'abeille ait percé, avec ses

dents

dents ; l'autre bout du côté de la tige (1). Car, comment y pénétrera la rosée qui doit toujours descendre? Lui donnera-t-on la faculté de s'insinuer dans ce fleuron par un trou aussi petit que celui d'une épingle? Lui donnera-t-on celle de remonter et de pouvoir se cacher au milieu de la fleur, sans s'arrêter sur les bords, le miel ne se trouvant jamais qu'au fond du tuyau. Mais ce qui est décisif, comment la rosée a-t-elle pu pénétrer un chassis de verre qui couvroit les fleurs d'un espalier, et sur lesquelles j'ai vu des abeilles qui s'étoient introduites par quelqu'ouverture pour en tirer le miel? »

J'ai pris des boutons de fleurs de sauge, de thym, de flomos ou sauge de Jérusalem et de beaucoup d'autres ; l'orifice de leur calice étoit bien fermé, et j'ai toujours trouvé le miel au fond de ces calices.

Il paroît donc plus naturel, plus conforme à la raison et à l'expérience de dire que le miel suinte par transpiration des végétaux mêmes, ou que c'est une sève très-fine et très-élaborée

---

(1) Il semble que M. Duchet suppose que les abeilles percent avec leurs dents les calices des fleurs, chose que je n'ai jamais observée et que je crois fausse.

dont la première destination est de nourrir le
fruit dans son enfance (1), comme le sang ou
le lait dans les animaux vivipares, ou la substance contenue dans l'œuf chez les ovipares, est
la première nourriture de leurs petits.

Dans cette supposition que le miel transpire
des plantes et des arbres par le mélange de la
chaleur et de l'humidité, on ne doit pas être
surpris de le trouver au fond du nectarium ou
calice de la fleur, qui est le plus près de la tige,
et on peut aisément comprendre pourquoi dans
certains jours il est très-abondant, et très-rare
dans d'autres ; parce qu'il suit le mouvement
plus ou moins fort de la sève; pourquoi certains végétaux en fournissent plus que d'autres;
parce qu'ils sont plus favorisés d'une douce
humidité et plus abondans en sève; pourquoi
le miel a des qualités si différentes en divers
climats ; par la diversité des végétaux; pourquoi

---

(1) On pourroit ici opposer, avec plus de fondement,
l'objection que M. Linné se fait à lui-même, comme
nous le verrons au commencement du chap. suivant:
Pourquoi les fleurs mâles qui ne produisent jamais de
fruit, sont-elles aussi fournies de miel?

les pluies froides , le vent du nord , la gelée et la neige sont contraires au miel ; parce qu'ils arrêtent la circulation de la sève ; pourquoi ce sirop peut être abondant, sans rosée , pourvu que la sève circule librement : pourquoi par un soleil vif , la quête peut être copieuse, quand les végétaux sont pleins de sucs humides : pourquoi enfin , pendant la grande chaleur , le miel est rare ; parce que les arbres et les plantes ne peuvent tirer de l'aridité du sol les sucs convenables.

On peut donc conclure , sans crainte de se tromper , que le miel est un écoulement ou une transpiration de ce qu'il y a de plus délié et de plus doux dans la sève des végétaux , et qu'il s'échappe par les pores et s'épaissit dans les fleurs.

Quelques auteurs , comme M. Ligier , ont distingué deux sortes de miel , l'un comme le nôtre , qui est un suc de la sève , l'autre qu'on appelle la miellée , météore , ou espèce de rosée gluante qui tombe du ciel , sur la fin de l'été , un peu avant ou pendant la canicule , et qui s'arrête sur les fleurs et sur les feuilles : celles qui sont canelées, dentelées ou raboteuses, comme les feuilles de prunier , de hêtre , de chêne , d'orme et de tilleul , en retiennent davantage ; mais le soleil l'épaissit , au lieu que la miellée , qui tombe sur les fleurs et s'y conserve mieux , la miellée tombe quelquefois en si grande abondance , que les paysans la recueillent dans les forêts , principalement sur les feuilles : elle y est blanche et en larmes , comme la manne de Calabre. Selon M. Ligier, ces fortes miellées rendent les abeilles paresseuses , parce qu'étant remplies de cette rosée , elles négligent de cueillir la substance des fleurs. Les abeilles amassent de ces deux sortes de miel pour se nourrir : le premier est le meilleur.

M. Duchet n'est pas du même sentiment ; il oppose à M. Ligier les observations de M. Boissier de Sauvages , de la Société Royale des sciences de Montpellier, lues dans une de ses assemblées le 16 décembre 1762.

J'avoue que je n'ai rien trouvé qui puisse former une démonstration en faveur du sentiment de ces auteurs.

Une expérience capable de décider la question , seroit de renfermer un petit tilleul ou autre petit arbre de ce genre dans une serre , ou de couvrir avec un chiffon ou du papier la branche d'un tilleul exposé à l'air dans la saison que la miellée tombe. On pourroit même renfermer une petite branche dans un vase de verre fin : si au moment que tous les tilleuls circonvoisins se trouvent chargés de la miellée, le tilleul renfermé, ou la branche couverte s'en trouvoient également imprégnés, il seroit évident qu'elle tire sa source de l'arbre même ; mais si le contraire arrivoit, il faudroit croire que cette liqueur vient de l'air.

Voilà l'expérience que M. Boissier auroit pu faire avant de lire ses observations devant la Société de Montpellier. En attendant qu'elle soit faite par d'autres ou par moi, je m'en tiendrai au sentiment de MM. Ligier et Ducarne, qui, comme nous le verrons, se fondent sur des faits plus certains.

Ce que ce dernier avance sur cette liqueur, est très-curieux et bien détaillé. « Vous savez, dit-il, en parlant à son voisin, ce que c'est que le miel, cette rosée céleste, ce nectar que les abeilles recherchent avec empressement sur les fleurs ; mais vous ne savez peut-être pas qu'il y en a de deux espèces : l'une, qui est le miel proprement dit, est un suc de la terre, qui sortant des plantes par la transpiration, s'amasse au fond du calice des fleurs, et s'y épaissit ensuite (1); c'est, si vous voulez encore, une sève digérée et raffinée dans les canaux des plantes, un écoulement enfin qui s'échappe et s'épaissit sur les fleurs : l'autre qu'on appelle aussi miellée, ou miellat, est un écoulement de l'air, ou une espèce de rosée gluante qui tombe plus tôt ou plus tard, mais plus ordinairement un peu avant et pendant la canicule. Cette rosée s'arrête sur les fleurs, et sur les feuilles des plantes et des arbres ; celles qui sont dentelées, canelées et raboteuses, comme les feuilles de prunier et de chêne, d'orme et de tilleul, en retiennent beaucoup plus et d'une manière plus sensible ; mais le soleil venant à paroître, la coagule et l'épaissit ; au lieu que la miellée qui tombe sur les fleurs, s'y conserve beaucoup mieux et plus longtemps. »

« On dit que l'abondance de cette miellée rend les abeilles paresseuses, et leur fait négli-

---

(1) M. Linné, dit M. de Bomare, a mieux observé, qu'on ne l'avoit fait avant lui, que les fleurs ont au fond de leurs calices des espèces de glandes pleines d'une liqueur miellée. C'est dans ces glandes nectarifères que les abeilles vont puiser leur miel, et c'est dans leur estomac qu'il se façonne.

ger la récolte du miel proprement dit. Je n'en ai cependant jamais vu aller la ramasser ailleurs que sur les fleurs ; mais l'inconvénient de cette miellée , est que si le tems alors est gras et humide , et sur-tout encore s'il survient une pluie fine , cette pluie ou la trop grande humidité de l'air , se mêlant à cette miellée , la corrompent , et en font un composé bien inférieur au miel de la première espèce , ou à celui qui n'a point souffert ce mélange et cette mixtion.»

« Quelques personnes qui n'ont point vu , comme moi , tomber cette miellée , ont prétendu que ce n'étoit autre chose que le suc ou la sève des plantes qui , dans les tems de chaleur , disent-ils , éprouvent peut-être une plus grande fermentation , et la font sortir sur les feuilles ; on l'aperçoit beaucoup mieux le matin , avant que le soleil ait pu la dessécher , et l'endurcir.»

« Ces personnes se sont trompées : j'ai vu cent fois et fait voir à d'autres , cette miellée tomber en forme de pluie fine sur les feuilles d'un tilleul , ou nous en apercevions les gouttes très-distinctement ; et les jours qu'elle tomboit , les feuilles en étoient toutes piquées. »

F iv

Le sentiment de M. Ducarne me paroît d'autant plus admissible, qu'il est appuyé sur un fait dont je vais rendre compte. On sait que dans la Mésopotamie, et sur-tout dans les environs de Diarbekir, capitale de cette province, il tombe régulièrement tous les ans pendant l'été, une espèce de rosée que l'on appelle dans le pays *la manne du ciel*. Le peuple la ramasse, et en fait provision pour toute l'année, en la renfermant dans des vases. On voit tous les jours, dans les rues, des enfans qui mangent de cette miellée ou manne, étendue sur leur pain. En vain soutiendroit-on que ce sont les arbres et les plantes qui la produisent ; elle tombe indifféremment sur les rochers et sur les planches qu'on expose en plein champ pour la recevoir, loin des arbres et des plantes. Celle que l'on recueille sur ces planches et sur ces rochers, est la plus estimée ; elle est en effet d'une qualité infiniment supérieure. Elle est d'abord liquide, et en se congelant elle devient comme du sucre : c'est alors qu'on la recueille. Celle qui tombe sur les feuilles y reste tellement attachée, qu'on ne peut l'enlever facilement, et les parties qui y restent mêlées avec la manne, la rendent d'une qualité inférieure à celle qui tombe sur les rochers et sur les planches.

D'après ces faits, ne pourroit-on pas également soutenir que l'humidité miellée qui couvre souvent en France différentes plantes et différens arbres pendant l'été, est plutôt une rosée, qu'un suintement ou une transpiration de ces plantes et de ces arbres ?

Dans aucune saison, nous n'avons jamais observé dans l'Archipel ni à Constantinople, cette rosée miellée : peut-être le voisinage de la mer lui est-il contraire ; mais j'ai vu plusieurs fois ici à Versailles et à Viroffley, des arbres et surtout des tilleuls, tellement couverts de cette liqueur mielleuse, qu'elle en tomboit par gouttes. Ces arbres, dès le matin, étoient chargés d'abeilles ; c'est cependant ce que M. Ducarne dit n'avoir jamais observé. Il se peut que dans son canton la campagne fournisse à ses abeilles une assez grande quantité de miel, pendant la saison du miellat, pour qu'elles méprisent celle-ci, qui ne peut être que d'une qualité inférieure.

Après avoir parlé de l'origine du miel, nous devons dire comment les abeilles le recueillent et le disposent dans les alvéoles de leurs rayons.

« Lorsqu'une abeille , dit M. Ducarne , entre dans une fleur qui , près de son fond , a de ces glandes ou réservoirs destinés à contenir une liqueur miellée , et qui en ont été bien remplis, elle peut trouver de cette liqueur épanchée sur différentes parties de la fleur , c'est-à-dire , qu'elle peut y trouver celle qui a transpiré au travers des membranes des cellules dans lesquelles elle étoit renfermée (1). »

« Le fond d'une fleur peut ainsi être enduit d'une espèce de miel ou de sucre , comme les feuilles de ces arbres dont nous venons de parler. »

« La trompe , dont on a donné ailleurs une courte description , est l'instrument avec lequel l'abeille recueille cette liqueur. On n'est pas longtemps à voir avec quelle activité et quelle adresse elle en fait usage : en effet, si l'on observe la mouche qui , après s'être posée sur une fleur

---

(1) Je croirois assez que le miel des plantes ne se trouve qu'au fond des calices des fleurs, auprès de la tige ; et que la matière qui suinte par les pores des étamines , n'est peut-être qu'une liqueur onctueuse et huileuse , qui est la véritable matière de la cire. Voyez le chap. sur l'origine de la cire.

bien épanouie, a avancé vers l'intérieur, bientôt on aperçoit qu'elle l'applique contre les
feuilles des fleurs, tout près de leur origine.
Alors le bout de la trompe est dans une action
continuelle ; il se donne successivement une infinité de mouvemens différens ; il se raccour-
cit, se ralonge, se contourne, se courbe pour
s'appliquer sur toutes les parties. »

« Pour connoître sûrement à quoi tendent
tous ces mouvemens si prompts et si variés, et
quel effet ils produisent, enfermez quelques
abeilles dans un tube de verre, dans lequel vous
aurez mis par-ci par-là quelques gouttes de miel.
En pareil cas elles oublieront presque sur le
champ qu'elles sont prisonnières. Vous ne tarde-
rez pas à en voir, d'aussi près qu'il est possible, qui suceront, ou plutot qui la peront le miel;
en peu de temps elles auront nettoyé le tube
avec leur trompe : cet instrument doit être regardé comme une seconde langue velue, par
le moyen de laquelle l'abeille force la liqueur
à entrer dans son gosier, et à passer ensuite
dans son estomac. »

« Il est vraisemblable que quand les abeilles
ne trouvent pas une provision suffisante de miel
épanché, elles emploient leurs dents, qu'elles

exercent comme lorsque les sommets des étamines
tiennent encore renfermées les poussières qu'elles cherchent : elles peuvent bien alors, avec
leurs dents, ouvrir les veines ou glandes qui ont
la liqueur miellée (1). Elles savent s'en servir,
quand il s'agit de hacher du papier qui couvre
le miel ; pourquoi ne s'en serviroient-elles pas,
quand il s'agit de déchirer des vessies pleines
de miel, ou d'une liqueur propre à devenir
miel ? »

« Les abeilles ne donnent point d'autre préparation au miel, que de le cuire, le façonner
et l'épurer dans leur estomac. Il se perfec-

---

(1) En supposant que le miel des fleurs soit contenu
dans de petites vessies, ou glandes, ainsi qu'en a fait
la découverte Linnéus, cité ci-dessus par M. Bomare,
et ce qui est en effet très-probable, il faut présumer
que la pellicule de ces vessies doit être si délicate que
les abeilles, sans faire usage de leurs dents, puissent la
rompre en la pressant seulement avec leur trompe, et
en retirer le miel. En effet les calices des fleurs de sauge
et de thym, par exemple, sont profonds et resserrés
de sorte qu'il seroit impossible aux abeilles d'atteindre
avec leurs dents la vessie qui se trouve au fond de ces
fleurs. Il faut donc que les abeilles se servent de l'extrémité de leur trompe.

tionne sans doute dans ce laboratoire ; au moins en sort-il plus épais et plus condensé qu'il ne l'étoit auparavant. Lorsque leur estomac est bien rempli, elles rentrent avec cette provision dans leur ruche. Pour lors ou elles en font part à celles qui sont restées pour les travaux du dedans (1), ou elles vont le dégorger dans les cellules qui sont destinées à cet usage. »

« Il a acquis assez d'épaisseur et de consistance pour se soutenir sans s'écouler dans les alvéoles; quoiqu'ils ne présentent comme un pot couché et incliné sur le côté. Remarquez encore, qu'il y a sur le miel qui remplit un alvéole, une dernière couche qui se fait distinguer de tout le reste. Elle semble être ce que de la crême est sur du lait, et elle sert à retenir tout le miel (2).

---

(1) Nous avons observé effectivement nous même que les abeilles qui reviennent chargées de miel, quelquefois présentent, en entrant dans la ruche, leur trompe à d'autres abeilles pour leur donner le miel ou l'eau qu'elles rapportent; mais nous croyons que c'est moins pour nourrir ces abeilles sédentaires, que pour se décharger plutôt de leur fardeau, et pour repartir plus vîte pour la campagne.

(2) M. de Bomare est du même sentiment: »Quoi-

Cette crême n'est peut-être qu'une croûte de miel , ou une couche plus épaisse , qui se forme tout naturellement au - dessus du miel, à-peu-près comme il arrive au - dessus des pots de confiture. Ce qui confirme cette conjecture , c'est que cette couche a toutes les qualités et toute la saveur du miel même , excepté qu'elle a plus d'épaisseur et de consistance. »

« Parmi les cellules qui renferment le miel, les unes sont destinées à fournir à la consommation journalière des abeilles , et les autres sont des espèces de magasins réservés pour les

---

que le miel soit fluide, dit-il, et que les alvéoles soient comme des pots couchés sur le côté , les abeilles ont cependant l'art de le remplir. Qu'il y ait peu ou beaucoup de miel dans un alvéole , on remarque toujours dessus une petite couche épaisse, qui par sa consistance, empêche le miel de couler. L'abeille qui apporte du miel dans l'alvéole , fait passer dans cette pellicule les deux bouts de ses premières jambes, et par cette ouverture , elle lance et dégorge le miel dont son estomac est plein. Avant de se retirer , elle raccommode la petite ouverture qu'elle avoit faite : celles qui suivent font de même. Comme la masse du miel augmente, elle fait reculer la pellicule , et la

nourrir dans le temps où elles iroient inutilement en chercher sur les fleurs. Celles dont le
miel est consacré à l'usage journalier, sont ouvertes, et les autres fermées. Les abeilles les
condamnent avec de petites plaques de cire
qui empêchent que le miel ne s'évapore et ne
devienne dur et graîné. »

« Voilà à peu près tout ce qu'on peut dire sur
l'origine du miel; nectar si précieux, que pour
le recueillir et le conserver, les abeilles sacri-
fient leur vie, et emploient quelquefois contre
ceux qui veulent le leur ravir les armes redou-

---

cellule se trouve, par cette industrie, pleine d'un miel
fluide. » J'ose n'être pas du sentiment de ces MM. Je
ne crois point que pour contenir le miel dans les cellules, il soit besoin de ces pellicules ; je suis très persuadé que la force attractive suffit seule pour soutenir
le miel dans les alvéoles, comme nous voyons sur les
feuilles des plantes, et sur-tout celles des choux, des
gouttes d'eau très-grosses se soutenir par cette seule
force et ne pas se dissoudre. Il peut arriver que la partie extérieure du miel contenu dans les alvéoles, soit
plus condensée, parce qu'elle évapore plutôt l'humidité
que le miel peut contenir ; mais alors, je ne doute pas
que cette considération ne le contienne avec plus de facilité. Mon opinion est d'autant plus probable, que
les cellules des rayons, vont un peu en talus vers l'intérieur.

tables, dont l'Auteur de la nature les a pourvues. »

M. l'abbé Tessier sembleroit douter de ce que nous avons dit sur l'origine du miel, et sur la manière dont les abeilles le recueillent et le transportent dans la ruche, lorsqu'il s'exprime ainsi dans l'Encyclop. méthodique : « On a dit que les abeilles avaloient le miel qu'elles ramassoient sur les fleurs, et lui faisoient subir une élaboration dans leur estomac. Ce fait ne me paroît pas prouvé, et ne peut l'être aisément. La plus forte raison qu'on allègue, est l'existence d'une vessie qu'on trouve remplie d'une liqueur sucrée ; mais cette liqueur, plus liquide et plus fluide que le miel, se rencontre dans des insectes qui ne forment pas des gâteaux pour y déposer leur miel, dans les bourdons par exemple. La vessie qui la contient fait peut-être partie des organes de la digestion des abeilles, comme le jabot dans les oiseaux, ensorte que cette liqueur peut être regardée comme l'aliment de l'abeille, qui vit de miel, et non comme un suc qu'elle ramasse pour déposer dans les alvéoles. Dans la saison du miélat, les abeilles ne périroient-elles pas toutes, si elles avaloient la quantité de miel qu'elles qu'elles recueillent? Il est donc au moins encore douteux que le miel subisse quelque préparation dans le corps de ces insectes. »

De tout ce que nous avons dit et rapporté dans ce chapitre, on peut hardiment conclure, que rien n'est plus constaté dans l'histoire naturelle des abeilles , qu'elles avalent le miel qu'elles recueillent sur les fleurs , et qu'elles le déposent ensuite dans les alvéoles, en le dégorgeant. L'existence de leur vessie qui n'a aucune communication avec les organes de la digestion, en est la démonstration. En effet il est certain que les abeilles ramassent le miel sur les fleurs , et qu'elles le déposent dans leur ruche. Or, si ce n'étoit pas dans la vessie, dans quelle autre partie pourroit-on raisonnablement croire qu'elles le transportent?

Le jabot des oiseaux leur sert d'organe pour la digestion; cela est vrai: il en a tous les caractères; on y voit une communication marquée avec l'estomac; il reçoit ce qu'ils avalent, et il le lui transmet; mais ce jabot sert aussi pour soutenir et broyer l'aliment propre à nourrir leurs petits, auxquels ils le rendent en le dégorgeant. Qu'on suppose même que la vessie des abeilles leur serve d'organe pour la diges-

tion, cela n'empêchera pas qu'elles ne s'en
servent aussi comme d'un vase pour le transport
de leur miel, et pour préparer la nourriture de
leur couvain. Si nous ignorons l'usage de la vessie des faux-bourdons, qui d'ailleurs n'est pas
faite de même, ce n'est pas une raison pour que
celle des abeilles n'ait pas la destination que nous
lui avons reconnue.

Au surplus, il est très-probable, que ces faux-
bourdons sont destinés aussi à élever, et à nourrir leur couvain de la même manière : on peut
dire encore que leur vessie sert également à préparer la nourriture de leur famille.

Enfin je ne vois pas sur quel fondement on
pourroit craindre la perte des abeilles, si elles
prenoient une trop grande quantité de miellat :
elles ne peuvent avaler que celui que leur vessie peut contenir ; elles vont le dégorger dans
la ruche, et elles reviennent à la charge jusqu'à la fin de la journée.

CHAPITRE VII.

SUITE du même sujet ; différentes qualités et propriétés du miel.

M. LINNÉ s'exprime ainsi sur les raisons pour lesquelles le miel a été donné aux fleurs. L'utilité dont le miel peut être aux fleurs, et les raisons pour lesquelles il leur a été accordé par l'Être suprême, ne nous sont encore que très-imparfaitement connues. Aucun botaniste n'en a donné jusqu'à présent une raison suffisante, et n'a montré sa destinée ni son utilité dans l'économie rurale des fleurs, de sorte que la solution de cette question a été abandonnée aux recherches de ceux qui viendront après nous. Il semble qu'on ne s'éloigne pas du vrai en avançant que cette humeur molle soit nécessaire pour humecter continuellement le germe dans le temps de la fécondation ; nous savons que la génération ne se fait que dans l'humidité. Cependant je ne crois pas que par cette raison on ait épuisé tous les motifs que le Créateur s'est proposés en créant cette liqueur miéleuse, puisque nous observons que même dans les fleurs mâles, qui jamais ne produisent de fruit, cette liqueur existe (1); mais si l'on en veut savoir la raison secondaire, elle est très-palpable. Il est évident que lorsque les trochiles et autres innombrables insectes vont chercher dans les fleurs leur nourriture, en remuant et en débattant souvent leurs ailes, ils détachent et dispersent les poussières des anthères, de sorte qu'elles peuvent plus aisément pénétrer les stygmates. On voit cela clairement dans la caprification du figuier, qui, sans cette manière, ne pourroit jamais exister. »

_____

(1) D'après le principe de Linné, que la génération ne s'opère que dans l'humidité, on doit juger que la difficulté qu'il se fait, n'a aucune force contre la destinée qu'il donne au miel, par rapport aux fleurs; car quoique les fleurs mâles ne produisent jamais de fruit, cependant elles produisent les poussières des étamines, qui sont le germe qui féconde les fleurs femelles. Le miel est donc nécessaire aussi aux fleurs mâles pour humecter continuellement leurs poussières, lesquelles sont le germe qui féconde les fruits. Et en effet, en goûtant ces mêmes poussières ramassées par les abeilles dans leurs rayons, on sent une sorte de douceur.

« Le miel, dit M. Ducarne, est un vrai nectar, sur-tout quand il est encore en couteaux, et en rayons bien blancs. Je ne connois rien alors qui approche de ce morceau. Le miel ordinaire, celui même qu'on a fait découler des couteaux, quelqu'excellent qu'il paroisse, n'approche point de celui-là. »

Si M. Ducarne parle ainsi des rayons des ruches de France, que ne diroit-il pas de ceux des ruches du Levant, dont le miel est si supérieur ? Nos rayons, ceux qui sont faits sur-tout dans la saison du thym, sont d'un goût si délicat, et en même temps si fondans, qu'on avale tout, le miel et la cire.

Les anciens faisoient un très-grand cas et un grand usage du miel, tant pour leurs sacrifices que pour leur table ; ils le regardoient comme un remède souverain et universel. Il y a eu même parmi eux des sages et des philosophes, tels que Pythagore et Démocrite, qui ne vivoient que de pain et de miel, persuadés que c'étoit un moyen infaillible pour prolonger la vie, et pour entretenir l'esprit dans toute sa vigueur.

L'histoire nous apprend que Pollio Romulus, qui parvint à la vieillesse la plus reculée, ayant

G iij

été interrogé sur le régime qu'il avoit suivi, répondit par cette sentence latine : *Intus mulso, foris oleo :* c'est-à-dire , j'ai fait usage de l'hydromel pour boisson, et je me suis frotté d'huile; ce qui signifioit en même temps qu'il avoit fait beaucoup d'exercice.

Le miel est encore le même que dans les premiers âges; les abeilles sont encore aussi savantes qu'elles l'étoient, il y a des milliers d'années. Quoique le miel soit toujours le même, on prétend que nous ne sommes pas aujourd'hui ce qu'étoient nos pères : en changeant de façon de vivre, nous avons altéré notre tempérament. Nos ragoûts sont trop assaisonnés, nos mets trop variés, l'usage trop fréquent des liqueurs spiritueuses a mis dans notre sang une disposition continuelle à s'enflammer. Le miel qui est lui-même plein de volatil, déssécheroit, dit-on, et échaufferoit facilement le sang déja trop vif, et trop disposé à fermenter. Dans le Levant où la frugalité règne, sur-tout parmi le peuple, on fait un grand usage du miel, sans craindre tous ces effets funestes.

Le miel étoit plus précieux, sans doute, dit M. l'abbé Tessier, avant que la culture de la canne à sucre se fût établie et répandue dans l'Amérique. Le sucre a remplacé en quelque sorte le miel ; il est entré dans les mêts les plus délicats, il est devenu d'un usage très-commun ; mais cette denrée, dit-il, que le Nouveau-monde produit en abondance, est plus chère que le miel. Par des circonstances faciles à imaginer, elle peut nous manquer tout à coup, ou monter à un prix excessif. Le miel est de notre propre fonds : nous sommes assurés d'en recueillir toujours une quantité d'autant plus considérable, que nous favoriserons davantage la multiplication des abeilles.

Le sucre enfin ne supplée pas le miel dans certaines opérations utiles à la santé. Le miel pris en substance est pectoral, laxatif et détersif : il aide à la respiration, en divisant la pituite grossière épaissie dans les bronches pulmonaires, et facilite l'expectoration. Le miel blanc se prend intérieurement ; le jaune plus âcre est employé dans les lavemens : on sait par expérience que le miel étendu sur du pain, dans lequel il y a de l'ergot de seigle, empêche qu'il ne fasse de mauvais effets sur le corps humain.

L'usage du miel n'est pas bon aux tempéramens secs et bilieux, parce qu'il fermente facilement. Le docteur Bourgeois prétend que le miel est encore très-nuisible aux tempéramens qui ont beaucoup d'acide dans les premières voies, avec lequel il fermente et se décompose; c'est par cette raison, dit-il, que les femmes hystériques et les hypocondriaques doivent s'en abstenir. Le marc de mouches, qui est ce qui reste après qu'on a exprimé la cire et le miel, et qui est composé de la soie que le ver a filée, et d'autres matières, est résolutif; les maréchaux en font usage pour les foulures des nerfs des chevaux. Comme il reste toujours un peu de cire dans ce marc, on en tire encore parti en le vendant à ceux qui préparent les toiles cirées.

Je vais rapporter d'abord sur les différentes espèces de miel, ce que disent quelques auteurs sur la qualité de celui de France, et ensuite je parlerai succinctement de celui du Levant.

Tous les miels, dit M. Ducarne, ne sont pas égaux, et le choix en est aussi facile qu'important. On doit le choisir épais, grenu, clair, nouveau, lourd, transparent, d'une odeur douce et agréable, un peu aromatique, d'un goût doux, piquant. Pour dire quelque chose de plus précis encore, préférez le blanc ou le pâle au plus foncé, le nouveau au vieux, celui du printemps et de l'été à celui de l'automne, celui qui écume peu en bouillant à celui qui écume beaucoup ; l'âcre-doux, à celui qui n'a que de la douceur ; enfin le miel d'une médiocre odeur, à celui qui en a une trop sensible, celui-ci étant pour l'ordinaire travaillé et falsifié par le moyen de quelques herbes fortes qu'on y a mêlées. En général les herbes contribuent beaucoup à lui donner des odeurs et des qualités plus ou moins estimables.

Entre les blancs, celui de Narbonne est regardé comme le plus délicieux, à cause de la chaleur du climat, et de la quantité de romarins et de mélisses qu'il y a aux environs de cette ville ou plutôt de Corbière, petit bourg à trois lieues de Narbonne. Parmi les miels communs, qui sont peut-être les plus sains, celui de Champagne passe pour le meilleur des jaunes, parce que le terrain y est assez généralement sec, et les herbes fines et aromatiques. Celui des pays les plus gras n'est pas le plus estimé. De-là vous devez conclure que s'il y a un grand avantage à avoir beaucoup de miel, il y en a encore plus à en avoir beaucoup de bon, et que cela dépend de la situation dans laquelle on se trouve, et du soin qu'on a de procurer de bonnes herbes à ses abeilles, aux environs de leurs ruches.

M. l'abbé Tessier, dans la nouvelle Encyclopédie, ajoute qu'outre le miel de Narbonne, qui est le plus recherché en France, il s'en fait dans d'autres provinces, qui peut en quelque sorte lui être comparé. Un propriétaire d'abeilles à Andonville en Beauce, vend chaque année du miel parfait; ce qu'on attribue à l'attention qu'il a de l'extraire pur, et aux plantes aromatiques qu'on cultive dans les jardins du château d'Andonville. Dans les environs de Lons-le-Saunier, on élève une très-grande quantité d'abeilles; le miel en est de belle qualité, si on en excepte celui qui est recueilli du côté de la rivière d'Ain où sont les sapins; ce dernier est aussi beau à l'œil, mais il a un goût de térébenthine qui est désagréable.

M. l'abbé Tessier rapporte encore une observation de M. Barthès, sur la manière de rendre plus parfait le miel de Narbonne: elle est utile et très-intéressante pour tout cultivateur d'abeilles, de quelque pays qu'il soit.

M. Barthès, dit-il, dans l'ancienne Encyclopédie, se plaint du peu de soin qu'on prend aux

environs de Narbonne, pour tirer de la récolte
du miel tout l'avantage qu'on en peut tirer.
On mêle, selon lui, indistinctement les gâteaux
blancs, roux et bruns, qu'on devroit séparer
pour former du miel de plusieurs sortes; quand,
après les avoir brisés, on les a laissés découler
quelque temps, on les emporte pour en faire
de la cire. M. Barthès croit qu'ils contiennent
encore du miel, qu'on obtiendroit aisément par
des lotions avec de l'eau : en la laissant évapo-
rer, il resteroit un syrop propre à nourrir les
abeilles; on extrairoit encore ce miel à l'aide
de la presse. Le beau miel de Narbonne acquer-
roit plus de qualité, s'il étoit moins de temps
à couler des gâteaux. C'est une réflexion de
M. Barthès, qui est d'autant plus juste, que,
dans les pays dont il parle, les gâteaux se mettent et s'entassent dans des paniers renversés,
faits en forme de cône tronqué; le miel ne
peut en couler que lentement. Il propose à cet
effet de placer les gâteaux sur un grillage de
fil de fer enchassé dans des bois, qui répond
aux claies d'osier dont il est question dans la
Maison Rustique, et qu'on emploie à cet usage
dans beaucoup de provinces. »

J'ai éprouvé, dit aussi M. Ducarne, que dans

certaines années le miel ne se prenoit que difficilement. J'ai oui dire à un ancien et très-ha-
bile praticien, que le meilleur moyen de lui
donner de la consistance, étoit de le battre bien
avec les mains, ou avec une spatule de bois, dans
le vaisseau où on l'a fait couler des couteaux,
et de continuer toujours à le battre jusqu'à ce
qu'on le vît prendre un œil plus blanc, et qu'on
sentît à la main qu'il est devenu plus épais. Il
dit qu'alors on voit s'y former une espèce d'é-
bullition ou de fermentation. Je ne vous en ap-
prendrai point davantage, dit cet auteur, parce
que j'ai toujours laissé mon miel, comme il
étoit, sans y toucher. C'est ce que l'on fait aussi
dans le Levant, où cependant il est excellent.

« Quant à la raison, dit le même auteur, de
cette différence qu'on remarque dans certaines années, et non dans d'autres, j'ai toujours observé
que dans les étés pluvieux, il étoit plus tôt pris,
au lieu que quand la saison a été sèche pendant le temps de la récolte du miel, il prend
beaucoup plus difficilement. Cela vient sans doute
du plus ou moins de chaleur, du plus ou moins
de fermentation de ses parties intérieures. La
saison ayant été plus humide, le miel est plus
aqueux et plus froid; et alors il prendra plus

vîte, que quand un temps sec lui a procuré des parties plus subtiles, plus chaudes et plus disposées à la fermentation. Voilà, du moins, conclut nôtre auteur, ce que ma physique à pu m'apprendre là-dessus. »

Venons actuellement au miel du Levant, qui dans tous les temps a été jugé le meilleur de la terre, sur-tout celui de la Grèce. M. le comte de Carbury, originaire de Céphalonie, a fait goûter du miel de cette île à des amateurs et aux plus grands connoisseurs de Paris ; ils ont tous avoué qu'il étoit le meilleur de tous ceux qu'on avoit goûtés jusqu'alors, et que ceux de Narbonne, de Mahon et de l'Espagne ne lui étaient pas comparables. Il y a, dans quelques maisons de Versailles et de Paris, du miel d'Athènes et du Mont-Hymette, que l'on préfère à toute sorte de miel possible.

Je ne sais si c'est prévention, mais de tous ceux que j'ai goûtés, je n'en ai point trouvé d'aussi agréable, d'aussi parfait, que celui de Syra: celui sur-tout qu'on appelle ἀπάρθενον, c'est-à-dire *vierge*, qu'on retire des nouveaux rayons, construits pendant la saison du thym, a une supériorité marquée sur tous les autres. Ce qui donne ordinairement un mauvais goût au miel,

c'est la poussière des étamines, ou la molividhe, les dépouilles des nymphes, et toutes les
matières hétérogènes qui se trouvent mêlées
dans les rayons. Il est aisé de voir qu'en choisissant des rayons nouveaux, purs et sans mélange, le miel qui en découle naturellement,
doit être le plus parfait: tel est le miel de Syra.
On en envoie avec les rayons à Constantinople,
à Smyrne et en d'autres lieux du Levant; ce sont
des cadeaux très-précieux.

Généralement tout le miel de l'île est d'une
couleur d'ambre très-clair; il est épais, sans être
grainé, ni congelé. M. le comte de Carbury conserve du miel de Céphalonie depuis plus de 10
ans: il est resté liquide, malgré le climat de
Paris. Ce miel est si clair, si transparent, qu'on
liroit au travers d'un flacon qui en seroit rempli.

Dans l'île de Scio, on fait un miel excellent,
sur-tout dans les quartiers où croît le lentisque, cet arbrisseau qui donne le fameux mastic, qu'on appelle du nom de cette île. Ce miel
est blanc, et d'un parfum délicieux; on l'appelle
dans le pays, mastichomelon, μαςιχομελον, miel
du mastic.

Je trouve dans l'ouvrage de M. Peissonnelli,

ancien Consul du Roi en Crimée et à Smyrne, sur le commerce de la mer Noire, tom. 1, pag. 173, que « le miel de la Crimée passe pour le « meilleur qu'il y ait dans tout l'Empire Ot- « toman. Celui du village d'Osmandgik est sur- « tout extrêmement recherché. On n'en em- « ploie pas d'autre pour la table du Grand-Sei- « gneur : il a une douceur et un parfum qu'on « ne trouve pas dans le miel de Valachie et de » Candie. »

Je n'ai jamais entendu parler à Constantino-ple de ce fameux miel de Crimée, et en gé-néral tout celui qui vient dans cette capitale, du côté de la mer Noire, est très-peu estimé ; il passe pour être commun et mal travaillé. Il n'en est pas de même de celui qui arrive du côté de la mer Blanche, et sur-tout d'Athènes et des îles de l'Archipel.

Une personne de distinction, qui a demeuré aussi en Crimée, et qui s'est trouvée en der-nier lieu dans le camp des Tartares, m'a as-suré que le Chan avoit trouvé le miel de Po-logne supérieur à celui de la Crimée ; et dif-férentes personnes qui ont goûté du miel de Pologne et de celui des îles de l'Archipel, don-nent à ce dernier une préférence marquée.

Au reste, non-seulement les habitans d'Osmandgik, mais ceux de la Grèce et d'Athènes,
sur-tout de l'île de Simi (1), prétendent que

---

(1) Simi, petite île de l'Archipel, et une des Spo-
rades, dont les habitans sont presque tous pêcheurs
d'éponges, et par conséquent excellens plongeurs. Parmi
les garçons de cette île, celui qui plonge le mieux a
droit de prétendre au mariage le plus avantageux; aussi
est-il fait mention de son talent ou de son adresse dans
son contrat de mariage. M. Dapper ajoute qu'il y a une
« loi chez eux qui défend aux jeunes gens de se marier
« qu'ils ne puissent plonger vingt brasses au dessous de
« l'eau, et y demeurer un certain espace de temps. » Il y
a plusieurs de ces insulaires qui plongent jusqu'à 30
et à 40 brasses et qui restent sous l'eau plus d'une demie heure.

On raconte une anecdote tragique au sujet de ces pêcheurs, arrivée au couchant de l'île de Syra, lorsqu'ils pé-
chent aux éponges, selon leur usage. Le Caravochiri, ou
patron du bateau, doit plonger le premier; après lui,
le second, et ainsi du reste de l'équipage par ordre
d'ancienneté. Le Caravochiri ayant commencé et tar-
dant à reparoître, le second se jette à la mer, et trouva
le patron saisi par un gros polype, qui le dévoroit. La
frayeur le prend, il remonte et se désole avec ses com-
pagnons de ne pouvoir lui donner du secours.

En effet sur les côtes de cette île on a vu souvent de
ces polypes, que nous appelons *Therioctapodha* à cause
leur

leur miel à la préférence à tous les autres pour
la table du Grand-Seigneur, et pour toute sa
maison. Cependant une personne digne de foi,
qui a servi long-temps en qualité de page dans
le palais du Grand-Seigneur, et qui se trouve
actuellement en France, m'a assuré qu'à la table de ce Souverain on ne sert jamais de miel
pur.

Ce qu'il y a de vrai, c'est qu'en Crimée, ainsi
que dans tout le reste de la Turquie (1), on em-

---

de leur grosseur énorme. Ces monstres marins ont huit
pattes, au moins de dix pieds chacune de longueur. On
raconte qu'un homme se trouvant à pêcher à la ligne
sur la même côte, vit un polype qui s'approchoit et
qui jetoit ses pattes hors de la mer sur le rocher où
il étoit, en en détachant des éclats. Il eut le temps
heureusement de l'apercevoir et de s'éloigner avec cé-
lérité. Des faits de la même nature sont encore arri-
vés dans d'autres îles de l'Archipel.

(1) A Constantinople et dans tout le reste de la Turquie, on fait avec le miel une infinité de confitures
qu'on appelle en turc *Chalva*, et des pâtisseries qu'on
appelle *Baclava*; les unes et les autres sont d'un très-
bon goût. Le chalva sur-tout est d'une très-grande
utilité pour le peuple, qui se régale à peu de frais.
On fait le chalva avec une certaine farine qu'on re-

ploie une prodigieuse quantité de miel pour les confitures de toute espèce, les pâtisseries et les

---

tire du Sézame, et qu'on appelle *Tain-elvassi*; on en fait aussi avec le Sézame seul, et on l'appelle *Sissam-elvassi*. On en fait encore avec des noix, ou des noisettes, et d'autres fruits. Deux ou trois liards de cette friandise, et pour autant de pain, font déjeûner parfaitement un ouvrier. Il seroit à souhaiter que de semblables usages fussent suivis par-tout.

Ce que dit M. Peysionelli sur le peu de sucre qui se consume en Crimée, il faut l'entendre de ce qui se passoit il y a 30 ans : depuis cette époque, à Constantinople, ainsi que dans toute la Turquie, la consommation du sucre a prodigieusement augmenté. Un négociant de Marseille, qui a demeuré long-temps dans les Échelles du Levant, m'a assuré qu'il n'y a pas 30 ans que toutes les maisons ensemble des négocians français à Constantinople, ne recevoient pas au-delà de 300 barriques de sucre par an, et lorsque tous les commerçans en recevoient 400 barriques, on s'assembloit pour concerter les moyens de s'en débarrasser sans perte. Actuellement il n'y a pas une maison de commerce qu ne reçoive à elle seule les 300 ou 400 barriques.

Cette consommation est donc très-grande en comparaison de ce qu'elle étoit autrefois ; mais elle n'est pas encore telle qu'elle pourroit et devroit l'être ; elle doubleroit et tripleroit, si les Turcs se déterminoient à mettre du sucre dans leur café. L'usage chez eux

boissons : on y fait peu d'usage du sucre : cependant il passe beaucoup de miel ; de Crimée
à Constantinople et dans la Natolie (1). On l'em-

---

de prendre du café est général. Aux hommes, aux femmes, aux grands et aux petits, aux pauvres et aux riches, il en faut au moins deux tasses par jour : parmi
les personnes un peu aisées, il y en a qui en prennent
dix et jusqu'à quinze tasses, qui sont, à la vérité
moins grandes que celles dont on se sert à Paris. Ce
goût pour le café règne à peu près de même dans les
familles domiciliées à Constantinople, et dans le reste
de l'Empire Ottoman ; Grecs, Arméniens, Juifs, etc.
toutes ces nations, excepté les Francs, prennent le
café sans sucre. Quelle plus grande consommation de
sucre, si cet usage venoit à changer ! Il est bien étonnant que les Turcs qui sont passionnés pour tout ce
qui est doux et sucré, n'en aient pas adopté un autre.
Il est bien étonnant encore qu'aucun médecin Euro-
péen, dont le nombre est si grand à Constantinople,
ne leur ait pas fait entendre que notre méthode est plus
salutaire que la leur. Ils auraient rendu un grand service au commerce, et peut-être à l'humanité, de leur
faire changer de conduite à cet égard.

(1) L'Asie mineure. Cette région se trouve à l'o-
rient de la Grèce : les Grecs l'appellent ἀναϊολὴ, c'est-
à-dire *Orient* ; c'est de-là que les Turcs l'ont appelée
aussi *Anadolu*. Ce nom qui conserve la ressemblance

bárque dans des cruches et des tonneaux, en observant d'y laisser toujours un peu de vide et d'y pratiquer un petit soupirail pour que la

---

du mot grec, a une signification tout-à-fait différente. Les Turcs ont une répugnance marquée pour tout ce qui choque leurs usages, leur religion, et sur-tout pour ce qui sent le christianisme, ou le grécisme ; les mots mêmes les offensent ; aussi sont-ils extrêmement attentifs à ne se servir d'aucun de ces termes que la langue turque a empruntés des Grecs, dans leurs arrêts, ordonnances ou firmans. Et lorsqu'ils sont absolument obligés d'en employer, ils y ajoutent toujours *ut vulgo dicitur*, comme le peuple dit. C'est par cette raison que lorsqu'ils se sont emparés de cette partie d'Europe qu'ils occupent, ayant entendu que les Grecs nommoient l'Asie mineure Anatoli, ils l'ont appelée *Anadolu*, qui veut dire mère pleine, pour faire allusion à la fertilité de cette contrée qui nourrit en partie Constantinople.

Lorsqu'ils se sont emparés aussi de Constantinople, ils ont formé leur mot Istambol, de celui que les Grecs répétoient souvent εἰς τὴν πόλιν, *à la ville*. (Les Grecs ainsi que les Romains, appeloient leurs capitales respectives par excellence πόλις, *Urbs*.) Mais ensuite par le même esprit, ils l'ont changé en un autre semblable, mais d'une signification différente. Istambol, qui veut dire *la vraie foi large*, faisant allu-

vapeur puisse s'exhaler, parce que quand le miel fermente, et qu'il est bouché trop exactement, il fait éclater les pots ou vases dans lesquels il est renfermé.

Avant de terminer ce chapitre, j'ajouterai encore ici une particularité. M. le comte de Carbury m'a fait l'honneur de me faire voir une espèce de miel de couleur rouge foncé et d'un parfum si exquis, qu'il n'en existe pas de pareil. Il provenoit d'un présent que M. son père, un des plus grands connoisseurs dans cette partie, avoit soin pendant sa vie de lui envoyer tous les ans. Après sa mort, il n'a plus été possible à M. le comte de Carbury d'avoir de ce miel; à toutes les instances qu'il a faites à ses parens pour lui en envoyer, on lui a répondu qu'on n'avoit aucune connoissance de cette espèce de miel.

Je serois assez porté à croire que ce miel rougeâtre et d'un parfum si extraordinaire n'é-

---

sion au mahométisme qui règne à Constantinople avec toute l'aisance imaginable. Le Sultan Mustapha, père du régnant Sultan Sélim, par la même raison a ôté de la monnoie turque, le mot *Constantinié*, qui signifioit que la monnoie avoit été frappée à Constantinople, et il l'a suppléé par celui de *Istambol*.

toit que celui que l'on retire des vieilles ruches, et de la partie plus enfoncée des rayons,
qui y sont restés pendant plusieurs années de
suite. Nous avons dit ailleurs que les parties
supérieures de ces rayons contiennent quantité de propolis, et une sorte de cire aromatique, qui font une odeur très-agréable. Il arrive souvent dans l'Archipel, que dans les ruches fortes et bien fournies, les abeilles laissent
intacte une grande partie du miel qui leur a
servi de provision pendant l'hiver, et cela plusieurs années de suite. Or ce miel qui séjourne
si long-temps dans ces rayons, peu à peu en
contracte et le parfum et la couleur qui est d'un
rouge foncé.

Ce qui confirme encore mon opinion, c'est
qu'il m'est arrivé plusieurs fois, sans y faire attention, de retirer un miel semblable des vieilles ruches; j'en avois taillé les rayons qui étoient
pleins de miel ancien, pour former la cire aromatique dont j'ai déja parlé.

CHAPITRE VIII.

MANIÈRE de faire l'Hydromel et autres boissons qui se préparent avec le miel, tirées de MM. Pingeron et Ducarne.

« QUOIQUE je ne me flatte pas, dit M. Pingeron, que les détails des propriétés du miel puissent le faire employer de nouveau dans les alimens, et en faire composer une boisson, j'ose cependant présumer qu'on ne les trouvera pas déplacés dans ces traités. »

«Les anciens préparoient avec le miel une boisson qu'ils nommoient *Mulsum*, dont ils faisoient un très-grand cas. Elle étoit composée de cinq parties de bon vin rouge, et d'une partie de miel pur : on la laissoit au soleil pendant l'espace de quarante jours, et on la filtroit peut-être au travers de petites écuelles, percées comme des écumoires. Je serois tenté de croire que celle qu'on m'a fait voir au Museum de Portici, composée de tous les débris d'Herculanum, servoit à filtrer le *Mulsum*, et non pas

H iv

le vin, comme le répètent tous les antiquai-
res. »

« Les habitans du nord sont les seuls parmi
les modernes qui fassent un usage constant de
de l'hydromel pour leur boisson; ils en tirent
une espèce d'eau-de-vie, qui est très-spiritueuse;
ils en font aussi du vinaigre (1). »

« L'hydromel simple se fait en froissant avec
les mains les gâteaux de miel vierge dans de
l'eau très-claire. Comme un agriculteur économe
ne doit rien laisser perdre, on trempe dans cette
eau les linges qui ont servi à filtrer le miel.
On y en met selon la force que l'on veut donner à l'hydromel. Comme il surnage toujours
un peu de cire sur ce mélange, on l'en sépare
avec une écumoire, et on laisse reposer le tout
pendant quelques heures. On verse ensuite l'hydromel dans des bouteilles d'un verre épais,
ou dans des vases de terre que l'on expose au

_____

(1) Dans l'île de Syra, on met à part toutes les eaux
qui ont servi dans la manipulation des rayons, quand
on retire le miel, et on les fait fermenter jusqu'au point
nécessaire; ensuite on les passe à l'alambic, ce qui
donne une eau-de-vie très-spiritueuse, et d'un goût particulier.

soleil, pendant les grandes chaleurs, après les avoir bouchées. »

« Il faut remarquer que si ces vases étoient fermés trop exactement, la fermentation que la chaleur produiroit dans cette liqueur, les feroit éclater Quand l'hydromel ne bout plus, on le descend à la cave, où on le conserve plusieurs mois avant de le boire. On peut suppléer à la chaleur du soleil en mettant auprès du feu les vases qui contiennent l'hydromel. »

« L'hydromel vineux demande plus d'attention; on y emploie toujours le miel et l'eau, mais la dose est proportionnée. Quelques personnes mettent dix livres d'excellent miel sur trente livres d'eau ; d'autres réduisent la dose de miel à un quart de la quantité d'eau qu'on veut employer : ce qui dépend du goût et de la volonté. »

« On délaye ce mélange dans un grand vaisseau de cuivre bien étamé, et on le fait bouillir à petit feu jusqu'à ce qu'il ne produise plus qu'une écume blanche ; il faut avoir soin de bien écumer, afin qu'il ne reste point d'ordure. Dès que l'hydromel a acquis assez de consistance pour qu'un œuf frais puisse surnager, on le verse dans d'autres vases; cette précaution devient absolument nécessaire, de peur que l'hydromel ne contracte le goût du cuivre (1). On peut passer cette liqueur dans un tamis, pour en séparer toutes les parties étrangères; on le clarifie pendant qu'il bout, en y jetant des blancs d'œufs, comme pour clarifier le sucre. »

« On place les tonneaux où l'on a mis l'hydromel dans une espèce d'étuve, où l'on entretient une chaleur suffisante pour exciter la fermentation. On couvre l'ouverture de ces tonneaux avec un simple morceau de papier, pour empêcher seulement que les mouches ne s'y introduisent. La fermentation de l'hydromel dure ordinairement six semaines. On a soin de bien remplir les tonneaux, lorsqu'il est nécessaire, sans les remuer. Il seroit à desirer que l'on pût tenir ces vases exposés au soleil pendant la canicule; la chaleur de cet astre cause une fermentation plus modérée. »

« Lorsque l'hydromel ne bout plus, on le transporte dans les caves, où il se conserve pen-

(1) On doit éviter avec le plus grand soin toute espèce de mauvais goût dans de semblables liqueurs; mais sur-tout il faut faire grande attention que le vert-de-gris ne s'y communique pas.

dant un très-grand nombre d'années; il ressemble alors au vin d'Espagne (1). »

« Les Lithuaniens et les Polonois, qui font leur boisson de l'hydromel, lui communiquent une odeur très-agréable, en mettant dans les tonneaux une certaine quantité de fleurs de sureau desséchées. Quelques-uns y ajoutent encore de la canelle ou du gérofle. On peut encore donner des qualités médicinales à l'hydromel, en le mêlant avec le suc de différentes plantes. »

« On prépare une autre espèce d'hydromel composé, en faisant bouillir une demi-livre de raisins de Corinthe (2) sur six livres de miel, mêlées avec quatre pintes d'eau, que l'on passe

---

(1) L'hydromel, dit M. de Planaju, en vieillissant prend plus ou moins le goût du vin de Malaga ou d'Espagne; il est fort agréable à boire, et est bon pour l'estomac. L'hydromel composé, ajoute-t-il, est un stomachique excellent, contraire aux obstructions du bas ventre, et il conserve le poumon. Si on veut garder plusieurs années cette liqueur, il est nécessaire de mettre dans les tonneaux, environ demi septier d'esprit de sel.

(2) A l'égard de l'hydromel composé, voici quelques particularités dignes de remarque, que je viens

au travers d'un linge ; on jette ensuite ce mélange dans la seconde espèce d'hydromel qu'on
vient de décrire. »

« On peut encore y ajouter quelques zestes de

---

de voir dans le cahier de M. de Planaju sur les abeilles. « Sur six livres de miel, il faut une demi-livre
de raisins de Damas, qu'on fait bouillir séparément,
après les avoir fendus par le milieu, jusqu'à réduction de moitié, (il seroit à souhaiter que M. de Planaju nous dît quelle quantité d'eau il faut pour faire
bouillir ces raisins). On passe alors le syrop à travers un linge, et on le mêle avec le reste sur le feu :
lorsqu'il a bouilli un peu de temps, il faut y enfoncer
un morceau de pain rôti et trempé dans de la bière;
sitôt que le tout est bien écumé, il faut retirer la liqueur de dessus le feu et la laisser reposer, ensuite
verser par inclinaison, de crainte que le sédiment ne
la trouble, dans un tonneau dans lequel on doit
avoir mis auparavant une once de sel de tartre, du
plus beau, dissous dans un verre d'esprit de vin ; après
quoi il faut l'exposer sur des briques au grand soleil,
ou dans une étuve bien chaude ; mais il faut faire attention que le vaisseau soit bien plein, et avoir soin
de le remplir à fur et à mesure qu'il écume : lorsqu'il
ne fera plus de déchet, on le descendra alors à la cave.
Au bout de quelques mois on pourra le mettre en
bouteilles. »

citron pour lui donner une odeur plus agréable. Cet hydromel composé fermente quelque
temps, et se conserve comme les autres. Il faut
avoir soin de rincer, avec de l'eau-de-vie,
tous les tonneaux neufs dans lesquels on se propose de garder les différentes espèces d'hydromel. »

Enfin M. Pingeron nous apprend que l'on
fait du vinaigre avec le miel et l'eau, en mettant une demi-livre de miel dans une pinte
d'eau, que l'on délaye le plus qu'il est possible. On expose ensuite ce mélange à la plus
grande ardeur du soleil, sans boucher exactement le vase qui le contient; on se contente
de mettre un linge dessus, pour écarter les
insectes. Cette liqueur s'aigrit au bout de six
semaines, et se change en un vinaigre très-fort,
qui est d'une assez bonne qualité.

Ces différens moyens de faire l'hydromel, rapportés par M. Pingeron, sont à peu près les
mêmes que ceux que M. Ducarne nous donne
dans son ouvrage sur les abeilles; cependant
il y a dans l'exposition de ce dernier auteur,
quelques particularités qui peuvent être très-utiles à ceux qui voudront faire cette liqueur;
voici ce qu'il dit à ce sujet, page 108, tome 2.

« Vous prendrez tous vos couteaux, quand le miel en aura découlé; vous les mettrez dans un grand chaudron de fer (1), où vous aurez fait tiédir de l'eau bien nette; (l'eau de fontaine ou de rivière sont les meilleures.) Vous retournerez bien tous ces couteaux dans votre chaudron, avec les mains nettes ou avec un morceau de bois. Vous les y laisserez l'espace d'une heure, ou environ. »

«Alors vous mettrez dans cette liqueur un œuf frais (2); s'il surnage, il y a assez de miel; s'il va au fond, il faut remettre encore des couteaux, ou du miel; mais la prudence demande qu'on ne mette que peu d'eau d'abord, pour en remettre ensuite, s'il n'y en a pas assez. Il faut, pour bien faire, que l'œuf surnage entre deux eaux, ensorte qu'on n'en aperçoive que la largeur d'environ une pièce de 12 sols. »

(1) M. Pingeron veut qu'on se serve d'une chaudière de cuivre; M. Ducarne la préfère au fer; et cette dernière doit l'emporter par la raison alléguée dans la note page 122.

(2) M. Pingeron propose de faire l'essai de cet œuf, apres que le miel a bouilli; M. Ducarne veut qu'on le fasse auparavant. Je crois que la pratique de ce

« Alors vous passez le tout au travers d'un linge blanc ou d'un fin tamis. Vous mettrez ensuite votre chaudron sur un feu clair, et y ferez bouillir la liqueur à petit feu. Dès qu'elle voudra commencer à bouillir, vous l'écumerez et vous diminuerez le feu, sans quoi toute la liqueur sortiroit du chaudron. Vous mettrez l'écume dans un plat : vos enfans en feront des tartines, et cela leur servira de médecine. »

« Vous continuerez à faire bouillir à petit feu, et en écumant de temps à autre, jusqu'à la réduction de près d'un tiers ; c'est-à-dire que si vous avez mis quinze livres de liqueur dans le chaudron, vous en laisserez consommer cinq livres, et vous l'ôterez du feu pour la verser dans un vaisseau de bois bien net. »

« Il y en a qui font passer encore alors cette

_____

dernier est celle qu'il faut suivre ; d'autant plus qu'il nous assigne le temps qu'il faut faire bouillir la liqueur, c'est-à-dire jusqu'à réduction de presque un tiers. Dans le Levant, on se sert aussi d'un œuf, lorsqu'on veut connoître si la saumure est au point qu'il faut pour y mettre des olives, ou autre chose semblable ; lorsque l'œuf va au fond, la saumure n'a pas la force convenable, et on y met du sel jusqu'à ce que l'œuf surnage.

liqueur au travers d'un linge; mais vous pouvez absolument vous en dispenser et l'entonner
tout de suite, ou attendre pour le faire, qu'elle
soit réfroidie; cela fait, vous placerez votre
tonneau dans un endroit chaud. Vous en laisserez le bondon découvert, et vous remplirez le tonneau à mesure qu'en bouillant il
se désemplira. Pour cela, vous aurez eu soin
d'emplir de cette liqueur quatre ou cinq très-
petites bouteilles qui vous serviront à le remplir
à mesure. Chacune de ces bouteilles doit être
d'une demi-chopine, et servir seulement pour
remplir deux ou trois fois. Cette attention est
nécessaire pour empêcher la liqueur de s'y corrompre, ce qui arriveroit, si une bouteille
étoit trop grande et pouvoit servir pendant huit
jours. »

« Avec la bouteille destinée à remplir le tonneau, vous remplirez aussi tous les jours les
autres petites bouteilles. Enfin douze ou quinze
jours après avoir mis votre tonneau à la cave,
ou dans un endroit chaud, vous le boucherez
légèrement, en enfonçant le bondon tous les
jours de plus en plus, jusqu'à ce qu'il bouche
parfaitement. Trois mois après, vous pouvez
boire de cet hydromel, qui peut se conserver
pendant

pendant deux ans : prenez garde sur-tout que le tonneau n'ait point de goût ; rien n'est plus sujet à en prendre que cette liqueur.

De toutes ces manières de faire l'hydromel, chacun pourra choisir celle qui lui paroîtra la meilleure.

CHAPITRE IX.

DE la propolis ; de la molividhe ou poussière des étamines ; de l'eau que les abeilles rapportent dans la ruche, et de l'usage qu'elles en font.

LORSQUE les abeilles s'établissent dans une ruche, leur premier soin est d'en boucher toutes les ouvertures, avec une matière gluante, tenace, molle d'abord, mais qui durcit ensuite, et à laquelle on a donné le nom de *propolis* (1). Sa couleur est brune ou noirâtre, quel-

---

(1) Propolis, mot composé du πρός, qui veut dire *antè*, ou devant, et πολίς, *civitas*, ville comme qui diroit *antè civitatem*, devant la ville, parce que c'est avec cette matière que les abeilles bouchent tous les devans de leur ruche, qui est comme une espèce de ville.

quefois même d'un brun rougeâtre. Celle qu'on
trouve dans les ruches offre encore d'autres va-
riétés : elle répand quelquefois une odeur aromatique très-agréable, quand elle est échauf-
fée, sur-tout la bonne odeur de la propolis,
elle pourroit être mise alors au rang des meilleurs parfums (1).

On croit que c'est sur les peupliers, les bou-
leaux, les sapins, les ifs, les saules, qu'elles
en font la récolte. Cependant M. de Réaumur,
cet infatigable observateur n'a pu les découvrir
occupées à cette récolte, et il a vu les abeilles
employer la propolis dans des pays où il n'y
avoit aucun de ces arbres : c'est une découverte
qui reste à faire, dit M. de Bomare (2).

_____

(1) Tout ce que dit ici M. de Bomare, et que d'autres
Auteurs confirment, sur la bonne odeur de la propolis,
me fait espérer qu'en laissant vieillir les rayons dans
une ruche, on parviendra, après une dixaine d'années,
à avoir de l'excellente cire pour préparer les ruches
comme on le pratique à Syra ; et non-seulement pour y
retenir les essaims, mais encore pour attirer les fuyards.
Voyez les Chap. 10 et 11 du 2ᵉ. livre.

(2) Dans l'île de Syra on voit continuellement les
abeilles sur les lentisques qui fournissent le bon mastic
de Scio, et sur les cyprès sauvages qui sont des arbres

Les abeilles ne lui donnent point de préparation, et elles l'emploient telle qu'elles la trouvent. Elles étendent cette résine avec leurs pattes, et elles s'en servent, comme nous l'avons dit, pour boucher et condamner toutes les ouvertures de leur demeure, afin de se précautionner contre les vents, le froid et l'humidité.

« J'ai vu, dit M. Ducarne, plusieurs fois (nous l'observons aussi tous les jours à Syra) des abeilles occupées à ramasser, ou plutôt à arracher avec leurs dents la propolis qui se trouvoit dans de vieilles ruches, que j'avois laissées au soleil : cet ouvrage m'a paru leur être si pénible, et elles tiroient si fort pour l'avoir, que leur tête me sembloit séparée de leur corps. » C'est que malgré la mollesse de cette gomme, quand elles l'emploient, elle prend cependant de jour en jour plus de consistance, et qu'elle devient beaucoup plus dure que la cire. Quand nous retirons les rayons d'une vieille ruche de

---

résineux, sur lesquels elles recueillent la propolis, de sorte qu'il faut croire que cette matière est produite par diverses sortes de plantes en diverses parties du monde, plus ou moins fortes et aromatiques, suivant les climats plus ou moins chauds.

dix à douze ans, et que nous préparons notre
cire aromatique à Syra, nous y trouvons des
morceaux de propolis de la plus grande dureté.
Elle est si gluante, et si tenace que les abeilles
ne la ramassent, et ne s'en dépouillent qu'avec
beaucoup de difficulté. Aussi celles du dedans,
pour en débarrasser celles qui l'apportent, ti-
raillent-elles ces pourvoyeuses dans tous les sens
et avec tant de violence, qu'on ne peut s'empêcher de compâtir à la peine de ces dernières, à qui l'on diroit qu'elles vont arracher les
membres et les entrailles.

Quant à la nature et aux qualités de la propolis, c'est une résine dissoluble dans l'esprit
de vin, et à l'huile de térébenthine. Outre l'u-
sage qu'on en fait en médecine, comme diges-
tive, quelques expériences ont fait connoître
à M. de Réaumur que cette substance dissoute
dans l'esprit de vin, ou dans l'huile de térébenthine, pourroit être substituée au vernis
qu'on emploie pour donner une couleur d'or
à l'argent, ou à l'étain réduit en feuilles. Si
par exemple, on l'incorporoit avec le mastic,
ou la sandaraque, elle seroit très-bonne pour
faire des cuirs dorés. Enfin elle est très-propre
pour hâter la maturité des abcès: sa vapeur

reçue par le moyen d'un entonnoir, pendant qu'on en jette sur le feu, adoucit la toux férine et invétérée.

La cire brute, que nous appelons dans cet ouvrage molividhe, est précisément cette poussière colorée qui s'attache aux doigts, quand on presse les filets qui sont au fond des calices des fleurs, ou pour me servir des termes usités, c'est la poussière que les abeilles ramassent sur les étamines des fleurs.

Les anciens donnoient différens noms à cette molividhe. Voici ce que dit Pline, cap. 6, hist. natur., lib. 11... *Præter hæc convehitur Erithace, quam aliqui sandaracham, alii cerinthum vocant. Hic erit apum dum operantur cibus, qui sæpe invenitur in favorum inanitatibus sepositus, et qui amari saporis. Gignitur autem rore verno, et arborum succo, gummi modo africi minor, austri flatu nigrior, aquilonibus melior et rubens, plurimus in græcis nucibus. Menecrates florem esse dicit futuræ messis indicium, sed nem opræter eum.* «Outre les autres matières que les abeilles charrient dans leur ruche, elles rapportent l'érithace, que les uns appellent sandaraque, et que d'autres nomment cérinthe. Cette matière leur sert de

nourriture pendant leurs travaux ; et on la trouve
souvent en réserve dans les cellules des rayons :
elle a un goût amer ; elle est formée par la
rosée et par la sève des arbres, ainsi que la
gomme ; et pendant que les vents de sud-ouest
règnent, elle se produit en très-petite quantité ;
ceux du midi la rendent plus noire, et avec les
vents de nord elle devient meilleure et plus rouge.
Les fleurs d'amandier en produisent une grande
quantité. Ménécrate à cru qu'elle (la poussière
des étamines, c'est-à-dire l'érithace) étoit une
fleur qui marquoit la prochaine récolte des fruits;
mais personne n'a adopté son sentiment. »

Il faut que j'observe ici sur ces derniers mots
de Pline, que dans l'édition du P. Hardouin ne
se trouvent que ces mots seuls, *Menecrates
florem esse dicit ;* mais dans d'autres anciennes éditions, la phrase se trouve toute entière, telle que nous l'avons rapportée. L'ancienne version de Pline traduit ainsi cette phrase :
« Ménécrate a pensé que le moment de la fleuraison de l'amandier, est le vrai temps pour récolter les ruches. » Pour moi, je suis très-persuadé que, par ce mot *florem,* Pline n'entend que les poussières des étamines, *l'érithace;*
ainsi il faut absolument, pour expliquer l'opinion

de Ménécrate, dire qu'il entendoit que les poussières des étamines étoient une espèce de fleur (de même que nous disons la fleur de la farine) qui marquoit, ou qui opéroit la prochaine récolte des fruits; et d'après cette explication, je conclus que Ménécrate avoit eu quelque idée de la fécondation des fruits par les poussières des fleurs mâles, ainsi que tous les botanistes l'admettent d'après Linné. Qu'on examine bien le texte de Pline, et qu'on fasse attention sur ces mots : *Sed nemo præter eum,* et on verra que mon sentiment n'est pas éloigné de celui de Pline.

« Rien de plus commun, dit un auteur, que de voir une abeille couverte d'une poussière qu'elle ne peut avoir prise que sur une fleur. Les observations les plus ordinaires apprennent quelles sont les parties de cette fleur qui l'ont donnée ; elles démontrent encore que cette poussière est la matière en cire. (Voyez à ce sujet le chapitre troisième, sur l'origine de la cire.)

Tout le monde a vu dans le lis des filets jaunes, dans la tulipe des filets bruns : on sait que les premiers laissent sur les doigts une poudre jaune, et les secondes une poudre brune. En langue de botaniste ces filets sont les étamines, et leur poudre, la poussière des étamines.

Or, une abeille qui entre dans une fleur bien épanouie, et dont les étamines sont chargées de poussières ne sauroit manquer de toucher avec diverses parties de son corps contre ces poussières ; et loin d'en éviter le voisinage et le frottement, elle le cherche apparemment ; c'est alors que les poils dont elle est hérissée, lui sont d'un grand usage (1).

Les poussières qui glisseroient et tomberoient aisément, si elles ne touchoient que des parties aussi lisses qu'une écaille luisante, sont arrêtées dans cette forêt de poils, dont le corcelet, les jambes et plusieurs endroits du corps de l'abeille sont chargés. Chaque poil vu au microscope, ressemble à une tige de plante, à laquelle des feuilles sont attachées des deux côtés opposés, du haut en bas. Une portion d'une écaille de la mouche garnie de poils, paroît

_____

(1) J'ai remarqué ailleurs que ce n'est que par accident que les abeilles se couvrent quelquefois des poussières des étamines ; la véritable manière, qui est naturelle à l'abeille, de ramasser cette espèce de provision, c'est de la recueillir avec ses dents et ses pattes de devant et de s'en charger les pattes de derrière, ainsi qu'elles se chargent de la propolis et de la vraie cire.

au microscope un gazon bien fourni de jolies mousses. Ces poils sont pour les abeilles ce que les toisons sont pour ceux qui ramassent les paillettes d'or des rivières. L'abeille devient toute poudrée, assez ordinairement d'une poudre jaune, quelquefois d'une poudre rouge, et d'autres fois d'une poudre d'un blanc jaunâtre ; et cela, selon que sont colorées les poussières des étamines de la fleur dont elle a fait sa récolte. On en voit souvent qui, lorsqu'elles retournent à leur ruche, ont le corps si chargé d'une poudre colorée, qu'elles en sont méconnoissables.

Dans le temps que les fleurs des arbres sont encore peu développées, et ne fournissent pas une récolte aisée et abondante, l'abeille tâte avec ses dents la capsule dans laquelle ces poussières sont renfermées : si elle la trouve bien conditionnée, et bien préparée, elle la presse avec ses deux dents comme avec une pince ; elle oblige par cette pression la capsule à s'ouvrir, et à lui donner les poussières, qui n'en étoient pas encore sorties. Elle prend alors ces poussières avec ses deux premières jambes ; elle les donne ensuite aux deux suivantes, qui les portent au deux dernières (1).

_____

(1) J'ai remarqué ailleurs, que chez nous on voit sou-

Lorsque l'abeille n'a pas été obligée de presser les capsules pour faire sortir les poussières qui y sont renfermées, et qu'elle a fait sa
récolte, en couvrant ses poils de ces poussières
précieuses, elle les ramasse sur son corps en
fort peu de temps. On sait que l'avant-dernière
partie de chacune des jambes d'une abeille, est
faite en brosse. Elle passe sur son corps les unes
ou les autres de ces brosses, et toutes ordinai-

---

vent nombre d'abeilles parcourir les boutons du thym
avant que ces fleurs soient ouvertes, et qu'elles en retirent une certaine matière dont elles se chargent les
pattes, et qui sûrement n'est autre chose que la vraie
cire, qui, ainsi que nous l'avons observé au Chap. III
ci-dessus, sous la forme d'une matière onctueuse, transpire et suinte par les pores des plantes. — Pour ce qui
est de la manière dont les abeilles s'en chargent, j'ai
souvent observé une particularité curieuse ; c'est que
les abeilles, après avoir parcouru quelques fleurs, s'en-
volent, et pendant qu'elles voltigent autour d'autres
fleurs elles se frottent les pattes les unes contre les
autres, et à l'instant elles font passer à celles de derrière toutes les matières qui se trouvent sur leur mu-
seau ou sur leurs pattes de devant ; ce qui prouve que
les abeilles ramassent avec leur bouche la cire ou la
molividhe, qu'ensuite elles la font passer, au moyen de
leurs pattes, à leurs pieds de derrière.

rement les unes après les autres. Les brosses retiennent un peu humides les poussières qu'elles ont enlevées : l'abeille les rassemble ensuite, et les réunit en deux petits tas.

L'auteur de la nature qui a pourvu à tout, a ménagé une cavité dans la face extérieure de la troisième des parties de chaque jambe de la dernière paire. Cette cavité est bordée de gros poils, au moyen desquels elle est comme une espèce de corbeille propre à conserver ce qui lui est confié. C'est dans cette cavité que les jambes de la seconde paire portent les étamines, qu'elles y en font un petit tas solide, en les pressant les unes contre les autres. C'est ainsi encore que les abeilles se chargent de la cire et de la propolis. (Voyez le chapitre troisième ci-dessus.)

L'abeille passe d'une fleur à une autre pour y continuer sa récolte, et pour y grossir les deux petits amas de cire brute (1). Elle parvient à

---

(1) L'abeille est obligée de parcourir plusieurs fleurs avant de compléter sa charge ; mais j'ai toujours observé qu'elle ne prend que d'une sorte de fleurs ; c'est-à-dire que dans le même voyage elle ne mêle pas les matières des différentes fleurs ; elle termine toujours sa récolte sur

rendre celui de chacune de ses deux jambes égal
à un grain de poivre, et d'une figure un peu
plus aplatie. Suffisamment chargée de ces deux
petites pelottes, elle part et les porte à la ruche (1). Quelquefois elle les avale avant de
rentrer, mais le plus souvent elle les rapporte
à la ruche, et les remet à d'autres ouvrières
qui les avalent pour les préparer (2). Enfin la
cire brute est aussi déposée dans les alvéoles (3).

---

la même espèce où elle l'a commencée : dans un autre
voyage elle est libre de changer de pâture.

(1) Il est certain que les abeilles entrent souvent dans
leur ruche avec une double charge, sur leurs jambes,
de molividhe, de cire, ou de propolis et de miel, ou de
l'eau dans leur vessie. C'est ce qu'on voit, si par hasard
on écrase une abeille qui revient chargée de la campagne : on trouve sa vessie remplie de miel ou d'eau,
outre la charge de ses jambes de derrière.

(2) L'abeille n'avale jamais la molividhe avant de la
porter à la ruche ; d'autres abeilles ne l'avalent pas
d'avantage pour la préparer et en former la cire. Voyez
le Chap. III ci-dessus.

(3) Voici comme les abeilles disposent, dans les alvéoles, la molividhe qu'elles veulent conserver pour
leur provision : elles ne la laissent jamais seule dans
les cellules, mais elles les remplissent à moitié, et
achèvent ensuite de les remplir avec du miel qu'elles

L'abeille qui arrive chargée, entre dans une cellule, détache avec l'extrémité de ses jambes du milieu, les deux petites pelottes qui tiennent aux jambes de derrière, et les fait tomber au fond de l'alvéole (1). Si cette abeille quitte alors l'alvéole, il en vient une autre qui met

---

couvrent avec un couvercle de cire très-fine. Ces insectes font cette opération, afin de mieux conserver leur provision, qui, sans cela, s'aigriroit et se corromproit facilement : les vers s'y mettroient aussi, comme nous l'avons remarqué ailleurs ; au lieu que disposée de cette façon elle n'est pas sujette à ces inconvéniens.

(1) On ne peut guère comprendre comment une abeille, chargée de deux boulettes de molividhe, peut entrer dans une cellule et y déposer ces boulettes, qu'on doit supposer hors de cette cellule, puisqu'elles sont dans les deux pattes de derrière ; et quand même elle pourroit les y déposer, il est certain qu'en sortant de la cellule elle doit entraîner les boulettes et les faire tomber. Il faut donc croire, ou que d'autres abeilles prennent ces boulettes avec leurs dents et les déposent dans les alvéoles, ou que l'abeille même qui en est chargée s'approche de quelque cellule et y met ses pattes de derrière, qu'ensuite, avec ses autres pattes, elle détache les deux boulettes et les fait entrer dans la cellule, après quoi elles sont mises dans l'état qu'elles doivent avoir.

les deux pelottes en une seule masse, qu'elle
étend au fond de la cellule qui se trouve peu
à peu remplie de cire brute. »

Pour ce qui regarde l'usage que les abeilles
font de ces poussières, ou de cet molividhe,
nous avons vu au chapitre troisième ci-dessus
que tous les auteurs, excepté M. Duchet, prétendent qu'elle est la première matière d'où
les abeilles, après l'avoir digérée dans leur estomac, forment la cire, avec laquelle elles construisent leurs gâteaux. Mais dans tout ce chapitre, nous avons fait voir très-clairement quelle
est la vraie origine de la cire, et que la molividhe n'entroit pour rien dans la formation de
la cire; d'où il suit nécessairement que l'emploi de la molividhe n'est autre chose que celui
de servir de nourriture aux abeilles et à leurs
embryons : c'est le sentiment de tous les cultivateurs de l'île de Syra, et de plusieurs autres
peuples, qui comme en Hollande, en Flan-
dres, au Brabant, en Italie, et ailleurs, l'appellent le *pain des abeilles;* de sorte que nous
sommes dans une entière persuasion, avec plusieurs célèbres naturalistes, que le mélange de
la molividhe avec le miel, est très-nécessaire
pour conserver nos insectes en bonne santé.

Cela est si vrai que lorsque les abeilles sont obligées de vivre uniquement de miel pour avoir
épuisé leur provision de molividhe, elles sont attaquées d'une maladie qu'on nomme *dévoiement*,
et le meilleur moyen qu'on ait imaginé pour
les en guérir, c'est de leur présenter le gâteau
d'une autre ruche, dont les alvéoles sont garnies de cette molividhe.

Il ne nous reste à parler actuellement que
de l'usage qu'elles font de l'eau qu'elles apportent aussi dans leur vessie. Je crois que ce n'est
que dans l'île de Syra, qu'on connoît la véritable destination de ce liquide dans les ruches;
ce qui est cependant la matière la moins importante dont se servent les abeilles.

Nous pensons que l'eau ne sert dans les ruches, qu'à la nourriture des embryons avec le
miel et la molividhe. J'ai été étonné en lisant
plusieurs auteurs, et sur-tout M. Lagrenée,
de l'usage qu'ils font faire aux abeilles de ce
liquide. Cet auteur prétend que l'eau principalement est nécessaire aux abeilles en temps
de sécheresse, pour ramollir le miel et la matière à cire, c'est-à-dire les poussières des étamines, ou la molividhe, afin de pouvoir l'enlever de dessus les fleurs.

Ce n'est que dans les expériences de M. Riems, rapportées par M. Bonnet dans ses mémoires sur les abeilles, que j'ai lu quelque chose qui approche de notre sentiment sur la destination de l'eau dans les ruches. M. Riems dit avoir observé les abeilles qui faisoient un mélange de miel, de molividhe et d'eau : assurément ce ne peut être que pour former ou composer avec ces trois substances dans leur estomac, ou dans leur vessie un aliment propre à nourrir leurs vers et leurs embryons.

Aussi voyons-nous que nos abeilles ne cherchent l'eau que lors de leurs couvées; et plus ces couvées sont fortes, plus elles courent avec avidité et en plus grand nombre dans les lieux aquatiques, et plus elles en prennent en grande quantité.

J'en ai fait plusieurs fois l'observation. Il y avoit auprès d'un endroit où je tenois une dixaine de ruches, un filet d'eau qui couloitd'un rocher, et qui se rassembloit dans une petite coquille formée dans ce même rocher : c'étoit l'unique source de ce quartier. Je remarquois que toutes les fois que les abeilles étoient à former des couvées, et que les couvains étoient en croissance, les abeilles y venoient en très-grand

nombre

nombre. Mais à mesure que le couvain avançoit, et qu'elles se renfermoient dans les cellules, leur nombre diminuoit sensiblement, jusqu'à ce qu'enfin je n'y en voyois plus.

Encore une observation. Dans le temps des grandes couvées, sans lesquelles on ne voit jamais cette particularité, lorsque les abeilles apportent dans les ruches quantité d'eau, nous voyons les parois intérieures tellement humectées, que l'eau en coulant, forme au bas des ruches des gouttes d'eau d'une extrême grosseur. Cela provient sans doute de ce que les abeilles qui la rapportent, ne pouvant la déposer ailleurs, ni en faire un prompt usage, la regorgent sur les parois, afin que les autres ouvrières qui veillent au soin des petits vers, en trouvent toutes les fois qu'elles en ont besoin.

Aucun auteur, de tous ceux que j'ai lus, ne fait mention de cette particularité. Cependant c'est une remarque très-curieuse dans l'histoire de ces insectes. Cette découverte nous fait voir la véritable destination de l'eau que les abeilles voiturent dans les ruches.

Il ne me reste qu'à rapporter ici une pratique de M. Lagrenée au sujet de l'eau, dont nous ne nous inquiétons pas, parce que notre île est remplie de sources d'eau ; mais qui est nécessaire pour les endroits qui n'en ont pas ou qui en sont très-éloignés.

« Le pays, dit-il, où j'ai mis mes abeilles, ainsi que bien d'autres, n'est pas abondant en eaux, à beaucoup près ; et comme elle leur est absolument nécessaire, voici comment j'y supplée. J'ai un baquet large, et bas de bords ; j'en couvre le fond de la mousse qui croît sur les arbres, et je mets de l'eau par-dessus, de façon qu'elle ne surmonte pas la mousse.

« Cette manière de donner à boire aux abeilles, outre les longs voyages qu'elle leur épargne et le danger de se noyer dont elle les préserve, paroît leur être fort agréable, ce que je juge à la quantité considérable de mouches que l'on voit venir s'y désaltérer, et à la consommation de l'eau qui va à deux pintes par jour pour dix ruches (1). Au lieu qu'on voit à peine quelques mouches venir où il n'y a que de l'eau avec

---

(1) Quoiqu'il en soit de la prédilection des abeilles pour la mousse sur la paille, que je crois très-probable, il est certain que la pratique de M. Lagrenée ne peut qu'être très-utile pour les abeilles. Pour ce qu'il dit ensuite, qu'il faut deux pintes d'eau par jour pour dix

des brins de paille par dessus, comme quelques personnes le pratiquent.

« Pour n'être pas dans le cas de mettre de l'eau si souvent, je prends une douve de tonneau ; je choisis celle qui est percée pour la bonde, je l'appuie des deux bouts sur les bords du baquet, et l'y cloue, s'il le faut ; puis je mets dans le trou une bouteille de grès pleine d'eau, renversée le cou en bas. L'eau du baquet soutient celle de la bouteille, laquelle ne se vide qu'à mesure que l'eau du baquet est enlevée. Il faut que le cou de la bouteille ne soit ni trop long, ni trop court, afin que l'eau du baquet ne soit ni trop basse, ni trop haute.

« Cette pratique doit être mise en usage, seulement au printems et dans les sécheresses ; elle est très-utile pour faire prospérer les abeilles : on renouvelle la mousse de temps à autre, lorsqu'on voit qu'elle se dissout. »

Cette observation de M. Lagrenée prouve que l'eau n'est nécessaire aux abeilles que pour

---

ruches, on doit l'entendre pour le temps des grandes couvées. Au reste, outre ces dix ruches, à combien d'autres des environs ne servent pas ces deux pintes d'eau ?

leurs couvains, c'est-à-dire au printemps, lors des grandes couvées; ce qui confirme notre sentiment sur la destination de l'eau dans les ruches.

CHAPITRE X.

DE la fausse teigne qui détruit les rayons des abeilles.

LORSQUE tous les auteurs s'accordent à mettre la fausse teigne au nombre des ennemis de nos insectes, c'est parce qu'en détruisant leurs rayons, et en dévastant leur demeure et leurs provisions, elles les forcent à périr ou à abandonner leur ruche. La teigne n'est pas particulièrement l'ennemie des abeilles; elle ne les attaque jamais ; mais elle détruit leurs rayons pour y faire ses galeries, son habitation, et se nourrir des matières hétérogènes qui s'y trouvent, comme des dépouilles des nymphes, et de la molividhe. J'en parlerai, après avoir donné une description exacte de cet insecte, tirée du Dictionnaire de M. de Bomare.

« Les abeilles, dit-il, ont encore (il venoit

de parler des autres ennemis des abeilles) un
ennemi bien plus dangereux; car ce n'est pas
seulement aux abeilles, qu'ils font tort, en détruisant, mangeant et bouleversant leurs travaux, mais encore à nous-mêmes (1); qu'il
prive de l'espérance de partager avec elles un
bien que nous regardons comme commun entre elles et nous.

« Cet ennemi aussi dangereux, est un insecte,
que l'on appelle *teigne* de cire, à cause du
dégât qu'il en fait. C'est une petite chenille ten-
dre et délicate, sans armes et sans défense,
qui sait vivre aux dépens des travaux de plus
de dix huit mille ennemis, tous bien armés,
dont elle est environnée continuellement, et
qui tous veillent à la garde de leur trésor.

Notre mangeuse de cire (on a vu que la teigne ne mange point la cire) est du genre des
fausses teignes. Son papillon est du genre des
phalènes; c'est-à-dire de ceux qui ne volent
que la nuit. Ce papillon, ami de l'obscurité,
profite de la nuit où tous les êtres de la na-

---

(1) Quoique la teigne ne mange ni le miel ni la cire,
elle ne laisse pas d'occasionner la diminution de l'un
et de l'autre par le dégât qu'elle fait des rayons, et
parce qu'elle retarde les abeilles dans leur travail.

ture sont livrés au sommeil ; il trouve le moyen
de s'insinuer dans une ruche, de tromper la
vigilance des abeilles, de traverser une armée
formidable, pour aller déposer ses œufs dans
le coin de quelque gâteau. Au bout de quelques jours, l'œuf éclôt ; il en sort une petite
chenille à seize jambes, rase, dont la peau est
blanchâtre, la tête brune et écailleuse. Cette
chenille, qui naît environnée d'ennemis prompts
à la vengeance, ne peut éviter la mort, que
par son extrême petitesse, qui dérobe les premiers momens de sa naissance aux regards des
surveillans (1), et par la promptitude avec laquelle elle file dans l'instant, et s'enferme dans

(1) Ce n'est pas la petitesse des teignes qui les fait
échapper à la mort ; c'est parce qu'elles naissent parmi
la molividhe dans les alvéoles qui en sont à moitié
pleines, ou dans les fentes des ruches dont celles de paille
ou d'osier sont remplies, ou enfin parmi les ordures, et
sur-tout lorsqu'on ne nettoie les ruches qu'une ou deux
fois par an. Cependant lorsque la ruche est forte et bien
peuplée, aussitôt que les teignes commencent à attaquer les rayons, les abeilles les tuent et les jettent hors
de leur ruche, ce que l'on voit souvent : mais si elle
est foible, les vers se multiplient si rapidement que les
abeilles n'osent plus les attaquer, ou ne le font que
foiblement.

un petit tuyau de soie, qui suffit alors pour mettre ses jours en sureté ; voilà donc son seul bouclier. Ce fourneau est d'abord proportionné à la grosseur de la chenille : il est collé contre les alvéoles de cire (1) ; ainsi elle trouve la nourriture tout autour de sa porte. Lorsque l'aliment lui manque, elle alonge un tuyau qui forme une galerie, et marche ainsi, cherchant sa nourriture, au milieu de ses ennemis en chemin couvert.

« A mesure que la chenille croît et a besoin de nourriture, elle alonge et élargit sa galerie, qui est tortueuse, et qui va de cellule en cellule (1). Plus elle avance en pays ennemi,

---

(1) Il n'est pas croyable, que la fausse teigne attache ses œufs à découvert contre les parois des cellules, et que ce soit là que les petits vers prennent leur croissance. Il est inconcevable que les abeilles ne jettent pas ces œufs et ces petits vers avec leur coque hors de la ruche. Il faut croire plutôt que c'est au fond des alvéoles, entre les poussières des étamines ou de la molividhe, ou au milieu des ordures, ou dans les fentes des ruches, que ces insectes prennent naissance et leur accroissement, comme je l'ai dit dans la note précédente.

(2) Qu'elle perce successivement pour se nourrir de la molividhe qui s'y trouve, ou d'autres matières hétérogènes.

plus elle fortifie sa galerie : elle n'étoit au commencement que de pure soie ; mais à mesure qu'elle l'agrandit, elle en couvre le dehors avec des morceaux de cire qu'elle hache, (on donnera ci-dessus la raison pour laquelle les teignes hachent ainsi la cire ,) et avec ses excrémens, qui ont la forme et la couleur de poudre à canon. Elle unit tous les matériaux avec des fils de soie, et se forme un rempart inexpugnable aux traits des abeilles : l'intérieur est garni d'une soie douce , en sorte que son corps délicat repose très-mollement.

« Cette galerie, qui n'étoit d'abord que de la grosseur d'un fil, devient, à mesure qu'elle est alongée et agrandie, de la grosseur d'une plume à écrire. Comme la teigne de la cire est obligée de mettre la tête dehors pour prendre sa nourriture, sa tête et son premier anneau sont armés d'écailles, contre lesquelles l'aiguillon de l'abeille ne peut rien.

Il faut croire qu'il n'est pas possible aux abeilles de détruire ces galeries, car cet ennemi se multiplie quelquefois tellement dans la ruche, qu'il hache et renverse tous les travaux, et réduit les mouches au point d'abandonner leur demeure. Cet insecte destructeur arrivé à son

dernier degré d'accroissement, file une coque
à l'extrémité de sa galerie, s'y renferme, y su-
bit la métomorphose commune aux chenilles
et en sort en papillon. Il seroit très-avantageux
de pouvoir trouver des moyens de l'anéantir. Il
paroît dans les mois de juin et juillet (1).

« Mais il convient de désigner ici ce papillon,
qui, après avoir ravagé les ruches, est encore
la cause des guerres cruelles qu'on voit entre
les abeilles, parce qu'elles veulent se réfugier
dans la république ou ruche voisine. Alors les
abeilles de chaque ruche se battent en duel :
qu'on juge du meurtre et du carnage.

«Le papillon, dont nous parlons, est un phalène
qui porte les ailes couchées et parallèles à l'ho-
rizon : il est d'une couleur grise obscure. Toute
personne qui se fait un plaisir d'élever des
abeilles, n'est que trop à portée de le connoître, lorsqu'il vient à enlever la cire de quelques-unes de ses ruches.»

La description que M. de Bomare nous donne

_____

(1) Je ne saurois dire le temps que les teignes paroissent dans ces pays-ci : mais dans le levant nos
ruches y sont exposées, si nous n'y prenons garde, presque toute l'année, à cause de la chaleur. Il est vrai
qu'en été elles s'y multiplient extraordinairement.

dé la fausse teigne, est exacte ; cependant à l'égard de son origine, et de l'espèce d'aliment dont elle se nourrit, nous adoptons dans l'île de Syra un sentiment bien différent du sien, au surplus, tous les auteurs que j'ai lus, sont du même avis que cet estimable auteur.

Quant à l'origine de la fausse teigne, je ne doute pas que les papillons qui la produisent, ne puissent quelquefois pénétrer dans les ruches, et y déposer leurs œufs sur les rayons que les abeilles ne couvriroient pas assez, ou même dans quelques ouvertures qu'elles auroient négligées, ou enfin au milieu des ordures qui peuvent se trouver au bas des ruches. Mais que les papillons soient assez hardis pour s'insinuer parmi le gros des abeilles, (qui couvrent leurs rayons,) et pour y déposer tranquillement leurs œufs : supposer ensuite que les abeilles soient assez indolentes pour ne pas s'y opposer, et qu'elles laissent croître au milieu d'elles ce cruel ennemi, c'est une chose qui surpasse toute vraisemblance.

Nous pensons donc, que le plus souvent les papillons déposent leurs œufs sur les étamines des fleurs, et qu'ensuite les abeilles recueillant sur ces mêmes fleurs leur provision de molividhe, emportent avec cette farine plusieurs de ces œufs qui s'y trouvent mêlés, et que la chaleur de la ruche suffit pour faire éclore. Si les abeilles sont nombreuses et fortes, l'ennemi est bientôt expulsé : autrement la ruche court le plus grand danger si le propriétaire ne vient à son secours.

La preuve en est que souvent lorsqu'on retire, d'un jeune essaim, un rayon presque plein de la poussière des étamines, ou de molividhe, quoique l'on ait eu soin de bien fermer la ruche toutes les nuits, pour qu'il n'y entre aucun papillon, et de mettre le rayon dans un lieu où aucun insecte ne puisse pénétrer, on ne tarde pas à trouver quantité de vers au milieu des étamines du rayon.

D'après ce fait et d'autres expériences que je rapporterai, je soutiens contre M. de Bomare et contre tous les auteurs, que la teigne ne se nourrit jamais de cire, et que c'est à tort et très-improprement qu'on l'appelle teigne de cire ; que l'unique nourriture de cet insecte, c'est la molividhe, et autres substances hétérogènes qui peuvent se trouver entre la cire et la propolis ; mais sur-tout dans les dépouilles que les nymphes laissent dans les cellules, et dont les vieux rayons abondent plus que les nouveaux ; voici sur quoi se fonde notre sentiment.

1°. La cire est un corps indissoluble qui, comme nous l'avons vu ailleurs d'après M. Geer, résiste à toutes les opérations chimiques, au point que, quoiqu'on ait trouvé moyen, à force d'art, de dissoudre et de décomposer les métaux et les pierres les plus dures, la cire toute molle qu'elle est a résisté à tout. L'estomac de l'homme, ni celui d'aucun autre animal ne peuvent la digérer. Il y a donc lieu de croire que ce ver ne pourroit pas y mieux réussir.

2°. Nous voyons encore que, lorsque la cire est pure et nette, jamais les teignes ne l'attaquent, au lieu qu'elles s'y jettent, quand elle contient des matières hétérogènes. Aussi nous observons tous les jours que les nouveaux rayons dans lesquels les abeilles n'ont formé aucune couvée, et qui par conséquent sont d'une cire très-pure, ne sont jamais attaqués des vers. En France j'ai vu dans les ruches dont les essaims avaient péri, des morceaux de rayons qui y restoient attachés dans la partie supérieure, pendant plusieurs années, sans être attaqués des teignes, et cela parce que la partie supérieure

des rayons, comme nous l'avons marqué ailleurs, est composée d'une cire pure et sans mélange. Enfin lorsque nous faisons fondre nos
rayons et formons des pains de cire, il s'y trouve
ordinairement des ordures, et si nous n'avons soin
de les grater, ou de les séparer du corps de la cire,
les teignes les attaquent bientôt ; mais quand ces
pains ont été bien nétoyés, ils sont à l'abri de
toute espèce de danger. Ce n'est donc pas de
la cire que se nourrissent ces insectes, mais des
autres matières qui y sont mêlées, comme la
molividhe, les dépouilles des nymphes, et autres.

D'après cela, on voit aisément pourquoi la
précaution de nos abeilles de ne jamais conserver dans leurs cellules la molividhe seule, mais
de les en remplir toujours à moitié, de mettre
du miel par dessus, et de recouvrir le tout avec
un couvercle de cire, ainsi que nous l'avons
exposé ailleurs. Leur dessein est peut-être que
l'air par ce moyen ne puisse pénétrer jusqu'au
fond des cellules, où se trouve la molividhe,
pour qu'il n'y ait pas de fermentation, et que
les œufs des vers, s'il y en a, ne puissent pas
éclore.

Qu'on ne m'oppose pas, que la fausse teigne

se nourrit de cire, parce qu'elle ronge les rayons. Cela ne feroit que confirmer mon sentiment ; car si la teigne se nourrissoit véritablement de cire, elle ne la broyeroit pas, ou elle ne l'émietteroit pas, comme elle fait ; mais parce qu'elle ne se nourrit que des autres matières qui se trouvent dans les rayons, elle les divise ainsi pour en tirer sa subsistance: on sait d'ailleurs que toutes les rognures qu'elle fait, ne sont absolument composées que de cire et d'aucune autre substance.

En voilà assez sur la nature, l'origine, et la matière dont les teignes se nourrissent ; nous allons parler maintenant du dégât qu'elles font dans les ruches, et du moyen de l'empêcher.

CHAPITRE XI.

Du dégât que font les teignes dans les ruches, des moyens de les en préserver, et de les sauver, quand elles en sont attaquées.

APRÈS ce qu'on a dit dans le chapitre précédent, on ne peut trop s'étonner qu'un insecte aussi foible que la fausse teigne puisse parvenir à s'emparer, pour ainsi dire, de l'habitation et des provisions de plus de vingt mille abeilles.

« Quoi, dit M. Ducarne, actives, vigilantes, vindicatives même, armées de pied-en-cap, elles souffrent que de si foibles et de si méprisables ennemis se multiplient et se cantonnent impunément sous leurs yeux dans l'intérieur de leur république ! à quoi leur sert donc cette industrie, cette sagacité et cet amour pour la patrie qu'on admire si fort en elles dans d'autres circonstances? Que sont devenus ces aiguillons redoutables qu'elles emploient souvent si mal à propos contre les hommes, et contre d'autres animaux, qu'il leur plaît de regarder comme des ennemis ?

Toute leur prétendue prudence échoue ici d'une manière très-sensible. Elles ne sont point instruites de ce qu'elles ont à craindre de ces papillons, qu'elles laissent courir dans leurs ruches sans les poursuivre. Elles n'emploient ni contre eux, ni contre les teignes qu'ils produisent, aucun de ces moyens rigoureux ou ingénieux, dont on leur fait honneur dans tant d'autres occasions. Ces républicaines si fières, si jalouses de leurs provisions, nourrissent dans leur sein un ennemi domestique qui, malgré sa foiblesse, parvient à se rendre maître de la place: tant il est vrai qu'il n'y a point d'ennemi méprisable. »

Tout ce que dit ici M. Ducarne, il faut l'entendre conformément à ce que j'ai avancé dans le chapitre précédent, sur la prétendue inaction des abeilles dans une pareille circonstance.

« Le mal, que font les fausses teignes aux abeilles, ajoute-t-il, est presque toujours irrémédiable dans les anciennes ruches, et on a le désagrément de voir des colonies entières d'abeilles déserter et se perdre, ne vous laissant que des provisions, dont on ne peut tirer presqu'aucun parti. En effet, dit M. Wildman, quiconque y fera un peu d'attention, se convaincra

que

que les fausses teignes font à elles seules plus
de tort aux abeilles, que tous leurs autres ennemis ensemble.

Ce fléau doit être une des principales causes
qui découragent le public de s'adonner sérieusement à la culture des abeilles, et qui s'oppo-
sent par conséquent à la propagation de l'espèce
en France, et dans presque toute l'Europe.

On peut réduire à trois ou quatre les causes
de ce ravage dans les ruches de paille, d'osier
et de presque toutes les autres sortes de ruches,
dont on se sert en France et ailleurs : 1°. A la
facilité, avec laquelle les fausses teignes peuvent s'y introduire et s'y multiplier. 2°. A la
difficulté avec laquelle ces ruches peuvent être
nettoyées, soit par le propriétaire, soit par les
abeilles elles-mêmes. 3°. Au mauvais usage de
ne pas récolter tous les ans les ruches, et de
leur laisser tous leurs rayons en entier ; et enfin
à la difficulté, et presque impossibilité de sauver
ces ruches, quand une fois elles ont été attaquées par ces insectes.

La facilité avec laquelle la fausse teigne peut
s'introduire dans ces sortes de ruches est évidente.
Tous les passages, toutes les ouvertures qui s'y
trouvent, et sur-tout dans celles de paille et

d'osier, ne peuvent que présenter aux papillons le moyen d'y déposer leurs œufs, et aux
jeunes vers de s'y nicher. Une fois qu'ils ont
échappé à l'aiguillon des abeilles, il leur est aisé
par le moyen de leur galerie de s'y mettre en
sureté.

La difficulté de tenir ces ruches dans un état
de propreté, sur-tout celles de paille et d'osier
est si grande qu'elle a fait dire à M. Lagrenée,
de ne les nettoyer que deux fois par an. Le propriétaire ne souffre pas seul de ces inconvéniens.
Comment les abeilles pourroient-elles nettoyer
leurs tablettes couvertes d'ordures et souvent
raboteuses, si elles n'étoient dans toute leur
force, ou vers la fin du printemps, ou pendant
l'été ? Encore faut-il en excepter dans ces temps
là les ruches qui ont essaimé, qui sont foibles,
et les petits essaims.

Ce défaut de nettoyer les ruches est cependant la principale cause des ravages dont elles
sont la proie de la part de ces insectes ; en effet,
lorsque nous sommes en retard sur cette opération, on trouve une quantité de vers déja formés
au milieu de ces ordures. Mais si dans nos ruches, dont la construction a tant d'avantages sur
les autres, on n'est point entièrement à l'abri de

ces accidens, que sera-ce de celles de paille et autres, qui n'ont pas tous ces avantages?

De toutes les sortes de ruches qui ont été inventées jusqu'à présent, il n'y a que celles de M. l'abbé Eloi, vicaire général de Troyes, (selon M. l'abbé Tessier, Encyclop. périodique,) qui présentent un moyen sûr et facile pour les tenir toujours dans une grande propreté. On peut voir la description de ces ruches, à la fin de ce volume.

L'usage, presque général, de ne pas récolter les ruches tous les ans, en leur ôtant le superflu et les rayons vuides, contribue très-souvent à faciliter la production de la fausse teigne. Pour préserver aisément une ruche de ce fléau, il faut que les rayons, qu'on y laisse pour la provision des abeilles, soient à-peu-près proportionnés à leur nombre, c'est-à-dire qu'ils soient en telle quantité que les abeilles puissent commodément les couvrir et les soigner. Sans cette précaution il s'ensuit que les abeilles se retirent au fond de leur ruche, cédant à la nécessité de se resserrer pour s'échauffer, ou pour couvrir leurs provisions et leur couvain ; ainsi plusieurs rayons restent à découvert, et presqu'abandonnés ; et alors les papillons peuvent

impunément y déposer leurs œufs ; les vers y
éclosent très-facilement, et s'y propagent très-
rapidement.

Enfin autant qu'il est facile aux vers de s'introduire et de se multiplier dans ces ruches,
autant il est difficile aux propriétaires de les en
débarrasser une fois qu'elles sont attaquées. De
sorte, dit M. Lagrenée, que lorsque les teignes
s'introduisent dans une ruche, il est rare qu'elle
en revienne, parce qu'elles s'y multiplient prodigieusement. Ainsi, comme on l'a déja dit ailleurs, ces ruches appartenant aux gens de la
campagne, durent-elles à peine trois ans sans
être atteintes de ce fléau ; et les paysans, qui
le savent très-bien, cherchent à s'en défaire
avant ce terme.

On peut ajouter à tous ces inconvéniens la
difficulté qu'on a de connoître à temps, lorsqu'une ruche est attaquée par ces insectes, pour
pouvoir la secourir avec avantage, et avec l'espérance de la sauver.

Toutes ces difficultés et tous ces inconvéniens cessent, et disparoissent avec nos ruches.
Comme elles sont de terre cuite, rondes et ver-
nies par dedans, si on veut, elles sont parfaitement
unies, et par conséquent sans coins, ni recoins,

ni fentes, qui puissent servir de retraite aux vers. Leur bas qui est uni et cylindrique, et leur pente vers l'orifice, donnent aux abeilles une grande facilité de se nettoyer elles-mêmes, quand la saison le leur permet. Et la facilité avec laquelle nous pouvons ouvrir nos ruches, sans les déranger en aucune manière, et sans incommoder les abeilles, nous offre aussi la commodité de les tenir propres autant que nous pouvons le désirer.

Voici comment nous nous y prenons. Nous nous servons d'une machine de fer, dont nous avons donné la description planche II, du second volume. Cette machine ou râteau est longue, étroite et un peu courbée vers le bout. Nous la faisons entrer sous les rayons jusqu'au fond de la ruche, et nous entraînons ainsi toutes les ordures qui s'y forment continuellement, soit par les excrémens des abeilles, soit par les rognures des couvercles de cire, qui ferment les cellules pleines de miel ou de couvain, ou de celles qui tombent, lorsque les abeilles nettoyent les rayons, soit enfin par les fragmens de cire ou d'autres matières qui tombent pendant le travail des abeilles. Nous usons de cette méthode constamment toute l'année, de quinze en quinze jours.   L iij

Notre méthode constante de tailler nos ruches tous les ans, et de ne leur laisser que les rayons que les abeilles peuvent aisément couvrir et nettoyer, met nos ruches à l'abri des fausses teignes : de sorte que lorsque nous voyons quelqu'une de nos ruches affoiblie, soit pour avoir trop essaimé, ou pour une autre cause, nous lui ôtons un plus grand nombre de rayons, et nous ne lui laissons que ceux que sa population lui permet de conserver et de soigner.

Pour connoître ensuite si une ruche est attaquée par les fausses teignes, nous l'ouvrons tout simplement, et nous l'observons avec attention : quelquefois nous y découvrons sur le champ les vers ou leurs coques; d'autres fois nous examinons les ordures qui se trouvent au bas de la ruche ; et si nous y voyons une matière noirâtre et fine, comme la poudre à tirer, c'est un signe certain que la ruche est attaquée de cette vermine.

Après cette certitude, voici comment il faut s'y prendre pour l'en délivrer. On l'ouvre d'un côté, on introduit de la fumée dans les rayons, pour en chasser les abeilles, et les obliger de se retirer dans le fond. Ensuite on commence à couper les bords des rayons jusqu'à la moitié, et plus s'il le faut ; on suit ainsi un rayon après l'autre, jusqu'à ce qu'on ait découvert le rayon infecté. Alors on le détruit morceau par morceau, et on le retire hors de la ruche avec la machine que nous appelons râteau, ou avec un couteau à lame recourbée, sans toucher davantage aux rayons.

Chose étonnante! les abeilles jusqu'alors comme insensibles au danger qui les menaçoit, dès qu'elles se voient secourues par leur maître, reprennent courage, s'animent, et au même instant que celui-ci détruit d'un côté les rayons infectés, elles arrachent les coques de l'autre, tuent les nymphes et les vers, et semblent s'entendre parfaitement pour détruire l'ennemi commun. J'ai été souvent témoin oculaire de cette scène; et même il m'est arrivé quelquefois, qu'après avoir ôté d'une ruche plusieurs morceaux de rayons infectés, et fatigué de continuer cet ouvrage, je l'ai abandonné à la confiance, au zèle et à l'énergie dont j'avois observé que mes abeilles étoient animés. En effet je ne me suis pas trompé : elles seules l'ont achevé, tout pénible qu'il étoit ; seules elles ont entraîné quantité de coques, de vers, de

nymphes et des morceaux de rayons si considérables, que j'admirois comment elles avoient
pu faire pour les conduire jusqu'à la porte de
la ruche.

En suivant cette pratique, on peut être sûr
de sauver sa ruche, en s'y prenant sur-tout
avant que le mal ait fait de trop grands pro-
grès, et que les rayons soient tous infectés : dans le dernier cas même, si la saison
étoit bonne et les pâturages abondants, il y auroit à espérer.

Pour préserver plus facilement nos ruches de
ce fléau : il faut avertir ici de deux choses im-
portantes.

1°. Il faut faire attention qu'un seul rayon ne
touche le bas de la ruche. Les abeilles laissent
ordinairement un espace de près d'un pouce;
mais il arrive quelquefois qu'elles les y attachent, ce qui empêcheroit de pouvoir les nettoyer librement : alors il faut les couper, afin
que le râteau puisse s'y promener librement.

2°. Il faut observer que quelquefois il arrive qu'un rayon se détache du haut, et tombe,
quoique soutenu par ceux du milieu. Si ce
rayon n'est pas rempli de couvain, le meilleur parti à prendre c'est de le retirer partie

par partie , et de débarrasser ainsi les abeilles : pour cela il faut couper un peu les bords
des rayons qui se trouvent sur le devant , en
faisant attention de retirer ce rayon du côté
qu'il y en a le moins , c'est-à-dire par-devant
ou par derrière.

Mais s'il étoit plein de couvain, il faudroit le
laisser jusqu'à ce que le couvain en fût sorti ; et en
attendant, pour empêcher les vers de s'y mettre,
et donner aux abeilles la facilité de nettoyer la
ruche , il faudroit pratiquer au bas de ce rayon
une petite ouverture par où les abeilles pussent entraîner les ordures. Si on voyoit même
que ce rayon n'exposât point la ruche , on pourroit le laisser dans sa position jusqu'au moment
de la taille ; alors il seroit plus aisé de le retirer, sur-tout si c'étoit un rayon de l'année.

Les ruches qui ont leur partie supérieure can-
nelée , comme je le prescris , ont l'avantage
que leurs rayons ne se détachent jamais.

Avant de finir ce chapitre, je rapporterai ce
que M. Ducarne propose pour garantir les ruches des teignes, et j'y ajouterai quelques réflexions qui jetteront plus de jour sur ce sujet.
» Comme ces teignes, dit M. Ducarne , se lo-
gent presque toujours dans le haut des ruches,

il m'est facile de les exterminer, en détachant la hausse supérieure dans laquelle elles se placent ordinairement. D'ailleurs les vieilles ruches sont plus exposées à ce malheur que les nouvelles, et comme j'ai un grand soin et une grande facilité de renouveler mes ruches, elles ne sont presque jamais infectées. Enfin si ces dangereux papillons se présentent au mois de juillet et suivans, l'attention que l'on aura de rétrécir l'entrée des ruches dans la saison des papillons, ne leur laissera pas le moyen d'y pénétrer pour déposer leurs œufs. «

Il y a ici bien des choses à répondre à M. Ducarme. D'abord les teignes ne commencent à attaquer les rayons que sur les bords et au milieu où se trouvent les poussières des étamines. Les parties supérieures des ruches étant de cire pure et ordinairement de miel pur, dont elles ne se nourrissent jamais, comme nous l'avons fait voir au chapitre précédent, en sont toujours exemptes. Si dans la suite on trouve leurs coques dans la partie supérieure de la ruche, c'est parce qu'après s'être bien nourris et avoir pris toute leur croissance, ils montent le plus haut qu'ils peuvent, comme toutes les chenilles le pratiquent, pour former leurs coques, en se frayant un chemin couvert à travers les cellules.

Nous avons aussi la facilité de renouveler tous les ans les rayons de nos ruches, comme on le verra lorsque nous parlerons de la taille. Au surplus, je ne crois pas que le rétrécissement de l'entrée des ruches soit un moyen assuré pour les garantir de la fausse teigne, puisque leurs œufs sont souvent introduits par les abeilles mêmes avec leur provision.

« Dans l'Encyclop. périod. on dit qu'on pré-
« viendra les araignées, les fausses teignes et
« les poux, si, avant de se servir d'une ruche
« pour y mettre l'essaim, on la nettoie bien; si
« on la passe sur la flamme d'un feu clair, et si
« l'on a l'attention de ne pas laisser les ruches
« vides exposées aux volailles qui sont sujettes
« à avoir des poux. » Nous avons l'usage à Syra, avant de mettre un essaim dans une ruche vide d'y introduire un peu de feu dans un vase quelconque et de la fermer ensuite pour quelque temps, et cela pour deux raisons. D'abord en échauffant ainsi la ruche, les restes des anciens rayons et la propolis qui s'y trouvent se fondent et rendent une odeur très-agréable; ce qui y retient les jeunes essaims, et les engage même à

y entrer d'eux-mêmes. Ensuite parce que cette chaleur détruit les œufs de tous les insectes en-nemis de nos abeilles. Cependant en détruisant ainsi tout ce qui a pu se trouver précédemment dans une ruche , il ne faut pas croire qu'on l'ait mise par là à l'abri de tous les événemens qui peuvent arriver.

LIVRE VI.

DES ennemis des Abeilles, de leurs maladies, et de quelques autres particularités concernant leur gouvernement.

CHAPITRE PREMIER.

*DU pillage réciproque que se font les abeilles,
et de la manière de l'empêcher.*

OUTRE les teignes dont nous avons parlé dans
le dernier chapitre du livre précédent, et qui,
comme nous l'avons remarqué, ne sont pas, à
proprement parler, les ennemis directs des
abeilles, mais plutôt les destructeurs de leurs
provisions et de leur habitation, ces dernières
ont beaucoup d'autres ennemis particuliers dont
un sage cultivateur cherchera à préserver ses
ruches.

M. Wildman dit au chap. 7 : « Dans le prin-
« temps et dans l'été, les plus grands ennemis

« des abeilles sont les abeilles elles-mêmes, qui
« se pillent et se saccagent réciproquement, sur-
« tout dans les temps secs et arides, lorsque la
« récolte du miel est presqu'entièrement finie.
« Alors les mouches qui habitent ces ruches si
« peuplées, et qui n'ont pas assez de miel pour
« leur propre provision, sont forcées par la fa-
« mine d'aller attaquer les anciennes ruches qui
« se sont affoiblies, à force de produire des es-
« saims, et elles leur enlèvent tout leur miel. »

C'est ce que confirme M. Ducarne dans son
vingt-sixième entretien. « Le pillage que se font
« les abeilles mutuellement, fait périr plus de
» mouches et plus de ruches que tous les autres
« ennemis des abeilles ensemble. Chez elles,
« comme parmi nous, elles trouvent dans leurs
« semblables des ennemis d'autant plus à crain-
« dre, qu'elles ont moins lieu de s'en méfier, et
« qu'elles peuvent moins se précautionner contre
« leurs attaques. »

Il résulte de ces deux autorités réunies qu'un
tel pillage est un grand fléau pour ces insectes,
et un grand obstacle à leur propagation. Dans
le Levant on n'éprouve pas souvent cette cala-
mité, et, excepté quelques combats particuliers
qui ont lieu quelquefois entre deux forts essaims

et le pillage de quelques ruches vigoureuses sur des foibles, cet accident est fort rare : il n'arrive même ordinairement que par la faute du propriétaire qui n'a pas pris les précautions nécessaires, ou qui a fourni du miel à ce petit essaim pour sa provision. Pendant plus de 15 ans que j'ai cultivé les mouches, je n'ai pas vu une seule de mes ruches pillée par une autre.

J'attribue l'avantage dont elles jouissent, à cet égard, à trois causes.

1°. Le pays étant plus abondant en miel, les abeilles s'en fournissent en plus grande quantité, et sont, par conséquent, moins tentées de voler leurs voisines.

2°. Parce que nous tenons nos ruches beaucoup plus éloignées les unes des autres qu'en France. Ne craignant rien dans notre île de la part des voleurs, puisqu'il n'y en a point dans ce séjour de l'innocence, nous les laissons dispersées dans toute l'étendue de la contrée, et nous ne cherchons point à les renfermer dans des enceintes ni dans des murs, de sorte qu'elles sont souvent à une assez grande distance les unes des autres. En France, où elles sont tenus dans un espace très-resserré, elles sont exposées à être beaucoup plus pillées que les nôtres.

3°. La construction de nos ruches nous offrant la commodité de les visiter, et de savoir quand elles manquent de provisions, on leur en fournit assez pour les empêcher d'être tentées de piller les autres.

M. Ducarne rapporte plusieurs causes de ce pillage dans son vingt-sixième Entretien, que je rapporterai littéralement, en y joignant mes réflexions.

La première qui, selon lui, excite les abeilles à se saccager, c'est la gourmandise et le libertinage; et moi j'ajouterai un penchant continuel à chercher des provisions pour les apporter dans leur domicile. En effet on voit dans notre île que dans les saisons où elles ne trouvent rien à recueillir dans les campagnes, elles entrent dans la ville et qu'elles se jettent dans toutes les maisons où elles sentent du miel, et où l'on en travaille. « J'en ai vu souvent, continue M. Du- « carne, le faire de celle de mes ruches qui « étoient le mieux fournies de provisions : celles- « ci sont mêmes les plus à craindre. Fortes et « vigoureuses comme elles le sont, puisque rien « ne leur manque, celles qui sont foibles ont plus « de peine à leur résister. Je crois cependant que « le besoin et la nécessité y entrent quelquefois « pour

« pour quelque chose (1) ; mais les inclinations
« perverses de certaines espèces sont le plus sou-
« vent la cause de ce désordre. Outre un certain
« nombre d'espèces plus ou moins pillardes, telles
« que les grosses brunes des bois, qui sont plus
« sujettes à caution que toutes les autres (2).

« Il y a encore une autre source de ce mal,
« qui a sur-tout lieu dans l'ancienne méthode.
« Ce sont les vers, les teignes et les autres in-
« sectes qui pénètrent dans les ruches, qui s'y
« cantonnent, s'y multiplient, dévorent et gâtent
« tout l'ouvrage d'une ruche, de sorte que les
« abeilles de ces ruches n'ayant rien de mieux à
« faire que de l'abandonner, ne s'y défendent que
« foiblement, et la laissent en proie aux premiers
« venus. Peut-être ensuite ces mouches errantes

---

(1) Si d'autres motifs peuvent les exciter au pillage,
à plus forte raison la faim et le besoin doivent-ils produire cet effet. J'ai dit ailleurs qu'il peut arriver que
les ruches les plus peuplées soient précisément celles qui
manquent plutôt de provisions. Il doit alors arriver que
les plus fortes étant affamées, tombent sur les plus
foibles mieux pourvues de miel.

(2) On a parlé dans le chap. IV du livre III des abeilles
sauvages qui sont très-portées au pillage. On peut lire
ce chapitre.

« et vagabondes vont-elles à leur tour chercher
« à vivre aux dépens des autres : si elles sont les
« plus fortes, elles assiégeront une autre ruche,
« elles en chasseront les propriétaires, elles ra-
« vageront toutes leurs provisions dans un ins-
« tant (1). Celles qui ont été chassées de leur
« maison iront à leur tour tenter de nouvelles
« aventures, ou plutôt exercer de nouveaux bri-
« gandages, et ainsi le mal deviendra contagieux
« et épidémique , et vous verrez les ruches les
« mieux fournies désolées et réduites à rien par
« ce cruel accident. Celles qui ont été rongées
« par les souris, les mulots et autres animaux,
« qui ont essuyé les cruelles visites des guêpes

---

(1) Toutes les fois que nous forçons un essaim de
sortir, ou qu'il est chassé par les guêpes , par les fausses
teignes ou par la faim, ou si l'on veut par les autres
abeilles , comme dit M. Ducarne, alors ou cet essaim
entre dans une ruche vide, si le temps est favorable,
et il y travaille tranquillement , ou il entre dans une
ruche habitée. Si l'essaim qui y est, a suffisamment de
force pour résister , il taille en pièces l'essaim nouveau
venu , ou au moins une bonne partie. Mais s'il est foible,
après quelque escarmouche, les deux essaims se récon-
cilient, au point de se réunir ensemble et de former
une bonne ruche. Je ne crois cependant pas que cette

« et des frelons, sont encore souvent obligées
« d'abandonner leur ruche pour aller chercher
« leur subsistance dans d'autres ruches plus saines
« ou mieux garnies. Telles sont en abrégé les
« principales causes du pillage, ce fléau si re-
« doutable et si funeste aux abeilles.

« Il y a cependant des jours où le pillage est
« bien plus commun que dans d'autres : cette
« remarque est fort facile à faire. Le pillage est
« plus à craindre après deux ou trois jours de
« pluie, quand le temps n'est point propre à la
« récolte, sur-tout à celle de miel, parce qu'alors
« la faim presse plus vivement celles qui ont
« souffert par défaut de provisions, et que,

---

suite de destruction, dont parle M. Ducarne, ait lieu,
comme il le dit. Voici ce que j'ai vu arriver de relatif
à cet objet : l'été dernier un de mes amis, à Viroflay,
avoit eu un bon essaim. Trois ou quatre jours après il
en eut un second de la même ruche : il le mit, comme
le premier, dans une ruche de terre cuite, construite
comme les miennes, et à côté de l'autre essaim. Le premier abandonna aussitôt sa ruche, où il avoit cependant
commencé à fabriquer quatre ou cinq rayons, et
il entra dans la ruche du second. Alors les deux essaims
se réunirent sans difficulté ni querelle, et formèrent
ensemble un excellent essaim, qui a toujours bien travaillé et prospéré depuis.

« comme je l'ai déja dit ailleurs (1), en parlant
« de ces jours peu favorables à la récolte, l'oi-
« siveté est la mère de tous les vices, ensorte
« qu'alors les abeilles de toutes les ruches, n'y
« ayant rien de mieux à faire, vont visiter leurs
« voisines et piller les plus foibles. »

» Quant aux saisons où cet accident est le plus
commun, on a remarqué que les mois de mars
et avril, jusqu'au 5 ou 6 de mai, étoient la saison la plus à craindre pour le pillage, ainsi que
depuis la fin de juillet jusqu'à ce que l'on les

---

(1) M. Ducarne, dans son vingt-unième entretien,
pag. 320, adresse ce qui suit à son voisin. » Sachez mon
voisin, et retenez-le bien, car ceci est d'importance, et
il ne faut plus l'oublier, que quoique le temps soit beau,
que le vent se trouve quelquefois au midi, que le soleil
soit brillant et même chaud, il peut néanmoins arriver
qu'il ne soit pas favorable à la récolte du miel, ni même
quelquefois à celle de la cire. J'ai vu cela dans des
jours, où si je ne l'eusse vu de mes yeux, je ne l'aurois
pas cru. Cependant à peine sortoient-elles de leur ruche,
tout étoit plein de fleurs de tous côtés, tout sembloit
les inviter au travail, et presque pas une ne bougeoit :
au lieu que dans d'autres jours, qui étoient souvent bien
moins beaux, je les voyois sortir en foule et revenir par
troupes à chaque instant, chargées de leur petit butin.

renfeme en hiver , c'est-à-dire que le pillage
n'est sur-tout à craindre que dans les saisons
où les abeilles ne trouvent point ou peu de miel
à ramasser. C'est aussi ce qui fait que dans le
mois de juillet , et quelquefois dès le 12 ou le
15 de ce mois, on voit les pillardes roder autour des ruches , quand elles ne trouvent point
de miel en campagne. Il arrive même, quoique ceci soit rare , que depuis le commencement de juillet jusqu'à la fin de l'hiver suivant,
les abeilles ne trouvent plus de miel sur les

Dans ces jours défavorables, au contraire, à peine en
voit-on revenir ou sortir quelques-unes de temps à
autre. On diroit que tout est mort ou languissant dans
les ruches : quelques-unes seulement s'en vont de temps
à autre chercher le plus nécessaire et le plus pressé ,
sans qu'on voie les autres bouger de place ; on les voit
devant les entrées de leurs ruches , ne sachant que faire,
et cherchant à visiter leurs voisines et à piller les plus
foibles ; car quoique tout paroisse languissant, c'est relativement au travail, et elles sont toujours très-éveillées
pour aller piller bien vîte une autre ruche qui ne sera
pas assez vigoureuse pour leur faire résistance. Aussi,
mon voisin, ces mauvais jours sont-ils fort sujets au
pillage qui y est particulièrement à craindre : ce qui revient à ce qu'on dit , que l'oisiveté est la mère de tous
les vices. »

fleurs que ce qu'il leur en faut pour vivre au jour la journée, et quelquefois point du tout. J'ai vu déja deux ou trois de ces mauvaises années. Heureusement qu'elles sont rares.»

« Au reste pour revenir au pillage, quand une fois il est commencé sérieusement, je n'y connois plus de remède (1). Le point essentiel est de le prévenir. Pour cela il est nécessaire d'en connoître les premières marques. Voyons d'abord ce que c'est que le pillage.»

«On a remarqué que quand une ruche est au pillage, on entend devant cette ruche, et même dans presque toute l'étendue du jardin, un bruit plus grand qu'à l'ordinaire, et que si on approche l'oreille de cette ruche, ce bruit y est considérable. Cela vient du mouvement que s'y donnent les abeilles, les unes pour défendre leurs provisions, et les autres pour s'en emparer; et comme celles qu'on y voit entrer en foule, vont et viennent dans les environs du rucher avec beaucoup d'affluence et de précipi-

─────────────

(1) Cependant les moyens que M. Ducarne donne ensuite dans une telle circonstance, me paroissent très-propres à préserver un essaim du pillage, pourvu que le propriétaire sache les employer avec discernement.

tation, c'est ce qui cause le bruit qu'on entend dans le jardin. »

« On voit ensuite des combats et des duels à la porte de cette ruche qui est assiégée de toutes parts ; les unes entrent, les autres sortent avec précipitation et presque toutes se battent, les unes pour entrer de force, les autres pour les empêcher, et faire sortir celles qui sont déja entrées. Aussi en voit-on plusieurs qui en poursuivent d'autres qu'elles tiennent par les pattes de derrière ou par les ailes, et qui fuyent à toutes jambes. D'autres se jettent sur la première venue, et souvent sur une de leurs sœurs, que la fureur où elles sont les empêchent de reconnoître, et à laquelle elles ne font pas plus de quartier qu'aux étrangères. Enfin c'est un désordre, une confusion, un carnage affreux devant la porte de cette pauvre ruche, qui ne sait plus où elle en est, et qui se jette sur tout venant. »

« Je suppose ici le pillage dans toute sa force, et alors je n'y reconnois plus de remède. Mais quand il veut commencer, la différence de ce qui se passe alors d'avec ce que je viens de dire, n'est guère que du petit au grand. Quand vous verrez donc quelques abeilles voltiger avec rapidité autour, et sur-tout devant l'entrée d'une ruche, que vous les verrez se poser de temps à autre à côté des abeilles qui en gardent la porte, et s'envoler avec promptitude, lorsqu'une abeille domiciliée viendra pour la reconnoître, craignez le pillage pour cette ruche. Ce sont des avanturières qui viennent la tâter, et voir si on peut l'entamer. Si en les observant de près, vous vous apercevez qu'une abeille se jette sur une ou sur un petit nombre d'autres qui voltigeront avec rapidité devant la ruche, et que cette abeille, après l'avoir poursuivie, vienne ensuite rejoindre ses compagnes, et se poser avec elles d'un air menaçant, ce qui n'est pas difficile à reconnoître pour peu qu'on les observe de près (1), c'est encore une marque que cette ruche est menacée du pillage. On voit ces pillardes effrontées passer et repasser d'une rapidité étonnante devant l'entrée des ruches, où les domiciliées sont toujours en garde contre leurs entreprises. Quelquefois même elles se posent effrontément tout

---

(1) On voit en pareil cas l'abeille soulever sa partie postérieure, et se tenir presque sur la pointe des pieds, les ailes bien étendues.

au beau milieu de celles qui en gardent les
avenues pour s'envoler avec légéreté et s'enfuir
bien vîte, quand elles voient venir sur elles
quelques-unes des domiciliées qui n'entendent
point raillerie, et ne leur feroient point de
quartier. Aussi le savent-elles bien, car ordinairement elles ne les attendent pas. Il s'en
trouve pourtant dans le nombre d'assez hardies
pour attendre de pied ferme une abeille de la
ruche qui viendra la reconnoître et se jeter sur
elle. Alors on les voit s'accrocher et se culbuter
l'une l'autre, en cherchant à se donner mutuellement de l'aiguillon, qui ne manquera point
de faire périr sur le champ celle dans le corps de
laquelle il a pu pénétrer. »

« D'autres fois, lorsque ces pillardes tardent
trop à prendre la fuite, une abeille de la ruche
en attrapera une par la jambe de derrière, et ne
la lâchera qu'après qu'elle aura fait long-temps
des efforts inutiles pour s'échapper. Si pendant la
dispute il survient une ou plusieurs autres abeilles domiciliées, malheur à la pillarde ; on les voit
l'accrocher chacune par une de ses jambes, et la
tirailler en tout sens jusqu'à ce qu'à force d'efforts elle parvienne enfin à s'échapper et à s'enfuir, qui est le meilleur parti qu'elle ait à prendre.

« Quand vous verrez tout cela, commencez
à craindre le pillage pour ces ruches. Craignez-
le encore plus lorsqu'au lieu de deux ou trois
abeilles qui viendront se présenter devant vos
ruches, vous en verrez un plus grand nombre.
C'est qu'alors cette ruche est foible, et que
celles qui sont venues d'abord la reconnoître,
ont été en avertir les autres, qui ne manquent
point d'accourir aussi-tôt. Il est donc de l'attention des cultivateurs de rendre de fréquentes
visites à ses ruches par rapport au pillage, dans
la saison où il est le plus à craindre. Mais il
faut prendre garde de confondre avec le pillage les ébats et les divertissemens que de jeunes
abeilles prennent ordinairement aux environs
des ruches, depuis midi jusque vers les quatre
heures. Il faut bien distinguer le pillage de ces
jeux d'enfans, afin de ne pas prendre de précautions inutiles, et même dangereuses. Au reste
il est aisé de distinguer la jeunesse qui cherche
à passer son temps, des abeilles étrangères qui
viennent assiéger une ruche : les jeunes mouches se tiennent constamment devant la bouche
de la ruche ; elles ont même toujours la tête
tournée contre son entrée, au lieu que les mouches assiégeantes environnent la place de tous

côtés , sans garder aucune position détermi-
née (1). »

« Pour connoître si ce sont vos mouches, ou
des étrangères qui sont occupées du pillage, il
y a un moyen bien simple. Vous n'avez qu'à
jeter une poignée de fine farine sur les mouches qui sont attroupées devant la ruche, ce
qui vous les fera reconnoître , lorsqu'elles rentreront dans vos ruches. «

« Quant aux moyens de prévenir le pillage,
si vous avez quelque ruche foible , dont vous
soyez en droit de vous défier, ou pour laquelle
vous ayez à craindre, voilà ce que vous avez
à faire. »

« 1°. Vous l'éloignerez des autres, c'est-à-dire
que vous la porterez dans un coin de quelque
jardin à cinq ou six cents pas, ou même à un
quart de lieue du rucher (2) où vous la cou-

---

(1) J'ai parlé ailleurs du divertissement des abeilles
et des faux bourdons, et de ce que cela signifie. Voyez
le chap. IX, du IIIe livre.

(2) Je ne crois pas que cet éloignement de la ruche
soit toujours nécessaire, au moins quand il provient de
la circonstance d'une ou deux journées mauvaises pour
la récolte du miel, décrite dans une des notes de ce
chapitre, pag. 180 , parce qu'en pareil cas il suffiroit de

vrirez avec des branchages, de mauvaises planches ou des fagots, pour dérober cette ruche à
la vue des vôtres ou de celles de vos voisins,
qui en allant aux champs pourroient l'apercevoir. »

« 2°. Vous ne laisserez de libre et à découvert
que leur entrée, que vous rétrécirez même, au
point de n'y laisser de passage que pour une abeille
à la fois ; ce qu'il vous sera facile de faire avec
du pourjet, ou même un peu de terre mouillée
et pétrie : vous la laisserez en cet état jusqu'à ce
que vous vous aperceviez que cette ruche
est tranquille , et n'est plus inquiétée par les
autres. «

« 3°. Comme la plupart de celles qui sont tour-
mentées du pillage sont foibles et manquent de
provisions, vous aurez soin de leur en fournir le
soir, ou tout au plustôt une heure avant le soleil

---

fermer la ruche menacée , en y laissant quelque petite
ouverture suffisante pour que les abeilles puissent respirer. J'en ferois autant toutes les fois que je m'aper-
cevrois qu'un essaim seroit menacé du pillage. Si en
l'ouvrant, quelques jours après, je le voyois encore en
danger, je l'éloignerois alors, mais pas trop loin, parce
qu'en l'éloignant je crois qu'on pourroit le tenir renfermé
pendant quelques jours.

couchant, pour empêcher les étrangères de sentir, en rodant aux environs , le miel que vous leur auriez donné, ce qui les exposeroit à un nouveau pillage (1). »

« Enfin quand quelques jours après , mais jamais avant le temps des fleurs , cette ruche vous paroîtra remise et en état de défense, vous pourrez la reporter sous le rucher avec les autres, ou la laisser où elle est , à votre volonté.

Tout ce que je viens de dire, regarde le saccament quand il ne fait seulement que de commencer ; mais lorsque le mal est avancé , M. Ducarne dit qu'il n'y a pas d'autre moyen que « de boucher cette ruche à l'instant , au risque d'y renfermer les étrangères qui y sont déja peut-être en grand nombre, et de la porter le soir de ce même jour à un quart de lieue du rucher , » comme il le dit ailleurs.

« Cette même précaution , ajoute M. Ducarne,

---

(1) J'ai déja observé que les fortes ruches ne cherchent à piller les foibles que pour s'emparer de leur provision. Ainsi quand on voit un essaim foible attaqué, c'est peut être un signe qu'il a beaucoup de miel, et que celui qui lui cherche querelle en manque. Un sage cultivateur doit tâcher de découvrir si c'est véritablement à raison du pillage, et alors il doit y pourvoir.

n'est pas même alors suffisante. Le mieux est de la
placer dans un grenier vis-à-vis d'une fenêtre,
en choisissant par préférence celle qui sera le
plus tournée au midi. Vous leur fournirez de
la nourriture, et ne les laisserez libres de sortir
de leur ruche, que quand elles y seront bien
tranquillisées ; c'est-à-dire que vous ne débou-
cherez l'entrée de la ruche que deux, trois ou
quatre jours après, s'il faut attendre jusques-là.
Vous ne le ferez même que quand le temps sera
doux et beau. Elles sortiront de leur ruche et
passeront par la fenêtre de votre grenier ou elles
reviendront comme au rucher ; mais vous ne
leur laisserez toujours qu'une très-petite entrée,
de crainte que quelque étrangère ne vînt encore les y trouver (1). »

« Au reste, il est vrai que quand on bouche
cette ruche tout de suite, comme nous l'avons

---

(1) D'après ce que j'ai dit ci-dessus, la précaution de
mettre une ruche dans un grenier est inutile. Je croirois
qu'en me servant de farine, comme l'auteur l'a conseillé,
je parviendrois à découvrir quelle est la ruche qui per-
sécute les autres, afin de diriger contre elle toutes les
mesures et les précautions possibles, en l'éloignant, en
l'enfermant, et s'il y avoit disette de provisions, en lui
fournissant son nécessaire.

dit, on laisse à la porte toutes les abeilles de la ruche qui s'y trouvent alors, et que si vous emportez la ruche ensuite, elles ne pourront plus y rentrer. Et puis celles des étrangères qu'on y renferme, qu'y feroient-elles? Feront-elles bon ménage avec celles de la maison? »

« Quand, à ces dernières, les abeilles en auront fait bonne et prompte justice, si elles se sont trouvées en assez grand nombre pour être les plus fortes; et pour ne point perdre celles de la ruche qui étoient dehors, quand on l'a bouchée, on laisse cette ruche à sa place, jusqu'à ce que les étrangères se soient toutes dissipées, et alors vous débouchez l'entrée, et y laissez revenir toutes celles de la ruche qui n'auront, pendant tout ce temps, cessé de tourner autour de leur ruche.»

« J'oubliois d'avertir que quand on ôte cette ruche de sa place, pour la porter ailleurs, il faut toujours remettre à la même place une ruche vide ou pleine de cire, si on en a, pour amuser les pillardes qui reviendront le lendemain, et les empêcher de se jeter sur quelque autre ruche qui ne seroit pas en état de leur résister ; car quand une fois elles ont goûté du pillage, elles ne veulent plus faire autre chose, et le

rucher le mieux fourni se dépeupleroit insensiblement. »

« Si vous n'aviez point de ruche où il fût resté
de couteaux de cire, il faudroit y en mettre quelques-uns que vous poseriez sous la ruche. Cette
cire les amuse, et n'y trouvant rien, après avoir
cherché et tourné beaucoup, elles s'en vont les
unes après les autres, et n'y reviennent plus. »

« Une attention encore utile pour prévenir le
pillage, est de se procurer de l'ombre à l'entrée
des ruches foibles, en sorte que l'entrée de ces
ruches soit continuellement à l'ombre ; parce que
la chaleur du soleil anime et rend plus vigoureuses celles qui viennent pour les piller. Le
grand jour y fait peut-être aussi quelque chose.
C'est une expérience que j'ai faite plusieurs fois
et qui m'a réussi. »

« Enfin tout cela est bon pour remédier au
pillage, même avancé ; mais tout cela n'est point
sûr, et quand vous aurez une ruche où le pillage
sera bien avancé, regardez la comme perdue ;
car malgré tous mes soins, j'en ai peu sauvé.
Heureusement que cet accident n'est sur-tout à
craindre que pour les ruches foibles, qui seroient
probablement bien péries sans cela : une ruche
forte et bienpeuplée ne craint guères le pillage. »
　　　　　　　　　　　　　　　« M. Ducarne

M. Ducarne finit cet article par un avertisse-
ment qu'il donne à son voisin qui cherche às'instruire : « c'est-à-dire que comme le pillage n'arrive guères dans un rucher, que par la mauvaise
façon de nourrir celles qui sont foibles, vous
serez peu exposé à cet accident à l'avenir ;
si vous suivez ce que je vous ai dit et ce que je
vous dirai encore sur la vraie façon de leur donner de la nourriture ».

Comme notre méthode de fournir de la nourriture à nos abeilles à Syra, est d'une exécution
plus aisée et plus commode que par-tout
ailleurs, et même que celle qu'indique M. Ducarne, il s'ensuit que pour éviter le pillage, il
n'y a pas de moyen plus propre que de se servir
de ruches construites suivant notre forme, et de
les gouverner selon les principes que j'ai exposés jusqu'ici, et que je pourrai donner encore dans le peu que j'aurai à dire sur l'économie des abeilles.

Du reste, comme je l'ai déjà dit, je suis très-
persuadé que la trop grande proximité où l'on
tient ailleurs les ruches, est une des principales
causes du pillage fréquent que les ruches les plus
foibles essuient de la part des plus fortes, à leur
grand détriment. Il est encore certain que les

abeilles sont naturellement attirées par l'odeur du miel, spécialement lorsque la campagne ne leur fournit rien. Ainsi les ruches étant trop rapprochées les unes des autres , elles sentent plus facilement l'odeur du miel qui se trouve chez leurs voisines, principalement dans le temps que celles-ci ouvrent leurs magasins ; c'est-à-dire les cellules qui contiennent le miel destiné pour leur nourriture et celle de leur couvain.

Je conseille donc à ceux qui ont de vastes terrains et de grands jardins , de former leur rucher plus spacieux que je ne l'ai proposé au chap. 6 du 2ᵉ. livre, de manière qu'ils puissent tenir leurs ruches à une certaine distance les unes des autres, autant qu'il leur sera possible. En agissant ainsi , et en exécutant tout ce que je dirai dans le chap. suivant sur la manière de donner aux abeilles la nourriture, toutes les fois qu'elles en auront besoin , j'ai tout lieu d'espérer qu'il n'y aura pas plus de pillage , qu'il n'y en a dans notre Isle , où les abeilles ne paroissent pas plus voleuses que les hommes, puisque pendant quinze ans que j'ai cultivé des abeilles , je n'ai vu aucune ruche saccagée.

CHAPITRE II.

DE la manière de fournir aux abeilles le miel dont elles manquent, tirée de M. Ducarne.

AVANT de traiter de la manière de fournir aux abeilles leur nourriture, quand elles en manquent dans les ruches construites suivant la nouvelle forme, j'ai cru devoir rapporter ce que dit M. Ducarné sur cet objet dans son vingt-septième traité. Ce passage servira d'instruction à ceux qui n'ayant pas son ouvrage sous les yeux, voudront suivre l'ancienne méthode pour conduire leurs abeilles, et il fera mieux connoître les avantages de tout genre de la nouvelle pratique que je propose. Pour éviter en même-temps le long détail de M. Ducarne, je l'abrégerai autant que je le pourrai, et ne prendrai que ce qui sera d'une utilité absolue.

« Quand vous aurez donc, dit M. Ducarné à son voisin, quelque ruche à laquelle vous serez obligé de fournir une quantité de nourriture assez considérable, parce que vous voulez la conserver telle qu'elle est, sans y toucher, vous donnerez à cette ruche dans l'un ou l'autre des jours qui s'écouleront depuis le 12 ou le 15 août, jusqu'au 12 ou 15 septembre, et même jusqu'au premier d'octobre, si vous ne pouviez le faire plutôt, la quantité de nourriture, dont vous prévoyez qu'elle pourra avoir besoin pour aller jusqu'à la bonne saison; c'est-à-dire pour le plus sûr, jusqu'au mois de Mai de l'année suivante; car j'ai vu me trouver obligé de leur en fournir encore au 15 de ce mois : mais il vaut mieux être obligé de leur en rendre un peu au mois de mai, que de leur en donner trop. Vous vous réglerez pour la quantité de cette nourriture, sur le pied de deux livres par mois pour les ruches fortes, et bien peuplées; vous en donnerez moins à proportion de ce qu'elles le seront moins.

« De manière que si une ruche eût été fort peuplée et qu'au mois d'août elle n'eût point de de miel, et que néanmoins vous voulussiez la conserver, il faudroit effectivement lui en fournir cette quantité ou peu de chose de moins; car dans les fortes gelées elles consomment peu; elles sont alors comme engourdies par le froid

Mais à moins que ce ne fût une espèce que vous voulussiez conserver, à quelque prix que ce fût, je ne vous conseillerois point de prodiguer une aussi grande quantité de miel. A la bonne heure pour sept à huit, ou tout au plus dix livres, mais jamais plus.

« Pour leur donner cette nourriture d'une façon à ne courir aucun risque pour cette ruche, il faut la leur donner tout-à-la fois, ou tout au moins en deux fois, supposé qu'on ne pût le faire en une seule. Faites bien attention à ceci, mon voisin, car il est essentiel. Sans cette attention, vous risqueriez de perdre et votre miel et votre ruche. Et ne craignez pas de trop surcharger vos abeilles ; elles l'enléveroient tout de suite : il ne leur est pas plus difficile d'enlever dix livres, qu'une demi-livre, avec la seule différence qu'elles y mettront beaucoup plus de temps. Elles le prendront et le porteront dans leurs petites cellules, ou elles iront le manger pendant l'automne et tout l'hyver, sans même crainte de gaspillage. J'en ai nourri mille de cette façon, et aucune ne l'a gaspillé. La plupart ont passé tout l'hyver et le printemps, et sont devenues ensuite excellentes, sans que je leur aie donné rien de plus.

N iij

« Communément on ne donne jamais qu'un quarteron, ou tout au plus une demi-livre de miel à la fois, et cela encore après l'hyver. Aussi on perd les trois quarts des ruches qu'on nourrit ainsi ; au moins c'est ce qui m'est arrivé. Avant que j'eusse trouvé cette façon de les nourrir, je faisois comme les autres : le pillage en détruisoit les trois quarts. Revenons.

» La liqueur que vous leur aurez donnée tiède, n'aura pas été sous la ruche un demi-quart-d'heure, que toutes les abeilles descendront dessus, et commenceront à l'enlever pour aller la placer dans leurs petites cellules. Si vous voulez alors prêter l'oreille, vous les entendrez y faire un bruit extraordinaire. Enfin elles continueront jusqu'à ce qu'il n'en reste plus une goutte. Une ruche bien peuplée met ordinairement vingt-quatre heures pour lever huit livres de liqueur.

« Si vous leur donnez ce miel pendant la journée, il faut le faire au matin avant qu'aucune abeille soit encore sortie de la ruche, et en fermer toutes les ouvertures qui pourroient s'y trouver, aussi-tôt que vous leur aurez eu donné la liqueur. Vous aurez même grand soin de ne pas trop tarder, parce que dans cette saison les abeilles sont alertes, et sortiroient de la ruche en grand nombre, ce qui vous feroit perdre toutes celles qui seroient sorties, quand vous condamneriez ensuite l'entrée de la ruche.

« Cette précaution de condamner l'entrée de la ruche est si essentielle, que sans elle vous pourriez perdre et votre miel et la ruche avec. Le pillage qui est toujours à craindre, feroit tout perdre. Les abeilles étrangères qui facilement sentent l'odeur de ce miel sous la ruche, en forceroient l'entrée, et tout seroit perdu.

« Si au lieu de leur donner ce miel le matin, vous ne le leur donnez qu'au soir, vers le soleil couchant, vous serez dipensé de cette attention pour toute la nuit, à la charge de ne pas y manquer le lendemain, avant qu'aucune abeille soit sortie. Mais pourquoi donne-t-on cette nourriture plutôt à la fin d'août, qu'à la fin de juillet ou de septembre, ou même de novembre ? Je ne le fais pas plus tôt, de crainte de les troubler dans le fort de leur travail ; et point plus tard, parce qu'il faut leur laisser le temps de condamner, avant la mauvaise saison, les cellules où elles auront déposé la liqueur. Or en le faisant depuis le 15 du mois d'août jusqu'au 8 ou 10 de septembre, toutes ces conditions se trouvent remplies.

Une autre raison plus essentielle encore m'empêche de leur fournir cette nourriture au mois
d'octobre au plus tard ; c'est qu'alors il pourroit
faire assez froid pour empêcher mes abeilles
de descendre sur la liqueur et de l'enlever ; au
lieu qu'en la leur donnant par un temps chaud
et doux, je suis sûr que toutes celles qui sont en
bonne santé, ou qui n'ont point de raison d'ab-
bandonner leur ruche, n'en laisseront pas une
goutte : car je ne vous ai pas encore dit qu'il y
en a qui ne prendront pas le miel que vous leur
donnerez, quoique le temps soit doux et même
chaud, et vous pouvez regarder celles-là comme
perdues. Il leur manque une reine ou quelque
autre chose que je ne sais point, et qu'elles savent
bien ; et tout ce que vous pourriez faire ne les
empêcheroit pas d'abandonner leur ruche totalement, ou peu de jours après, ou dès le commencement du printemps suivant. La seule chose que
vous avez à faire pour celles-là, est de les traverser et de les joindre à d'autres bien pourvues
de provisions.

C'est avec du miel mêlé d'un peu de vin vieux,
qui ne soit point aigre, que je nourris mes abeilles.
Vous en mettrez autant qu'il en faudra pour
tenir toujours cette composition liquide, même

quand elle sera refroidie ; sans quoi les abeilles
ne pourroient plus alors la lever: j'ai coutume
de mettre un septième de vin ; c'est-à-dire que
sur six livres de miel, je mets une livre de
vin.

« Vous mettez le tout sur un feu clair, et l'y
remuez bien avec un bâton, jusqu'à ce que le
miel soit parfaitement fondu et plus que tiède.
Alors vous l'ôtez du feu, et le donnez un peu
tiède à vos abeilles. Comme nous supposons ici
que cela se fait en été, on pourroit leur donner cette liqueur froide : elles ne la leveroient
pas moins, ce qui ne seroit pas la même chose,
s'il faisoit froid. »

Outre ce que dit M. Ducarne jusqu'ici, il
donne deux recettes pour composer la nourriture des abeilles. Voici la première. » Prenez
huit livres de miel, six livres d'eau, une bouteille de vin vieux, et une livre de sucre ou de
cassonnade. Mettez le tout dans un vaisseau de
terre vernissée, ou de fer, et l'y laissez bouillir
à petit feu l'espace d'environ un quart d'heure,
en observant d'écumer de temps à autre. Quand
cette composition est refroidie, on la laisse dans
des bouteilles bien bouchées qu'on peut garder

dans un lieu frais ; mais le mieux est de n'en faire qu'à mesure qu'on en a besoin, parce qu'elle peut fermenter. »

« L'autre façon de nourrir les ruches en été ou en automne, c'est celle de leur donner du jus de poires d'un goût un peu relevé et sucré. On les pile comme pour en faire du cidre, et quand la liqueur est bien reposée, on la verse par inclinaison dans un autre vaisseau bien net ; alors sur quatre livres de ce suc, vous mettez une livre de miel, et vous faites bouillir le tout jusqu'à la réduction du tiers, en sorte que de trois livres, il vous en reste deux. On dit que cette composition est fort bonne ; mais celle que je vous ai donnée vaut mieux.

M. Ducarne rapporte ensuite diverses manières de nourrir les abeilles « comme ceux qui leur donnent des espèces de bouillies, par exemple avec du miel et de la purée de lentilles, ou de grosses fèves ; et de ceux qui leur donnent des rôties de pain blanc ou mollet, qu'ils imbibent de miel et de vin vieux, mêlés ensemble. Ils prétendent que cette nourriture les guérit du dévoiement. Cependant il déclare que l'expérience lui a montré qu'elles étoient, ainsi que beau-

coup d'autres, toutes mauvaises, et très-dé-
fectueuses ; c'est pourquoi il avertit son voisin
de n'en faire aucun usage ».

Après ces instructions, M. Ducarne en donne
sur le même sujet plusieurs autres que je crois
ne pas devoir rapporter, ne les jugeant pas nécessaires. Il fait voir l'utilité de sa méthode sur celle
qu'on pratique ordinairement. Voyons maintenant, dit-il, les avantages qui résultent de cette
façon de nourrir les abeilles ; c'est-à-dire en leur
donnant la nourriture tout-à-la-fois, ou tout
au moins en deux fois ; avantage que je n'ai connu qu'après avoir perdu presque toujours les
trois quarts de celles que j'ai nourries, en suivant
les anciennes méthodes. Après leur avoir donné
beaucoup de miel, je les perdois ainsi que le
miel que j'y avois dépensé ; en donnant donc en
une seule fois à mes abeilles la nourriture qui
leur est nécessaire pour aller jusques au bon
temps, et en choisissant pour cela, comme il
m'est aisé de le faire, un temps doux et favorable:

1°. Je suis sûr que les abeilles n'en laisseront
point, et qu'elles la leveront toute, à moins que
cinq ou six heures après la leur avoir donnée,
l'air ne devînt tout à coup si froid, qu'elles se
trouvassent comme engourdies dans leur ruche;

mais il faudroit qu'il devînt très froid , car une
certaine diminution de chaleur dans l'air ne
les empêcheroit point de continuer à lever la
liqueur , ayant déjà eu assez de temps pour
échauffer leur ruche par le mouvement considérable qu'elles s'y seront donné.

« 2°. Je me trouve d'un seul coup débarrassé
du soin de les nourrir davantage. C'est une affaire faite pour toujours, et je n'y pense plus:
tout au contraire de la plupart des autres méthodes où il faut recommencer tous les cinq ou
six jours, sans être jamais tranquille, et où il faut
toujours être là à point nommé, pour ne pas
manquer le moment. Ceci est un grand mérite
de cette méthode: vous pouvez en un seul jour
en expédier une demi-douzaine , si vous le voulez, et cela est fini pour celles-là.

3°. Je ne crains point que quatre ou cinq jours
après , quand il faudroit renouveler leur nourriture, l'air ne fût devenu si froid, qu'il me
fût impossible de le faire.

4°. Cette composition étant toujours liquide ,
quand même les abeilles ne pourroient la prendre toute entière dans le jour même, elles pourront toujours le faire, dès que le temps seroit
radouci.

5°. Je ne refroidis mes abeilles qu'une seule fois, au lieu de huit ou dix et quelquefois plus, quand on suit les anciennes méthodes.

6°. Quand il arriveroit que le temps seroit assez doux pour leur permettre de lever tout , toutes les fois qu'on leur fourniroit de la nourriture , tous ces différens mouvemens tant de fois répétés, les refroidissent nécessairement , et en font périr un certain nombre , sur-tout si on n'a pas soin de les renfermer exactement chaque fois.

7°. Tous ces mouvemens si multipliés donnent beaucoup d'appétit aux abeilles , et elles dépensent alors beaucoup plus de miel.

8°. Si toutes les fois que vous leur donnez du miel sur une assiette, qui est la méthode la plus usitée, vous n'avez pas grand soin de boucher la ruche exactement , ce que ne font cependant pas la plupart de ceux qui leur en donnent, vous les exposez à un pillage presque inévitable ; et c'est encore un des grands mérites de la méthode que je propose.

Si au contraire pour éviter le pillage , vous bouchez la ruche chaque fois, vous les empêchez alors de profiter des beaux jours qui se rencontrent précisément lors de votre opération ;

niéfff

ce qui n'arrive point dans ma méthode, ou ne peut y arriver qu'une fois.

Enfin je dois premièrement ajouter pour ce qui regarde la nourriture des abeilles, qu'autant qu'il sera possible, on ne doit pas attendre à leur fournir de la nourriture qu'elles en manquent totalement; et qu'on doit toujours le faire quinze jours ou trois semaines avant le moment où on prévoit qu'elle pourroit leur manquer, parce qu'alors elles pourroient se trouver si affoiblies, qu'elles n'auroient plus la force de descendre au bas de la ruche pour aller chercher cette nourriture.

De plus, au printemps, lorsque les abeilles ont sorti trois ou quatre fois au lieu de vingt, on pourroit mettre avec le miel, un six ou septième d'eau, ce qui épargne la dépense. Comme alors les abeilles vont aux champs de temps à autre, l'eau ne les incommode point; c'est ce qui n'est pas le même dans l'automne, où cette composition doit rester tout l'hiver dans la ruche où elle pourroit se corrompre. C'est ce qui m'a fait vous ordonner le vin, qui par son acidité, résiste mieux à la corruption ».

M. Ducarne rapporte dans le même endroit,

les diverses manières de fournir de la nourriture aux abeilles. Comme elles ne sont point utiles
et ne peuvent s'adapter à ma manière de les
gouverner, j'ai cru devoir les passer sous silence.

CHAPITRE III.

*RÉFLEXIONS diverses de M Ducarne, sur
la manière de nourrir les abeilles, et leur
application à ma méthode de construire
les ruches.*

TOUT ce que l'auteur a dit à ce sujet peut
être fort utile pour ceux qui suivent l'ancienne
méthode, mais devient presque inutile pour la
mienne. Pour s'en convaincre on peut lire les
huitième et dixième chapitres du premier liv.
et les huitième et neuvième du second. En
adoptant ce que j'y propose, les ruches, même
les plus foibles, auront rarement besoin de recevoir leur nourriture, ou ce ne sera que dans
les années extrêmement mauvaises où la récolte
du miel aura manqué. J'ai fait voir plus haut
que pendant les froids rigoureux elles restent

tellement assoupies, qu'elles passent des semaines et des mois entiers, sans prendre le moindre aliment. En Pologne, en Suède, en Russie et autres pays du nord, les abeilles se conservent à merveille tout l'hyver, sans toucher à leurs provisions : aussi la faim n'occasionne-t-elle pas parmi elles une grande mortalité. Il n'en est pas de même en France, où le mauvais temps dure presque six mois de suite : quelques belles journées d'un beau soleil, quelques autres assez tempérées, excitent les abeilles à sortir et à prendre l'air dans l'espérance de faire un bon butin : ce mouvement réveille leur appétit, et elles consomment une grande quantité de miel, et d'autres provisions. C'est-là ce qui cause leur grande mortalité, même dans les ruches les plus peuplées, et ce que nous regardons comme la cause de la décadence de cette culture dans cet empire.

Pour peu donc que les années soient mauvaises, et que les rigueurs de l'hiver se prolongent dans le printemps, les propriétaires qui suivent l'ancienne méthode, doivent ou laisser périr les abeilles en grande partie, ou s'ils veulent les conserver, sacrifier cinq ou six livres de miel pour chaque ruche ; c'est une trop forte dépense

pense pour les cultivateurs de la campagne, sans compter la difficulté de donner cette nourriture aux mouches, et combien on expose au pillage les ruches qui sont ainsi gouvernées.

Pour remédier à tant d'inconvéniens, j'ai proposé dans les chap. 8 et 9 du second livre, une méthode simple et naturelle de gouverner les abeilles pendant l'hiver, pour les tenir dans l'assoupissement, et pour les empêcher par-là de consommer rapidement leurs provisions. Je suis convaincu qu'une de mes ruches la plus peuplée, ne consommeroit pas, pendant tout un hiver, plus de trois ou quatre livres de miel. M. Ducarne certifie qu'une des siennes en avoit à peine consommé deux livres, parce que le grand froid ayant tenu ses mouches assoupies et bien serrées les unes contre les autres, elles n'avoient pu faire une grande consommation de leurs provisions. Cela étant ainsi, en suivant la méthode nouvelle que je propose, elles n'auront besoin d'aucun secours, et elles auront assez de provisions jusqu'au temps de la récolte : il faut tout au plus un peu de miel aux ruches trop foibles, et seulement dans quelque mauvaise année.

S'il arrivoit cependant que l'on fût obligé de

leur fournir quelque secours, malgré la construction et la disposition de nos ruches, on sauroit au moins quand elles manquent de provisions, et on pourroit leur en donner, sans les exposer au danger d'être pillées.

Pour s'assurer si une ruche manque ou non de provisions, il y a un moyen très-simple : il consiste à prendre une petite broche en fer ou en bois, très-solide et bien pointue, de traverser avec cette broche dans la partie du devant de la ruche, les rayons dans leur milieu et dans leur partie supérieure : si en retirant la petite broche on voit quelques teintures de miel, c'est un signe certain que la ruche n'en manque pas : si au contraire il n'y en a point, il faut visiter la partie de derrière de la ruche, et traverser également les rayons dans la partie supérieure ; et si on trouve du miel vers le milieu, c'est que les abeilles en sont pourvues. Mais on est plus sûr encore que la ruche n'en manque pas, quand on les trouve dans la partie du devant, parce que les abeilles ayant accoutumé de remplir premièrement les rayons du fond de la ruche, et ensuite ceux du devant, elles commencent à consommer ceux-ci. Or, si en les visitant, on y trouve du miel, il est certain que ceux du fond qui sont derrière eux doivent en être encore mieux fournis.

Mais si l'on n'en trouve dans aucunes parties, ou du moins que très-peu, et que pour conserver la ruche on ne puisse se dispenser d'y en mettre, voici la manière dont on s'y prend généralement. On a une écuelle de bois ou de terre cuite non vernissée, afin que les mouches ne glissent pas : on y met une demi-livre de miel mêlé avec un peu d'eau ; on y plante de petites branches de sauge ou de thym, et entre celles-ci, une ou deux un peu plus grandes, de manière qu'il n'y ait que la moitié de ces branches qui soit enfoncée. On place dans la ruche cette écuelle avec le miel et les branches, le plus près possible des rayons. Il faut que les branches les touchent, et qu'elles puissent servir aux mouches pour monter et pour descendre, en allant prendre le miel, sans être obligées de faire de longs détours dans la ruche, ce qui les refroidiroit trop. Cette disposition leur est utile pour les empêcher de tomber dans le miel les unes sur les autres, de s'y noyer, ou de périr par la gelée ; et pour qu'une pareille ruche ne soit pas exposée à être pillée par les ruches voisines, nous choisissons une journée pluvieuse, ou le soir après le coucher du soleil.

A peine avons-nous donné le miel aux abeilles, qu'on en voit sortir plusieurs de la ruche et voltiger autour, deux ou trois minutes après. On croit à Syra qu'elles sortent ainsi pour témoigner leur joie de ce qu'il doit y en avoir dans la campagne ; mais il est plus probable qu'elles ne rodent autour de la ruche que pour voir si celles des ruches voisines ne viennent pas pour attaquer leur domicile et voler leur provisions, et pour avertir leurs compagnes. On empêche cette sortie qui auroit toujours lieu le matin ou le soir, mais sur-tout on évite que les abeilles voisines n'attaquent la ruche dans la journée, ou le lendemain, en fermant aussitôt la ruche de son couvercle et avec de la terre, après avoir placé le miel, afin que les abeilles ne puissent pas y passer. Un ou deux jours après, on retire l'écuelle, et on leur donne la liberté. C'est ainsi que je l'ai toujours pratiqué et vu pratiquer par les autres cultivateurs, sans que jamais j'aie vu de ruche pillée par les autres.

Après avoir expliqué une méthode aussi simple de fournir du miel aux abeilles, nous allons faire quelques réflexions sur ce que nous avons cité de M. Ducarne dans le chapitre précédent.

D'abord j'approuve beaucoup la pratique de donner dans une belle journée d'hiver tout le miel qu'on croira nécessaire pour conserver une ruche en bon état. C'est ce que j'ai pratiqué moi-même, quand j'ai eu des ruches foibles. Mais je n'approuve pas ce qu'il conseille, de leur donner cette provision dès le 12 ou 15 août, sur-tout lorsque la ruche est bien peuplée. Ces insectes se voyant bien fournis de provisions, et le temps étant encore chaud, se hâteroient de former des couvées et de pousser plus loin leur population, ce qui non-seulement seroit inutile, mais même nuisible à la ruche : cette plus grande population opéreroit plutôt la disette dans la ruche. La défense de donner du miel aux ruches dès le mois d'août, ne s'étend que sur celles qui ont de quoi subsister jusqu'au mois de septembre ou d'octobre ; car si elles commencent à manquer totalement dès la fin d'août, il n'y a pas de doute qu'il ne faille commencer dès lors à les nourrir, si l'on vouloit les sauver. Je croirois d'ailleurs que dans le mois d'août, les abeilles consomment moins de leurs réserves, parce que la campagne et les jardins leur fournissent encore de la nourriture.

A l'égard de la quantité de miel qu'il faut

leur donner, je n'ai pas fait attention à ce que les abeilles pouvoient en consommer par mois. On peut s'en tenir à ce que dit M. Ducarne. D'ailleurs nos abeilles consomment moins de miel à Syra, parce que les hyvers n'y sont pas aussi longs qu'en France : elles n'y ont pas besoin de courir la campagne pour trouver de la matière et de la cire avec laquelle elles puissent boucher les cellules où elles ont déposé le miel qu'on leur a fourni ; elles savent fort bien gratter les rayons pour en tirer les parcelles de cire qui leur sont nécessaires pour cette opération. On peut voir ce que j'ai dit là-dessus dans le chapitre de l'origine de la cire.

M. Ducarne dit que ce qui lui a fait conseiller de fournir aux mouches la quantité de miel dont elles ont besoin dans le mois d'octobre ou plus tard, c'est parce qu'il craint que le froid ne les empêche de prendre le miel qu'on leur offre. Je réponds à cela que je croirois plus à propos, dans le cas où les ruches auroient un extrême besoin d'être secourues, de ne leur donner cette provision de miel qu'au moment que l'on veut les renfermer pour l'hyver, comme je l'ai dit au chap. 9 du 2e. livre. On aura l'attention d'ouvrir la ruche après quelques jours, pour retirer l'écuelle. Quant à la crainte de cet auteur, que quelque gelée forte et imprévue n'empêche les abeilles de tirer parti de ce miel, parce qu'il pourroit être gelé, je réponds encore que cela ne fait rien contre ce que j'avance.

Il est certain que dans les mois de septembre et d'octobre, il y a toujours des journées tempérées et chaudes pour que les ruches puissent agir, et que s'il survient des premiers froids, ils ne pénètrent pas assez dans nos ruches pour geler le miel et engourdir les abeilles; mais en supposant que ce premier froid ne leur permit pas de retirer le miel, on pourroit chauffer un morceau de brique ou de pierre, qu'on mettroit dans la ruche, enveloppé d'un morceau de toile ou de papier : cette chaleur y entretiendroit une telle température, que les abeilles pourroient facilement transporter de leur miel, et sans aucun danger.

Il arrive quelquefois que les abeilles ne font pas usage de celui qu'on leur présente : mais bien loin de regarder cela comme un mauvais signe, c'est une preuve que la ruche n'a pas besoin de provision ; quelquefois aussi il seroit dangereux de donner du miel aux petits essaims, sans bien examiner s'ils en manquent, parce que si ces

essaims étoient bien fournis, ils abuseroient
de ce miel nouveau pour en remplir leurs
rayons, de manière à n'avoir plus de place pour
former leurs premiers convains; cela obligeroit
à attendre que la belle saison fût avancée pour
qu'elle leur procurât de quoi travailler à de nouveaux rayons, afin de former leurs couvées :
ainsi, la précaution de donner du miel aux essaims
dans ces circonstances, les reculeroit plutôt
qu'elle ne leur feroit du bien.

A l'égard des diverses manières de fournir
du miel aux abeilles, que M. Ducarne dit être
employées par plusieurs cultivateurs , j'avoue
que je n'ai jamais nourri les miennes qu'avec
un mélange de miel et d'eau : ainsi je ne déci-
derai rien sur ce point. Persuadé d'ailleurs que
l'usage du miel tout pur est nuisible à ces insectes,
sur-tout à la longue, je crois qu'on devroit plutôt mêler le miel avec de la farine , ce qui feroit une espèce de molividhe, et cette nourriture
seroit plus saine. Je me rappelle à ce sujet qu'un
de nos paysans de Syra faisoit bouillir des figues,
et qu'après les avoir bien exprimées, il en donnoit
le suc aux abeilles qui s'en accommodoient fort
bien. Cela pourroit être bon pour le moment;
mais je ne conseillerois pas d'en user long-temps.

Je rapporterai ici une observation que fait M. Lagrenée, chap. 10, paragr. 50. « Il est un cas, dit-il, où il n'est pas aisé de connoître si les abeilles manquent de vivres ou non ; c'est lorsque leur miel se candit, et devient dur au point que les abeilles ne peuvent pas s'en nourrir : si l'on s'en aperçoit, on les secourt comme les autres. » M. Lagrenée ne nous dit pas comment on connoît que le miel est gelé dans les rayons. Je crois que si, en y introduisant la petite broche dont j'ai déjà parlé, on y rencontroit de la résistance, et que l'on eût de la peine à pénétrer dans les rayons, ce seroit un signe que le miel est gelé, et qu'il faudroit alors secourir les abeilles. Mais ceci ne doit se faire que lorsque le miel se trouve gelé au printemps, après qu'on leur a donné la liberté ; car si le miel se gèle dans un autre temps, elles sont alors tellement engourdies, qu'elles n'ont pas besoin de nourriture. Au surplus, dans cette circonstance je crois qu'on pourroit se servir de la brique chauffée dont on a parlé ci-dessus.

J'ajouterai que quand les abeilles n'auroient pas un besoin pressant de miel, il n'y auroit pas d'inconvénient à leur en fournir un peu, puisque par là on avanceroit leurs couvées, et par

conséquent leurs essaims. Il seroit bon de conserver dans le temps de la récolte quelque rayon
garni, moitié de miel , moitié de molividhe et
d'eau pour la nourriture de leurs petits. L'eau ne
leur manque point au printemps ; mais dans
l'hyver la campagne ne leur fournit ni miel , ni
molividhe. Si le propriétaire leur en donne , elles
se mettent aussitôt à former des couvées en
quantité, ce qui accélère très-certainement la sortie des essaims.

Quant à la manière de mettre dans la ruche
ce rayon garni de miel et de molividhe, il suffit
de l'appuyer simplement contre les autres : les
abeilles ne tarderont pas à s'y jeter ; mais on
observera de bien fermer la ruche , afin qu'elle
ne soit pas pillée par celles·d'alentour On ne
manquera pas de retirer ce rayon au bout de
4 ou 5 jours, pourvu que les ordures qu'il y
occasionneroit ne donnent pas naissance aux
fausses teignes ou autres vers.

P. S. Nous exhortons les Amateurs à ne pas mêler
de la farine dans le miel qu'ils fournissent à leurs ruches.
Nous l'avons pratiqué cette année , et nous y avons
découvert un grand inconvénient ; ce mélange s'attache
sur les ailes , qui ne s'en débarrassent guère.

CHAPITRE IV.

Des ennemis des abeilles, et des moyens de les en garantir.

IL semble que lorsque l'on veut entreprendre de parler des ennemis des abeilles dans un pays où l'on ne peut pas connoître tout ce qui leur est nuisible, ni la manière de les en garantir, on est fondé à rapporter ce qu'en ont dit les auteurs les plus estimables ; et comme il est du plus grand intérêt pour les cultivateurs de connoître tout ce qui tend à la destruction de leurs ruches, nous ne négligerons rien pour tâcher de leur donner toutes les connoissances dont ils pouroient avoir besoin. Nous allons commencer par rapporter ce qu'on dit à ce sujet dans M. Lagrenée.

« Il est, dit-il, plusieurs animaux nuisibles aux abeilles. Depuis le commencement de novembre jusqu'à la fin de mars, leurs ruches sont exposées aux incursions des souris, mulots, mésanges et autres. Le dégât que ces animaux y font, est quelquefois capable de faire périr une ruche. »

« M. Ducarne, ou plutôt son voisin, ajoute que ces animaux là font une si cruelle guerre aux abeilles, que quelquefois ils détruisent la sixième partie d'un rucher. J'en parle, dit-il, sciemment, la chose m'étant arrivée à moi-même, et il ne se passe encore guères d'hyvers que quelques-unes de mes ruches n'en soient endommagées. Les araignées étendent leur toile le long des ruches et du rucher, et en attrappent aussi quelques-unes de temps en temps. J'ai vu aussi de gros crapauds qui se portent à l'entrée des ruches, et qui les avaloient dru comme mouches; ils en faisoient passer quelquefois dans leur gosier plus d'une demi-douzaine à la fois (1).

_____

(1) J'ai peine à comprendre comment un crapaud pourroit faire tant de ravage parmi les abeilles, et comment il pourroit s'acharner à la chasse de ces insectes, ainsi que le dit ici M. Ducarne. Que le lésard, comme plus léger et plus agile, poursuive les abeilles sur les murailles, rien de plus naturel ; mais qu'un animal lourd comme le crapaud fasse la guerre à des mouches, cela est contre toute vraisemblance, encore moins si l'on considère la disposition des ruches dont on se sert en France, lesquelles sont sur des pieux ou sur

Aussi je ne leur fais point de quartier, et tout
autant que j'en trouve dans mon jardin, je les
assomme. Quand c'est le temps des essaims, où
il y a beaucoup de mouches à l'entrée des ruches, les drôles se cachent dans les herbes ou
dans quelque trou auprès du rucher, pour
venir les gober au soir, quand il n'y a personne pour y prendre garde ; mais je les
soigne, et je sais bien aussi les aller trouver
dans leurs niches. Vous ne croirez point combien ces drôles là en mangent. Si on n'y prenoit
garde, un gros drôle comme cela avaleroit

---

des tablettes que le crapaud ne peut certainement pas
escalader. Au reste ceci ne pourroit avoir lieu tout au
plus que dans certains endroits où l'on a l'habitude de
placer les ruches presque contre terre. Ce que dit M.
de Bomare à ce sujet est plus raisonnable. « Les lésards,
« grenouilles, crapauds, mangent les abeilles, quand
« ils peuvent les attraper ; mais ils en attrapent si peu
« dans une année, qu'ils ne font pas grand tort aux
« ruches. » En effet je ne crois pas que ces sortes d'ennemis soient fort à craindre pour les ruches élevées sur
des pieux ou sur des tablettes. Quoiqu'il en soit nous
ne craignons pas de dire que même à cet égard nos ruches
ont sans contredit beaucoup d'avantages sur celles de
France.

bien trois ou quatre cents mouches en une soirée. »

« Malgré la chasse et les piéges (c'est toujours le voisin de M. Ducarne qui parle), que tendent aux renards les gardes-chasse de M. notre seigneur, diriez-vous, monsieur, que ces vauriens de renards mangent aussi bien les abeilles que les poules. C'est sur-tout au miel qu'ils en veulent. Pendant deux ans il y en a eu un qui est venu chaque hiver me culbuter deux ou trois ruches, et prendre ce qui s'y trouvoit. J'y ai mis du pain pour l'amuser ; j'y ai mis du poisson pour l'attraper ; point : le drôle laissoit là tout cela, et alloit tout droit à mes ruches. Voyéz comme cela est malin ; il n'a garde d'y venir en été, où les mouches ont toute leur vigueur, parce qu'il sait bien comme elles le recevroient. Au reste les souris le savent aussi bien que lui, car elles ne s'y frottent guères non plus que pendant l'hiver. On m'a dit que les putois s'en mêloient aussi. »

M. Ducarne instruit ensuite son voisin sur les moyens de détruire ces animaux, et de préserver les abeilles de leurs persécutions. « Savez-vous, dit-il, mon voisin, comment je m'y prends contre tous ces animaux si malins ? Au lieu d'a-

voir, comme vous, des ruches de paille ou d'o-
sier, je fais faire les miennes en bois, et j'en
ferme l'entrée en hyver, de façon que ni les
rats ni les souris ne puissent y entrer, et alors
je n'ai point peur d'eux. Je ne crains pas même
les renards, que la porte de mon rucher empêche d'y entrer; mais quand mes ruches seroient
au milieu du jardin, les quinze ou dix-huit liv.
pesant de pierre que je mets dessus, suffiroient
bien pour les empêcher de les culbuter, à moins
qu'ils n'aient les reins forts. Comme vous n'avez
point encore de ruches de bois, pour vous débarrasser des souris et autres engeances de cette
espèce, servez vous du moyen dont je me ser-
vois quand j'avois des ruches de paille. Vous
avez vu la louvière ou fosse à loup que les gardes-chasse font pour y prendre les loups. Cette
fosse est couverte d'une espèce de porte, en forme
de bascule, qui cède au moindre poids. On met
au milieu de cette bascule une bête morte ou
vivante : les renards, ou les loups, venant pour
l'y prendre, tombent dans la fosse, et sont pris.
Vous n'avez, mon voisin, qu'à faire précisément
la même chose pour les rats, souris, mulots et
autres animaux. Les mésanges même s'y prendront, car elles viennent roder souvent dans le

rucher pendant l'hyver. Un grand pot de terre creux et large fera votre affaire : après l'avoir enfoncé à fleur de terre, vous ajusterez sur son embouchure une petite bascule de bois très-mince, au milieu de laquelle vous attacherez avec un clou un morceau de lard grillé. En voulant l'aller prendre, ils seront pris eux-mêmes. Un peu d'eau que vous aurez mis dans le pot, les y noiera en peu d'instans. »

« L'avantage de cette méthode sur toutes les autres, consiste en ce que sans qu'il soit besoin que vous y regardiez, que tous les huit jours, il peut s'en prendre une douzaine qui tomberont dans le pot l'une après l'autre, parce que cette bascule baisse, et se remet ensuite dans sa situation naturelle, quand un de ces animaux y est tombé. J'en ai trouvé jusqu'à quinze dans un pot ; et je ne doute point que si on multiplioit ces souricières dans les campagnes couvertes de grains, on ne parvînt à y détruire la plus grande partie des souris qui les ravagent. »

J'ai cru devoir rapporter ce passage, pour faire connoître combien nos ruches en terre cuite sont supérieures, avec leurs couvercles de la même matière ou en fer blanc ; car en les plaçant dans une muraille, comme je l'ai prescrit dans le VI.ᵉ chapitre

chapitre du IIe. livre, et en les y cimentant, elles s'y trouvent à couvert de toute espèce d'attaque. Je défie les rats, les renards et les mulots de leur faire aucun dommage : ces animaux d'ailleurs ne sont à craindre qu'en hiver, et c'est précisément dans cette saison que les ruches seront mieux fermées que jamais. Quand elles seroient même à découvert, pourvu qu'on ait soin, comme je l'ai dit, de boucher le tour du couvercle avec de la terre, et de ne laisser que les trous nécessaires pour qu'elles puissent respirer, et pour leur procurer dans l'intérieur de la ruche une fraîcheur qui les tienne assoupies; avec ces précautions on peut être assuré que rien ne pourra leur nuire. Des ruches ainsi construites résisteroient même à des ours. On sait le dégât que ces animaux font en Pologne, en Russie et dans d'autres pays septentrionaux (1), et combien les propriétaires de ruches

_____

(1) Les forêts dont la Lithuanie est couverte, sont remplies de mouches dont le miel devient la pâture des ours, qui en sont très-friands. Les Gentilshommes qui habitent cette contrée se font un amusement cruel de la passion de cet animal pour le miel. Ils enferment un chat, le plus gros qu'ils peuvent trouver, dans un très-petit tonneau qu'ils frottent extérieurement de miel;

emploient de moyens pour les préserver de leur rapacité. J'ai d'autant plus lieu de croire que mes ruches seroient garanties de ce terrible ennemi, que jamais les ours n'ouvrent la ruche pour prendre le miel, tant ils craignent la piquure des abeilles : ils l'enlèvent toute entière et la jettent à terre pour la fracasser ; ou bien, ils la prennent dans leurs pattes, et la portent dans la mer, si elle n'est pas éloignée, dans une rivière ou dans un étang ; ils l'y plongent jusques à ce que les mouches soient noyées, et ensuite

---

ils y laissent un trou par où l'animal peut passer sa patte. On met ensuite le baril, ainsi disposé, au milieu de cette enceinte de planches, nommée *palkan*, qui entoure leurs maisons. On déchaîne l'ours, qu'ils sont dans l'usage d'élever chez eux, par une espèce de luxe. A peine cet animal est en liberté, qu'il court vers le petit tonneau pour en lécher le miel. Le malheureux chat, croyant que l'ours veut le dévorer, lui donne des coups de griffe sur la langue. Mais rien n'est capable de décourager l'ours : bientôt il devient furieux, et il presse inutilement le baril contre sa poitrine pour l'écraser. Comme il voit que ses efforts sont inutiles, il le jette en l'air à différentes reprises : le petit tonneau se brise, et l'ours met le chat en pièces. *Cette note est de M. Pingeron, qui a demeuré très-long-temps en Pologne.*

ils en dévorent le miel tout à leur aise. Les ruches seront donc en sureté, toutes les fois que les ours ne pourront pas les ôter de leur place.

« Les abeilles ont encore d'autres animaux, « dit M. Lagrenée, qui leur font beaucoup de « tort : ce sont les oiseaux. Cependant cette « espèce d'ennemis est plus à craindre l'été que « l'hiver : les martinets, les hirondelles, les « moineaux (1), les martins-pêcheurs et autres « oiseaux se nourrissent en partie d'abeilles, eux « et leurs petits. Les uns les attrapent en vo-

(1) « On accuse, dit M. Duchet, les moineaux d'être destructeurs des abeilles; je consens d'autant plus volontiers à leur proscription, qu'ils sont très-nuisibles à la denrée de première nécessité, je veux dire au froment. Je pose en fait qu'un moineau détruit plus de trois onces de grain en un jour : dans l'espace de quatre à cinq mois, depuis les premiers épis jusqu'à ce que le blé soit récolté, ils font un dommage au moins de cinq livres par mois, par tête. Celui qu'ils empêchent de mûrir pour l'avoir becqueté trop tôt, ou celui qu'ils font tomber lorsqu'il est mûr, peut être évalué au quart; c'est donc une grande mesure de froment pour chacun de ces oiseaux. Qu'il y ait deux mille villages dans les deux districts de Fribourg et de Berne, et cinquante moineaux dans chacun, ce sera cent mille mesures de froment enlevées aux habitans. Quel dégât ne doivent-ils pas faire dans un

« lant, les autres tout près des ruches. Il est
« impossible de remédier à cet inconvénient ;
« outre qu'il est vraisemblable que la Providence
« a destiné une partie de ces insectes pour servir
« de nourriture à ces oiseaux. Si l'on veut em-
« pêcher d'approcher des ruches ceux qui ont
« coutume de le faire, on apprend de jeunesse
« aux chats de la maison à fréquenter souvent
« le jardin : ils leur donneront souvent la
« chasse. »

Si l'on en croit M. Ducarne, les poules man-

---

royaume comme la France ! il est incalculable. Il seroit
digne de ceux qui sont à la tête de l'administration, de
porter leurs regards sur cette perte immense, et de
prendre les mesures les plus efficaces pour la destruction
totale de ces oiseaux. »

Les Turcs, bien loin de les détruire, favorisent leur
multiplication. On ne bâtit pas à Constantinople de maison un peu considérable, qu'on n'y élève dans la partie
supérieure un logement pour les moineaux : il est composé de plusieurs étages et distribué en petites chambres,
pour qu'ils y fassent leur nid ; on donne même à ces petits
bâtimens une forme extérieure fort élégante. Si les oiseaux ne trouvoient pas dans les rues, sur les quais et les
places, et sur-tout dans les greniers et moulins de Constantinople, une subsistance abondante, ils ruineroient
les campagnes.

gent aussi les abeilles et les engloutissent comme du grain. « Il faut donc éviter d'en tenir à portée « ni près de l'endroit où vont les poules , ou « du moins il faut écarter les poules du lieu où « sont les ruches. »

« Les fourmis sont encore contraires aux « abeilles, elles aiment passionnément leurs pro- « visions. Elles s'accommodent même très-bien « du couvain. Quand j'ai quelque couteau où « il s'en trouve , dit M. Ducarne , je le pose « dans le jardin, et le lendemain je n'y en trouve « plus. »

A Syra , les fourmis ne détruisent pas les abeilles , quoiqu'elles y soient très-fortes, et que les ruches soient placées fort près de terre. J'y en ai vu quelquefois qui ne s'y occupoient qu'à ramasser ce qui tomboit du travail des mouches, sans jamais attaquer les rayons. La crainte des abeilles les empêche sans doute d'y toucher (1). Si celles-ci abandonnent leur demeure, les four- mis ne manquent pas de s'en emparer et de

(1) « M. de Réaumur croit, dit l'Encyclopédie métho- « dique , que les fourmis , quoiqu'elles aiment le miel , « n'osent pas entrer dans une ruche habitée , tant qu'elle « est vigoureuse. »

ruiner toutes les provisions qu'elles y trouvent;
je ne leur connois pas d'autres torts à l'égard
des ruches. Il seroit cependant avantageux de
détruire les fourmilières qui se forment dans
le voisinage des abeilles, pour en garantir les
ruches qui sont posées sur des pieux. M. Lagrenée conseille, si l'on s'aperçoit que les fourmis
les incommodent, de faire un mortier liquide,
composé de suie et d'urine, et d'en enduire ces
pieux qui portent les tablettes et le dessus des
ruches près de la poignée.

Le lézard, dit M. Ducarne, est accusé aussi
de manger les abeilles. Il est vrai que dans notre
île, où il est très-commun, il leur nuit beaucoup. Il se porte près des trous qui servent de
passage aux abeilles, et il les saisit avec une
agilité et une adresse inconcevable. Il y en a
une autre espèce qui fait encore plus de ravages.
Ceux-là ont environ un pied de long et sont de
couleur verte : ils sont heureusement assez rares,
sans quoi ce seroient les ennemis les plus redoutables des abeilles. Quand nous apercevons
ces reptiles autour des ruches, nous nous hâ-
tons de les détruire ; car le moindre retard les
exposeroit à être entièrement dévastées. C'est
à coups de fusil, ordinairement, que nous nous

en débarrassons, ceux de cette espèce étant très difficiles à approcher.

« Je ne parle pas, dit M. Lagrenée, des guêpes « frelons, poux et autres insectes contraires aux « abeilles, c'est à elles de s'en débarrasser. Il « n'est pas possible de le faire à leur place : les « remèdes que l'on tenteroit d'y apporter, s'ils « ne leur étoient pas nuisibles, leur seroient au « moins inutiles, par l'ignorance où nous sommes « de ceux qui sont capables de les en préser- « ver. » M. Ducarne ajoute sur les guêpes : « ces « sortes d'ennemis se contentent d'attaquer les « abeilles en détail et par trahison, en les sur- « prenant en campagne, ou à l'entrée de leurs « ruches. » Les guêpes que j'ai vues en France sont d'une plus petite espèce que les nôtres et en moins grand nombre : dans le Levant elles sont les plus cruelles ennemies de nos abeilles, et il y en a une quantité si prodigieuse, qu'elles dévorent quelquefois nos fruits, sur-tout nos figues et nos raisins, et qu'elles incommodent beaucoup les paysans, lors de la vendange et lorsqu'ils veulent faire leur vin.

En été, les guêpes font la guerre aux abeilles, avec moins d'acharnement toutefois qu'en sep- tembre et en octobre, après la récolte du miel;

mais lorsque la campagne ne fournit plus aux guêpes de quoi vivre, les attaques se renou-vellent avec la plus grande furie, et les deux armées sont si nombreuses de part et d'autre, et la boucherie si cruelle, qu'on trouve jusqu'à cent et deux cents guêpes tuées en dedans et en dehors de la ruche, sans qu'on puisse calcu-ler le nombre des morts, du côté des abeilles, parce que les guêpes, de même que les Canni-bales, emportent les cadavres de leurs ennemis et les dévorent. Si les propriétaires ne portent pas du secours à leurs ruches, quelque peuplées qu'elles soient, les guêpes finissent ordinaire-ment par s'emparer de la place et forcent les abeilles à abandonner leur habitation et leurs provisions, dont il ne reste pas ensuite le moindre vestige.

Ce n'est pas que l'on puisse accuser les abeilles de poltronnerie. Elles montrent dans cette guerre un courage incroyable et un zèle ardent pour la conservation de leur république. On est étonné de voir ces petits insectes oser se présenter de-vant des ennemis bien plus forts et mieux armés qu'eux : il faut qu'ils soient bien redoutables pour les guêpes ; car celles-ci ne les attaquent jamais que par derrière. Quand elles les ont tuées, elles les emportent et les mangent en s'envolant.

La multiplication des guêpes suit assez celle des abeilles. Si les guêpes abondent, c'est que les abeilles prospèrent, ce qui est heureux pour la conservation des ruches; car si les premières augmentoient en nombre, au moment que les autres sont mal peuplées, la destruction des abeilles seroit universelle.

En bouchant si exactement toutes les fentes des ruches, qu'il ne puisse rester qu'un seul passage pour les abeilles, nous les préservons d'une perte totale. D'ailleurs, si l'on voit que les guêpes s'obstinent à assiéger la ruche, on n'y laisse qu'une petite ouverture pour le passage de l'air. Nous aimons mieux renoncer au petit secours que les abeilles pourroient retirer de la campagne, pendant les mois de septembre et d'octobre, que de les exposer au danger évident d'être ruinées et saccagées par les guêpes.

M. Ducarne à ce sujet parle ainsi à son voisin : « Vous aurez soin de détruire autant de leurs « nids que vous en trouverez. C'est le moyen « le plus court et le plus sûr. Vous pouvez « cependant mettre un peu d'eau et de miel « dans une bouteille de verre, et la poser,

« vers le soleil couchant, dans quelque endroit.
« Ces insectes entreront dans la bouteille et s'y
« noieront : cet expédient en détruit beaucoup.
« Vous ôterez les bouteilles pendant le jour,
« de crainte que les abeilles n'y aillent aussi. »

Je croirois même qu'on pourroit laisser la bouteille le jour, parce que, s'il y est entré des guêpes, les abeilles ne s'y arrêteront pas ; car, si nos insectes ont le plus grand courage pour la guerre défensive, elles n'en commencent point une offensive qui ne soit juste, vu l'inégalité de leurs forces.

Il y a un moyen sûr de détruire les guêpes, mais que l'on n'emploie pas généralement, à cause des suites fâcheuses qu'il pourroit avoir. Comme les guêpes sont carnivores, on saupoudre d'arsenic un foie de bœuf, et on le jette auprès de la ruche qu'elles attaquent; toutes celles qui en mangent périssent sur le champ.

M. Ducarne propose un autre moyen de détruire leurs nids; c'est en brûlant tout l'intérieur de leur habitation, ou en jetant de l'eau bouillante sur leurs nids, quand ils sont à terre. Quant à nous, lorsque nous voulons les brûler, nous allumons, de bon matin, un grand feu devant leurs nids, avant qu'elles soient sorties : ensuite,

avec un bâton un peu long , nous les tourmen-
tons si fort , qu'elles sont obligées de sortir.
A mesure qu'elles paroissent , elles se brûlent
les ailes et tombent dans le feu. Il n'est pas nécessaire de prévenir qu'il faut prendre quelques
précautions pendant cette opération , pour ne
pas être piqué par ces insectes.

On se sert encore d'un expédient plus prompt et
plus commode, c'est de tuer les femelles au printemps. On sait qu'au commencement de cette
saison, elles font leur nid , seules et sans le secours des mâles : ainsi , en détruisant la femelle ,
on détruit un nid qu'elle a quelquefois commencé, ou rempli de couvées , ou qu'elle n'auroit
pas tardé à construire. Les guêpes ont besoin
d'eau , comme les abeilles , pour préparer la
nourriture de leurs petits , et peut-être aussi
pour la fabrique de leurs rayons ou de leur
domicile. En se tenant le matin auprès d'un
ruisseau ou d'une fontaine, on les voit s'en
approcher ; et avec une branche un peu forte
de quelque arbrisseau, comme de lentisque ou
de laurier sauvage , on les tue facilement : et
comme on croit chez nous qu'il n'existe alors que
des femelles , autant on en tue , autant on est
censé détruire de nids.

Après ce détail sur les guêpes, et sur la manière de défendre les abeilles de leurs attaques, nous citerons M. de Bomare, qui s'exprime ainsi : « Les voyageurs disent que plusieurs de « nos îles de l'Amérique manquent d'abeilles, « parce que les guêpes y sont en si grand nom- « bre, qu'elles les détruisent toutes. «

Je ne crois pas qu'il y en ait plus en Amérique qu'à Syra ; et cependant, au moyen des ruches de terre cuite, nous n'en perdons pas une seule par les guêpes.

« Dans ce pays-ci, les guêpes ne font pas « ordinairement un si grand ravage. Cependant « l'année de 1767 n'a été que trop favorable à « la multiplication des guêpes ; aussi ces mou- « ches ont-elles fait beaucoup de tort dans les « ruches. Elles sont d'abord venues en piller « quelques-unes : les abeilles qui les habitoient « ont cherché à se réfugier dans d'autres ruches, « mais les anciennes habitantes leur en ont dis- « puté l'entrée. Il s'est livré de sanglans com- « bats, où il est péri une multitude de mouches : « ainsi les guêpes ont été doublement fatales aux « abeilles. On a éprouvé aussi dans les jardins « le tort que les guêpes ont fait aux fruits ; ce « qui confirme ce que j'ai dit ci-dessus, que les

» guêpes font beaucoup de tort chez nous aux
« biens de la terre. »

« L'ennemi le plus redoutable des abeilles
« dans l'hiver, ajoute M. de Bomare, est le
« mulot. En une nuit d'hiver, lorsque les abeilles
« sont engourdies par le froid, il est capable
« de détruire la ruche la mieux peuplée. Il ne
« leur mange ordinairement que la tête et le
« corselet. Feroit-il le même traitement aux
« oiseaux ? Ce qu'il y a de certain, c'est qu'on
« trouve quelquefois les petits de l'alouette
« commune étalés sur les bords du nid, et aux-
« quels il ne manquoit que la tête et le cou.
« Les abeilles, principalement les vieilles, sont
« sujettes à avoir une espèce de pou qui est de
« la grosseur d'une tête d'épingle et de couleur
« rougeâtre : il s'attache sur leur corselet ; sa
« trompe est propre à s'introduire dans les
« écailles, mais il ne paroît pas incommoder
« beaucoup les mouches. Cependant, comme
« ces poux ne s'attachent qu'aux vieilles, on n'a
« pas bonne idée d'une ruche dont la plupart
« des mouches en sont attaquées. »

Je pense que M. de Bomare est le seul auteur
qui ait parlé des poux. A Syra., ils attaquent nos
ruches foibles et mal peuplees, vieilles et jeunes;

et elles périssent bientôt, si le propriétaire ne leur donne pas de secours. Il arrive cependant, lorsque l'année est bonne, et que la ruche a acquis de la force, qu'elle se délivre de ces insectes incommodes, et qu'elle prospère ensuite: dans le cas contraire, les cultivateurs, pour sauver leur ruche, doivent y faire entrer un petit essaim. Quand elle est ainsi renforcée, les abeilles profitent de ce nouveau secours pour s'en débarrasser entièrement. Il est constaté qu'une ruche bien peuplée parvient toujours à se délivrer de ses ennemis. Observons encore qu'elle est quelquefois tellement attaquée de ces poux, qu'on en voit jusqu'à trois ou quatre sur une seule abeille, et que la reine n'en est pas toujours exceptée. J'ai pris plaisir plus d'une fois à attendre mes mouches, lorsqu'elles entroient dans les ruches et qu'elles en sortoient, pour détacher avec une petite baguette cette vermine de leur dos. Mais avec un moyen si foible, on ne peut pas beaucoup détruire de ces ennemis. Nous finirons ce chapitre par un avis que donne M. Lagrenée. « Il est d'une « extrême importance, dit-il, d'écarter les pour- « ceaux des jardins où sont les ruches : ces « animaux les bouleverseroient toutes ; et si

« c'étoit en été , ils pourroient y périr , aussi-
« bien que celui qui viendroit au secours de ses
« abeilles. Un homme de ma connoissance , à
« qui ce malheur arriva , eut bien de la peine
« à y remédier ; et ce ne fut qu'au risque de sa
« vie qu'il se débarrassa , ainsi que son animal ,
« des cruelles attaques que leur livrèrent les
« abeilles irritées. »

Il faut également éloigner les chevaux et les
autres animaux , et sur-tout les brebis , qui
font un grand tort aux abeilles. J'ai rapporté,
dans divers endroits de cet ouvrage , des faits
qui prouvent combien il est important de prendre cette précaution. On peut voir, à ce sujet,
le chap. I du IIIe. livre.

CHAPITRE V.

DES Maladies des abeilles , et de la manière
de les soigner , quand elles en sont atta-
quées.

D'APRÈS tout ce que j'ai exposé jusqu'à présent
sur ce qui concerne les abeilles, on peut juger
que l'on a dans l'île de Syra des lumières et des

connoissances particulières sur cette partie de
l'économie rurale ; mais je dois avouer que nous
nous sommes peu occupés des maladies de ces
insectes, et, par conséquent, de la connoissance des remèdes qu'il faudroit y apporter.
Lorsque nos ruches furent attaquées, il y a
quelques années, d'une épidémie dont je parlerai dans le chapitre suivant, nous nous trou-
vâmes si embarrassés, que nous les vîmes presque toutes périr, sans pouvoir les sauver. Je
ne ferai donc que rapporter ce que j'ai trouvé
de plus sensé à ce sujet, dans les auteurs que
j'ai lus, en y ajoutant quelques réflexions.
M. Lagrenée croit que ces insectes sont effectivement sujets à diverses sortes de maladies;
« mais, comme il est très-difficile, dit-il, pour
« ne pas dire impossible, de savoir quelle en est
« la nature, les remèdes qui y sont propres,
« ainsi que le temps et la manière de les leur
« appliquer avec succès, j'estime que le plus court
« est, quand une ruche ne fait pas comme il
« faut, de la vendre ou exploiter, quand la saison
« est venue, plutôt que de s'obstiner à la gar-
« der, et avoir le déplaisir de la voir périr à la
« fin, malgré tous les soins. Au reste, les pa-
« niers forts auxquels je conseille de s'en tenir,

(on

(on peut voir ce que j'ai rapporté de M. Lagrenée, dans les quatre derniers chapitres du premier livre) « pour passer l'hiver, ne sont pas
« sujets à être malades ; et si on leur laisse l'air
« libre tout autour par le bas, on est sûr que les
« abeilles y seront délivrées des deux fléaux qui
« leur sont les plus funestes, je veux dire la
« disette de vivres et le défaut d'air pur. »

Je conviens qu'il est difficile de connoître la
nature de plusieurs maladies des abeilles, et leur
cause ; dès-lors ce ne sera pas sans difficulté
qu'on pourra trouver le moyen de les guérir.
Mais ne doit-il pas suffire que la chose ne soit
pas impossible, pour encourager les cultivateurs
à faire en sorte d'y parvenir à force d'expériences, et à imiter les efforts de ceux qui ont réussi
à prolonger la conservation des autres animaux
utiles ? Je sais qu'un cultivateur qui possède une
certaine quantité de ruches, feroit mieux de se
délivrer tout d'un coup de celles qui ne donnent
pas grand espoir ; mais celui qui en a peu, et
qui voudroit en tirer des essaims pour former
un rucher proportionné à sa propriété, auroit
besoin de trouver des moyens pour conserver ses
ruches foibles, ou celles qui sont malades. Je
crois qu'en suivant exactement les conseils que

les meilleurs auteurs ont donnés à ce sujet, on viendroit à bout de sauver ses abeilles. Si M. Lagrenée se flatte que les cultivateurs, en observant les règles qu'il leur donne sur le gouvernement des abeilles, en retireront de grands avantages pour leur conservation, je crois pouvoir espérer aussi que les amateurs, en pratiquant ce que j'ai prescrit pour les bien conduire pendant toute l'année, et sur-tout pendant l'hiver, les délivreront des deux fléaux les plus redoutables, la disette de vivres et la corruption de l'air. Non-seulement leurs ruches se maintiendront saines et vigoureuses pendant dix, quinze et vingt ans, mais elles se multiplieront à un tel excès, qu'ils ne sauront qu'en faire. La principale maladie, et la plus connue de celles auxquelles les abeilles sont sujettes, c'est le flux de ventre ou dévoiement, qui, sur-tout au printemps, attaque les plus foibles et les plus mal constituées.

Cette maladie est contagieuse, et elle fait périr quelquefois une ruche entière. Voici comment elle se communique, d'après M. Ducarne. Dans l'état naturel, il n'arrive pas que les excrémens des abeilles, qui sont toujours liquides, tombent sur d'autres abeilles, ce qui leur feroit un grand mal. Dans le dévoiement cet inconvénient arrive, parce que les abeilles n'ayant pas assez de force pour se mettre dans une position convenable les unes par rapport aux autres, celles qui sont au-dessus, laissent tomber sur celles qui sont au-dessous une matière gluante qui leur bouche les organes de la respiration. Or ; si on se rappelle ce que nous avons dit au chapitre premier du quatrième livre, sur les organes de la respiration des abeilles, d'après M. Geer, on verra qu'il est très-important de porter remède à cette maladie. Quoi qu'il en soit de la facilité avec laquelle elle se communique aux abeilles, nous n'en connoissons point les ravages dans le Levant. Tout ce que nous observons quelquefois dans nos ruches, c'est une matière un peu moins dense que la molividhe, mais à peu près de la même couleur, et dont les abeilles se déchargent sur le couvercle et sur les parois intérieures : les rayons n'en sont jamais souillés, au moins ne m'en suis-je jamais aperçu ; mais je puis assurer que ni moi, ni aucun de nos cultivateurs, n'avons jamais perdu une ruche par cette maladie. Le flux de ventre des abeilles a été occasionné par diverses causes, dit un auteur moderne ; il a été attribué, par les uns au miel nouveau qu'elles mangent l'hiver ; par les autres au défaut de cire brute, c'est-à-dire de molividhe, dont elles manquent, et qu'on regarde comme une partie essentielle de leur nourriture, sentiment qui est aussi celui des cultivateurs de l'île de Syra ; par d'autres aux fleurs de tithymale, d'orme ou de tilleul, sur lesquelles elles vont chercher le miel. Aucune de toutes ces assertions n'est prouvée : le seul fait qui mérite attention, est une expérience de M. de Réaumur. Ce savant observateur a nourri de miel seulement, pendant un certain temps, des abeilles qu'il tenoit renfermées : elles ont toutes été attaquées du dévoiement ; mais ce dévoiement est-il dû à la privation de cire brute, ou au principe de cette maladie qui s'est développée pendant l'expérience, ou à l'air altéré que les abeilles ont respiré, étant ainsi renfermées ? voilà ce qui n'est pas éclairci par l'expérience de M. de Réaumur. « Mais je croirois « plutôt, dit M. Ducarne, que cette maladie « ne leur vient que d'avoir été trop long-temps « renfermées dans leur ruche ; car je n'ai jamais « vu mes abeilles et celles de mes voisins, atta- « quées de cette dangereuse maladie, qu'à la « sortie de l'hiver et au commencement du prin-

« temps. Deux raisons me confirment dans cette
« idée : la première, qu'après l'hiver, dans les
« deux ou trois premiers jours de leurs sorties,
« on les voit se vider toutes, et se débarrasser
« d'une espèce de bouillie d'un rouge jaunâtre,
« dont elles ont toutes le ventre gros et rempli.
« Ceci me semble d'autant plus probable, que
« pour peu de temps qu'elles aient été renfer-
« mées, ne fût-ce que pendant quinze jours,
« une bonne partie des ruches se vide d'elle-
« même. Il n'y a de différence que du petit au
« grand : elles en jettent moins alors. » Je crois
donc que celles qui sont attaquées de dévoiement, sont les abeilles les plus mal constituées,
et dont la disposition ne s'est point trouvée
assez bonne pour résister au long séjour de ces
matières dans leur corps. Cette matière s'y corrompt sans doute à la longue, et celles qui ne
sont pas d'une bonne constitution, ne peuvent
y résister, et sont attaquées de cette maladie
qu'on nomme dyssenterie. Ceci paroît d'autant
plus vraisemblable, que, dans les ruches malades, cette matière a changé de couleur, et qu'au
lieu de rouge jaunâtre, elle est devenue presque
noire et d'une odeur insupportable ; ce qui est
le plus mauvais signe pour celles qui en sont

ateintes. Alors il n'y a presque plus d'autre
remède que de les faire changer de panier ; ce
qui ne réussit pas toujours dans cette saison. (Cependant le printemps est la saison la plus propre
pour faire changer de ruches aux abeilles.)

Je ne doute pas que toutes ces causes ne puissent concourir quelquefois, ensemble ou séparément, à produire dans les ruches cette maladie ;
mais je crois également qu'elle peut arriver
aux abeilles par l'effet de quelque vice du pâturage, c'est-à-dire de quelque rouille ou
rosée pestilentielle dont les fleurs se trouvent
infectées, et par conséquent le miel et la molividhe dont les abeilles se nourrissent : c'est
le sentiment général de nos cultivateurs. Cette
opinion me paroît d'autant mieux fondée, qu'il
arrive souvent que les quadrupèdes qui paissent
l'herbe cariée ou rouillée, sont sujets au dévoiement : les hommes-mêmes qui mangent du
raisin ou d'autres fruits infectés de cette rouille,
sont attaqués de la diarrhée.

Ce que dit M. Ducarne de l'infection de l'air,
qui occasionne aux abeilles la dyssenterie, a lieu
dans les ruches dont on se sert en France ; mais
il n'en est pas de même des nôtres, parce qu'en
suivant la manière que j'ai indiquée pour leurs
couvercles, pendant qu'on les tient renfermées

en hiver, l'air y circulant continuellement, ne pourra jamais se corrompre.

Les auteurs prescrivent divers remèdes pour cette maladie ; mais nous, qui croyons qu'elle vient ordinairement de l'infection des pâturages dont se nourrissent les abeilles, nous attendons du temps leur guérison : et, puisque ce sont les vents du sud qui produisent les mauvaises rosées, il n'y a que ceux du nord qui puissent remettre les choses dans leur état naturel.

Mais, si le mal vient de ce qu'elles ont mangé trop de miel pur, le moyen le plus simple de les en guérir, c'est de leur donner un gâteau dont les alvéoles soient remplis de molividhe. D'autres conseillent de leur donner de la farine de lentilles ou de grosses féves, mêlée avec du miel et un peu de vin, et d'en former une pâte molle qu'elles puissent manger.

« On conseille même l'urine (dit M. l'abbé Tessier, Encyclop. méthod.), que ces insectes paroissent rechercher, vraisemblablement à cause des sels qu'elle contient. M. l'abbé Eloi, ajoute-t-il, vicaire général de Troyes, qui a élevé beaucoup d'abeilles, et avec bien de l'intelligence et du soin, trouvant, au retour d'un voyage, une de ses ruches dans un état de dé-

périssement qui lui faisoit craindre de la perdre , fit un mélange de deux tiers de miel et
d'un tiers de kervaser : il en aspergea l'intérieur
avec un balai de plume ; une heure après tout
se ranima, et la ruche fut sauvée. »

M. Ducarne révoque en doute la bonté de ce
remède : il est persuadé que cette maladie provient d'autres causes , ou d'une corruption de
diverses matières , et il s'exprime ainsi : « J'ai,
dit cet auteur , un autre remède qui pourroit
être meilleur , quoique dans le fond je regarde
cette maladie à peu près comme incurable. Il
en est de ceci comme du pillage que l'essentiel
est de prévenir. Pour cela , j'ai coutume de
donner à celles pour lesquelles j'ai lieu de
craindre , d'après quelques apparences , une
liqueur dont voici la composition. J'ai trouvé
qu'elle leur étoit favorable , même quand la
maladie étoit déja fort avancée : elle les fortifie,
et leur donne la force de se débarrasser de ces
usbstances nuisibles , qui ont acquis dans leur
corps un certain degré de corruption. »

« Prenez quatre pots de vin vieux , deux pots
de miel, et deux livres et demie de sucre : mettez
ensuite le tout dans un chaudron d'airain : fai-
tes-le bouillir à petit feu , écumez-le de temps

en temps , et laissez-le réduire jusqu'à la consistance de sirop : vous mettrez ensuite cette
composition dans des bouteilles que vous placerez dans la cave. On peut faire autant et si
peu qu'on veut de cette composition , en pro-
portionnant les doses selon, que l'on a peu ou
beaucoup d'abeilles à entretenir. »

« Au lieu de cette composition , vous pouvez
vous contenter de leur donner du miel avec un
peu de vin vieux mêlés ensemble , et que vous
ferez chauffer jusqu'à ce que le tout soit bien
liquide : vous vous contenterez de l'écumer
grossièrement. Toutes les fois que vous leur
donnerez de l'une ou de l'autre de ces deux
compositions, vous la ferez chauffer un peu,
pour qu'elle soit tiède en la leur donnant. Vous
ferez la même chose pour toute autre espèce de
liqueur que vous leur donnerez. »

Outre ces recettes , M. Ranconi , auteur italien , en ajoute une autre : « On remédie , dit-
il, au dévoiement des abeilles , en mettant de
l'urine fraîche dans de petites assiettes autour
de la ruche , et en les parfumant avec de l'u-
rine chaude ; ou en leur donnant du moût ou de
très-bon vin doux , bouilli avec du sucre , du

clou de girofle et de la muscade, ou du miel bouilli dans une quantité d'eau double, avec des roses sèches, en mettant dans la même écuelle un morceau de laine ou de toile blanche, afin que les mouches ne puissent pas s'y noyer. On peut même prendre des écorces de grenades, broyées et passées au tamis, et mêler le tout dans du miel et du vin doux, et le leur donner à sucer. »

Ranconi conseille encore, lorsque les rayons sont attaqués de la moisissure, de les parfumer avec de l'encens, de la centaurée et autres herbes odoriférantes. Il faut cependant avoir soin d'enlever auparavant les parties des rayons les plus gâtées.

Avant de terminer ce chapitre, je veux ajouter quelques particularités, tirées du Mémoire sur les abeilles de M. l'abbé Bienaymé, lesquelles ont paru propres à intéresser les amateurs de ces insectes.

Selon ma manière de voir, je suis plus que convaincu que toutes les maladies des abeilles viennent principalement de la mal-propreté qui se trouve dans les ruches, ou de ce que ces petits animaux mangent la cire (*molividhe*) et le miel, qui y a séjourné plusieurs années, et acquis un mauvais goût (1). La preuve de ce que j'avance, c'est que, même dans les ruches en forme de clocher, on n'a jamais vu mourir de maladie un essaim de l'année, bien fourni de nourriture : je dis bien fourni de nourriture, parce qu'un grand nombre de ces essaims ne périssent que pour être venus trop tard, et parce qu'ils n'ont pas un temps assez favorable pour s'approvisionner. Ainsi ils sont morts de faim,

_____

(1) J'ai remarqué ailleurs que notre miel du Levant a plus de corps, et par conséquent il peut se conserver plusieurs années, soit dans les rayons mêmes des ruches, soit dans des vases, sans s'altérer et sans perdre son goût : au contraire le miel de ces pays a moins de corps, et est chargé d'une substance aquatique. Dans un pot qui contenoit neuf à dix livres de miel, que j'avois retiré tout pur des rayons de l'année passée, je me suis aperçu, au printemps de cette année, que la couche supérieure de ce miel, d'environ deux livres, étoit presque aussi liquide que l'eau, pendant que le reste étoit tout grené. Il peut se faire que cette partie liquide soit celle qui, à la longue, altère le miel (sur-tout dans les ruches, à cause de la chaleur), et qui lui donne des qualités nuisibles à la santé des abeilles, comme le dit notre auteur.

ou ils ont été forcés de ne vivre que de cire, ce qui leur occasionne le dévoiement , et les affoiblit au point que, s'ils parviennent jusqu'à la belle saison , ils n'ont pas assez de force pour aller chercher une nourriture plus convenable.

Mais, pour obvier à ces inconvéniens , voici les précautions dont je me sers. Avant l'hiver, je m'assure si mes paniers sont bien fournis de miel et de cire : il n'y a rien de plus facile, puisqu'il suffit pour cela de les soulever très-doucement. Ceux qui sont lourds , je les grille et les enduis , pour n'y plus toucher jusqu'au printemps ; ceux au contraire qui sont légers, j'examine avec attention s'il y a des abeilles de-dans. Quelque petit nombre qu'il y en ait , je mets dans l'intérieur de la ruche deux livres d'a-voine bien propre (1) ; je grille et j'enduis ma

(1) Tout étrange que me semble ce moyen de sauver les ruches foibles , en leur donnant de l'avoine, sur-tout parce que notre auteur nous dit que les abeilles , à la fin de l'hiver, ne laissent que la seule paille ; cependant je crois devoir suspendre mon jugement, jusqu'à ce que j'en aie moi-même tenté l'épreuve, d'autant plus qu'on m'a assuré que certain cultivateur étoit dans l'usage, pour sauver ses ruches encore foibles , faites de paille

ruche avec beaucoup plus de précaution que les autres, de crainte que les souris n'y entrent; et je les laisse dans cet état, jusqu'à ce qu'il arrive quelque belle journée d'hiver qui me permette de les visiter. Il faut que l'air soit assez chaud pour qu'elles sortent d'elles-mêmes : comme ces jours n'arrivent guère plutôt que dans le courant de février, lorsque je vois le soleil donner en plein sur les ruches, je débouche celles que je soupçonne foibles ; je détache de chacune d'elles un gâteau de cire pure, sur lequel je verse un peu de miel fondu avec du vin : j'en remplis les alvéoles, et je pose ce gâteau à plat dans la ruche ; je renouvelle cette manière de les nourrir, autant de fois que je m'aperçois qu'elles manquent de nourriture, selon qu'il fait chaud

---

en forme de clocher, de retirer leurs tablettes, et de les appuyer sur des tas d'avoine. On n'a pu cependant m'assurer si l'avoine qui se trouvoit sous les ruches étoit mangée par les abeilles. Lorsque j'entendis parler pour la première fois de cette particularité, je m'étois imaginé que quelque vapeur spiritueuse qui pouvoit sortir de ce tas d'avoine, soutenoit et conservoit les abeilles en bonne santé. Je tâcherai, l'hiver prochain, de faire l'expérience de notre auteur.

ou froid, et jusqu'à ce que la belle saison soit venue. Il n'est pas nécessaire de renouveler l'avoine ; deux livres suffisent pour tout l'hiver : de cette manière j'ai conduit jusqu'à la belle saison, des essaims qui, en totalité, ne pesoient pas trois livres, y compris les abeilles, la cire et le miel.

Quand on est assuré que l'hiver est passé, et que les abeilles trouvent de quoi se nourrir dans la campagne, il faut ôter tout ce qui reste de l'avoine ; ce qui n'est pas très-considérable, car elles ne laissent que la paille.

Les abeilles bien établies dans la ruche dont je parle, ne peuvent périr que dans le cas où elles manqueroient de nourriture, et qu'on n'y feroit point attention, parce que le miel qu'elles mangent n'a pas plus de dix-huit mois, ce qui ne peut leur faire aucun tort (1).

---

(1) Nos ruches, quant à leur forme cylindrique, à leur position horizontale, et à la facilité de les ouvrir par devant et par derrière, sont semblables à celles de M. l'abbé Bienaymé, dont je donnerai la description à la fin de ce volume. Ce n'est que leur matière qui est différente, les nôtres étant de terre cuite, et les autres de paille. Or, tous les avantages que M. l'abbé Bienaymé attribue à ces ruches par rapport à la conservation des

Cependant il arrive quelquefois au printemps qu'elles ont une espèce de cours de ventre. Les meilleurs remèdes, et ceux qui m'ont le mieux réussi, c'est de mettre dans chaque ruche, aussitôt que l'on aperçoit qu'elles ont le dévoiement, de la farine de grosses fèves, détrempée dans du miel et du vin, d'en faire une pâte un peu dure, et d'en placer dans chaque ruche. On peut encore prendre du sel commun qu'on pile très-fin, et en répandre dans la ruche de l'épaisseur d'une ligne et d'un pouce carré.

CHAPITRE VI.

D'une Maladie épidémique qui emporta, il y a, quelques années, les abeilles dans l'île de Syra.

«PLUSIEURS auteurs, dit M. l'abbé Tessier, parlent de la rougeole des abeilles : à ce mot on croiroit que c'est une maladie, tandis que

à
ir
le
on
st
res
mé
des

abeilles, doivent être communs aux nôtres : celles-là même doivent être plus exposées aux fausses teignes que les nôtres, ou du moins elles doivent être sujettes aux mulots et aux souris.

ce n'en est que la cause; encore, M. de Réaumur
est-il persuadé que c'est une opinion fausse.
Dans le cas dont il s'agit, la moitié d'un alvéole
est remplie d'une matière rouge, plus amère
que douce. Selon les uns, c'est une matière recueillie sur les fleurs de buis, de tilleul ou d'if;
selon les autres, c'est une espèce de miel qui
se corrompt et rend les abeilles malades, ce que
nie M. de Réaumur, assurant que cette matière
est une cire brute, (molividhe ou poussière des
étamines,) nécessaire à la nourriture,et aux ouvrages des abeilles, et qu'elle est ainsi colorée,à
cause de la nature des étamines sur lesquelles
elle est recueillie. »

On ne connoît pas cette espèce de maladie à
Syra; et j'ai été étonné d'en voir les détails dans
quelques auteurs. M. Duchet assure que la
grande quantité de molividhe dans une ruche est
d'un mauvais augure. Si cela est vrai, on ne
pourroit, selon moi, l'expliquer autrement,
qu'en disant que dans les pays froids, comme
la Suisse et autres semblables, la molividhe
peut souvent être gelée dans les alvéoles, sur-
tout dans les rayons qui ne sont pas couverts
par les abeilles pendant l'hiver; et alors, en
devenant dure et sèche, elles ne peuvent pas
aisément

aisément la consommer : elle reste donc très-long-temps dans les alvéoles, ce qui doit la corrompre à la longue, et lui faire produire quantité de vers. Cette matière peut s'augmenter tous les ans par de nouvelles poussières qui se gèlent aussi, et par là être bien plus difficile à être consommée par les abeilles. Je suis donc fondé à croire que la grande quantité de molividhe est d'un mauvais augure pour une ruche.

Mon sentiment est appuyé par ce que dit M. Ducarne à ce sujet. « Cette matière rouge, dit-il, et ensuite jaunâtre, est sans doute un mauvais signe pour les ruches où cela se trouve ; mais non une maladie des abeilles. Tout au plus pourroit-on penser que, ces ruches étant trop vieilles, la matière à cire, la cire brute, s'y est aigrie et corrompue par la longue durée du temps qu'elle y est restée déposée. Aussi je crois devoir conseiller de transvaser ces sortes de ruches, ajoute M. Ducarne, dès que les circonstances permettront de le faire, et toujours le plus tôt possible. »

Cette transvasion est nécessaire, lorsque le mal est très-avancé et que tous les rayons sont infectés : mais pour un cultivateur attentif et qui

Tome III.   R

se sert de nos ruches, lorsqu'il s'aperçoit que la molividhe a été gelée par les grands froids, il peut couper simplement les bords des rayons qui la contiennent, sans avoir besoin de transvaser les abeilles.

Enfin, si on observe exactement ce que j'ai dit ailleurs, de proportionner la quantité de rayons d'une ruche au nombre et à la force des abeilles, afin qu'elles puissent les couvrir et les soigner aisément, leurs provisions en miel et en molividhe seront à l'abri de la gelée.

Nous ne connoissons point la maladie des antennes, que M. Schirach, au rapport de M. l'abbé Tessier, a reconnue dans les abeilles.

Lorsque l'abeille, dit le premier, est attaquée de cette maladie, ses antennes sont plus jaunes et plus grosses qu'à l'ordinaire. M. Schirach croit qu'elle est occasionnée par la foiblesse. S'il en est ainsi, dit M. l'abbé Tessier, les remèdes indiqués dans le flux de ventre, (qui sont les mêmes que ceux de M. Ducarne, rapportés au chapitre précédent), conviennent aussi dans la maladie des antennes.

M. Ducarne nous donne le détail d'une autre maladie, dont il croit s'être aperçu le premier, et qu'on nomme le vertige. Les abeilles qui en sont attaquées, vont, viennent, tournent et courent sans cesse autour du rucher, jusqu'à ce qu'ayant trouvé quelques-unes de leurs compagnes dans quelque lieu écarté, elles s'y fixent et y périssent. J'en ai vu un grand nombre à la fois attaquées de cette dangereuse maladie, à laquelle je ne sais pas de remède.

« J'ai toujours cru que quelques fleurs particulières en contenoient le principe. J'en ai vu plusieurs dont les jambes étoient chargées de cire brute. La saison où l'on en voit le plus, est depuis le 25 mai jusque vers le 20 juin, où cette cruelle maladie cesse ordinairement. Cela dépend néanmoins de la saison plus ou moins avancée, relativement au beau ou mauvais temps. Toutes celles qui en sont attaquées ont le train de derrière si foible, qu'à peine elles peuvent se soutenir : il est toujours traînant à terre. Elles font souvent des efforts avec leurs ailes pour s'envoler, mais elles n'en ont pas la force ; aussi c'est une pitié de les voir : et, dans l'impuissance où j'étois de les secourir, j'écrasois avec le pied toutes celles qui se trouvoient en mon chemin, pour ne point les voir souffrir davantage. »

Je ne puis rien dire d'une telle maladie : j'ai

souvent vu des abeilles couchées par terre, ne pouvant se relever ni reprendre leur vol, malgré tous leurs efforts ; et je me suis convaincu que leurs ailes étoient mutilées, soit que le vent les eût renversées avec trop de violence, soit par quelqu'autre accident. Je n'ai jamais pensé que ce fût une maladie ; et si c'en est une, comme le pense M. Ducarne, elle peut être occasionnée par un coup de soleil. Ceci seroit assez naturel au printemps, attendu que les abeilles, qui ont été renfermées pendant l'hiver, ne sont point encore accoutumées à un soleil ardent.

J'ai vu, sur-tout après la sortie d'un essaim, que quantité d'abeilles se traînoient par terre sans pouvoir prendre leur essor. Je les ai quelquefois bien observées, et je trouvois qu'elles avoient leurs ailes dérangées et hors de l'état naturel, de manière qu'elles ne pouvoient les faire servir à l'usage ordinaire. Je ne doute point que cela ne provienne de la multitude immense d'abeilles, et de l'empressement avec lequel elles sortent de la ruche : en se heurtant réciproquement, leurs ailes se dérangent. J'ai remarqué aussi quelquefois, qu'au moment où des bandes de pigeons s'élevoient en l'air tout d'un coup, plusieurs d'entre eux, qui sans doute s'étoient heurtés avec leurs ailes, tomboient à terre. Je les ai vus soulever un peu leurs ailes, ce qui prouve qu'ils s'étoient fait du mal. La même chose arrive aux abeilles, quand la pluie les surprend aux champs, à la sortie des essaims.

Dans tout ce que l'on a vu et écrit sur les maladies des abeilles, rien n'est comparable au mal qui attaqua les nôtres dans l'île de Syra, depuis 1777 jusqu'en 1780, et qui emporta presque toutes nos ruches.

Elle se déclara par un vice dans les rayons remplis de couvain, et qui ne contenoient plus qu'une matière entièrement corrompue : au lieu de nymphes de petites abeilles, on ne voyoit que de la pourriture dans les cellules, qui cependant, étant couvertes, conservoient toujours une apparence de santé. Si on fendoit ces rayons, il en découloit une liqueur noirâtre, qui jetoit l'infection dans toute la ruche.

Cette maladie ne se manifestoit que dans les cellules qui contenoient un couvain déja avancé ou couvert. Les abeilles étoient en bon état, et travailloient avec la même activité ; mais leur population dépérissoit de jour en jour. Cette maladie, cependant, n'étoit pas si générale dans une ruche, qu'il ne s'en échappât quelquefois une petite portion : il en sortoit quelques abeilles nouvelles, mais en trop petit nombre pour suppléer aux pertes journalières. Ainsi une ruche attaquée de ce fléau dépérissoit d'ailleurs, faute de population.

Dans le principe, ne nous étant pas aperçus que cette maladie fût épidémique, nous eûmes l'imprudence de remplir de nouveaux essaims les ruches vides dont les abeilles étoient mortes ; elles contractèrent toutes la même maladie, et périrent.

Nous fîmes encore une nouvelle faute ; nous transportâmes les dépouilles des ruches que nous avions perdues, dans les rues de la ville, pour les exposer au soleil. Nous voulions tirer des rayons toute la cire aromatique qu'ils pourroient nous fournir, pour en préparer de nouvelles : les abeilles des environs sucèrent le miel, attrapèrent la maladie, la communiquèrent à leurs ruches, et toutes, sans exception, périrent en peu de temps. Cette peste ayant gagné l'île, se répandit par-tout, et la mortalité fut générale, soit en mangeant du miel pestiféré, ou en bouchant les rayons infectés, soit en nourrissant leur couvain de miel corrompu.

Si ce malheur arrivoit souvent dans l'île, on

pourroit croire que sa source est dans quelques
plantes qui produisent un aliment nuisible aux
abeilles ; mais, comme on n'a jamais vu de con-
tagion pareille à celle-là, on ne peut expliquer
cet événement mémorable dans l'histoire de ces
insectes, qu'en disant que quelque rouille pestilentielle avoit sans doute corrompu la qualité
du miel et les poussières des étamines. Les
abeilles en ayant nourri leurs embrions, le couvain en aura été infecté, et le mal, devenu épidémique, se sera étendu sur toute la surface
de l'île.

Nous commençâmes d'abord par retirer les
rayons infectés, et nous jetâmes dans les ruches
des essaims frais pour aider les anciennes abeilles ; mais ce moyen ne nous réussit pas : l'ancienne et la nouvelle colonies disparurent. Nous
enlevâmes ensuite tous les rayons d'une ruche
infectée, comptant sur sa grande population,
et sur la saison qui lui étoit favorable ; tout fut
inutile : ces pauvres insectes commençoient,
avec beaucoup d'énergie et d'activité, à former
de nouveaux rayons ; la reine y pondoit et les
remplissoit d'œufs ; mais bientôt ces rayons, au
lieu du couvain, se trouvoient remplis d'une eau
corrompue, et jetoient l'infection de toutes parts.

Enfin on s'aperçut que la maladie étoit épidémique ; on ouvrit les yeux, on reconnut les
grandes fautes que l'on avoit faites, et tous les
cultivateurs prirent ensemble la résolution de ne
point exposer à l'avenir la dépouille des ruches
qui avoient péri, à être touchée par les abeilles;
d'étouffer avec de la fumée toutes celles qui
auroient été attaquées, en bouchant toutes les
ouvertures de la ruche ; de retirer tout ce qu'il
y auroit de rayons avec les provisions, et de
mettre ensuite le feu dans la ruche, pour brûler
tout ce qui resteroit. L'incendie devoit être répété deux ou trois fois dans l'espace de huit
jours ; et dans l'intervalle, toutes les ouvertures
des ruches devoient être bouchées, afin qu'aucune abeille des ruches voisines ne pût y entrer.

Je n'ai pu savoir le résultat de toutes ces précautions, étant parti dans ce temps-là pour venir
en France ; mais je suis sûr que si quelques ruches ont été conservées, ce n'est qu'aux effets de
cette résolution qu'on en est redevable.

M. l'abbé Tessier, comme je l'ai observé, est
le seul de tous les auteurs que j'ai lus, qui ait
fait mention de cette maladie. Voici ce qu'il en
dit dans l'Encyclop. méthod. au mot *Abeille*,
pag. 32 : « Quand, par quelque circonstance, le

couvain meurt dans ses alvéoles, il cause dans
la ruche une infection qui rend les abeilles malades : il faut alors enlever et quelquefois changer les abeilles de ruche, ayant soin de parfumer celle où étoit le couvain mort, si l'on veut
s'en servir une autre fois. On donne, dans ce
cas, aux abeilles du sirop de M. Palteau. (C'est
le même que celui de M. Ducarne, dont j'ai
parlé au chapitre précédent.) Il faut, pour
éviter le même inconvénient, retrancher les
parties des gâteaux qui seroient moisies par l'humidité. »

Après l'accident arrivé à Syra, et qui pourroit se renouveler ailleurs, je conseillerois le
parti que les cultivateurs y prirent avec tant de
fermeté : mais, si l'on vouloit essayer de conserver les abeilles, on pourroit les transvaser,
retirer les rayons, et mettre le feu à tout le
reste. Il faut prendre toutes les précautions
possibles pour empêcher les abeilles voisines de
s'attacher à ces rayons infectés, et d'en sucer
la moindre chose.

Si l'on s'apercevoit encore que la maladie a
suivi les abeilles transvasées, et que leurs
couvains se corrompent une seconde fois, alors,
sans miséricorde, il faudroit tout brûler ; il n'y
auroit pas d'autre ressource.

Cette maladie est sans contredit la plus terrible dont on ait jamais parlé dans l'histoire naturelle des abeilles.

J'ai dit mal-à-propos que, de tous les auteurs,
M. l'abbé Tessier étoit le seul qui eût parlé de
cette maladie; car M. Schirach en a parlé aussi, et
même avec plus de précision, dans son Histoire
naturelle des abeilles, chap. III, pag. 56. « Le
faux couvain, dit-il, est tout autrement dangereux ; c'est une maladie des plus funestes aux
abeilles, une vraie peste, quand le mal est parvenu à un certain degré. »

« On en peut rapporter la cause à deux sources : la première prend son origine dans la
nourriture corrompue dont les abeilles nourrissent les vers du couvain, faute d'en avoir de
meilleure; la seconde vient de la reine abeille,
lorsque, par sa faute, les vers du couvain se
trouvent placés dans leurs alvéoles de manière
qu'ils y sont la tête renversés. Dans cette position, la jeune abeille étant hors d'état de pouvoir se faire jour pour sortir de sa prison,
meurt et se pourrit. »

Je n'ai jamais ni vu ni entendu parler de cette
étrange position du couvain dans les cellules
avec la tête renversée ; mais, quoi qu'il en soit,

je suis étonné que M. Schirach, qui a gouverné
et étudié si long-temps et avec tant d'application
les abeilles, ait pu en attribuer la faute à la
reine. On sait que cette mère ne fait autre chose
dans la ruche, par rapport au couvain, que de
pondre les œufs; ce sont ensuite les abeilles qui
les couvent, et qui nourrissent et soignent le
couvain; et lorsque le ver est près de se changer en nymphe, c'est lui qui construit sa petite
coque, et qui s'y renferme : ainsi, toute position
qu'il se donne dépend de son bon plaisir, et non
de la reine.

« Quelquefois aussi, poursuit M. Schirach, le
froid donne la mort au jeune couvain et occasionne de la pourriture; mais ce n'est-là, à proprement parler, qu'un accident, et non pas une
maladie. » Cependant, si le propriétaire n'a pas
soin de retirer les rayons qui contiennent ce couvain mort, ou si la foiblesse des abeilles ne leur
permet pas de s'en débarrasser, il peut très-bien
se faire que cet accident devienne une vraie maladie pestilentielle.

Voici le remède que M. Schirach propose
contre cette maladie : « Le remède le plus simple, dit-il, au faux couvain, c'est de retrancher
tous les gâteaux de la ruche qui en sont infectés,

et de faire jeûner les abeilles pendant deux jours; après quoi l'on pourra leur fournir d'autres gâteaux de cire , et leur donner le remède sui-vant : Un peu d'eau chaude, dans laquelle on a mêlé du miel, de la noix muscade et du safran. »

« On peut aussi substituer à ce remède un sirop qu'on prépare avec du sucre et du vin en égale quantité , et assaisonné d'un peu de mus-cade. Ou bien, au lieu de tout cela , on n'a qu'à leur donner tout simplement une tasse de vin d'Espagne, et elles se remettront tout-à-fait. »

Le traducteur de M. Schirach ajoute à cet endroit la note suivante : « Un des principaux cultivateurs de ces provinces compose pour les abeilles un sirop qui est fort bon , en prenant du miel clarifié et du sucre brun, de chacun deux livres , à quoi il ajoute une livre de vin blanc. Il croit même que ce remède est plus sa-lutaire pour les abeilles , que celui où il entre de la muscade , parce que ce dernier ingrédient est trop échauffant pour les abeilles, qui ne sont alors que déjà trop échauffées. »

LIVRE VII.

Sur la Récolte des ruches, et sur la manière de retirer le miel et la cire des rayons.

CHAPITRE PREMIER.

Réflexions sur la vendange des ruches, et sur la manière de la faire.

« Le but qu'on se propose en soignant et en multipliant les abeilles, dit M. l'abbé Tessier, Encycl. méthod., est de s'approprier une partie du miel et de la cire qu'elles récoltent. L'homme ne peut se procurer ces productions végétales que par leur moyen (1). Dans le partage qu'il en fait avec elles, il faut qu'il soit juste et at-

---

(1) Cependant nous avons marqué ailleurs, qu'on est parvenu en Amérique et au cap de Bonne-Espérance, à se procurer de la cire de certaines plantes, ainsi que des fruits d'un certain arbre qu'on a fait bouillir.

tentif, s'il veut se ménager une source qui, loin de tarir, s'accroîtra de plus en plus. »

Cela est très-vrai et très-juste ; et pour cette raison, avant de parler de la manière de vendanger nos ruches, je veux exposer quelques observations tirées de M. Duchet (en y ajoutant toujours mes réflexions), qui nous mettront en état de pratiquer avec succès les sages conseils de M. l'abbé Tessier.

M. Duchet, au chap. VII, sur la saison de dégraisser, propose quelques questions qui sont très-intéressantes, et que nous allons rapporter et éclaircir dans ce chapitre. D'abord il examine et condamne l'opinion de ceux qui croient très-utile la pratique d'étouffer les abeilles pour en retirer toutes les provisions ; mais ayant traité fort au long cette question au premier livre, je renvoie mon lecteur à ce que j'y ai exposé, chap. IX, X et XI.

Ensuite il propose ces autres questions : 1°. Si la pratique de vendanger les ruches doit être universelle ? 2°. dans quelle saison convient-elle le mieux ? 3°. quelles attentions doit-on avoir à l'égard de la cire et du miel en dégraissant les ruches ? 4°. comment faut-il s'y prendre ?

Quant à ce qui regarde la première de ces

questions, savoir si la méthode de dégraisser les ruches doit être universelle, de sorte qu'on doive les tailler toutes et chaque année, M. Duchet dit « que la prudence nous y doit diriger, et qu'elle nous dicte les règles suivantes : 1°. Qu'il ne faut pas toucher aux ruches qui n'ont pas de superflu, et que, dans les années ingrates, on doit s'abstenir de leur ôter le nécessaire. 2°. Qu'on ne devroit pas non plus toucher aux essaims la première année, jusqu'après le temps de la sortie des nouvelles colonies de l'année suivante. 3°. Les bonnes mères qui donnent chaque année un essaim ou deux, méritent des ménagemens ; et il n'est guère possible d'avoir la même année, de la même ruche, des essaims et du miel : à la place des bons rayons à petits trous que vous leur ôteriez, elles pourroient en former de ceux à grosses cellules qui donnent trop de bourdons, et nuisent aux essaims. 4°. On peut au contraire dégraisser deux fois l'année la même ruche, lorsque son travail et la saison le permettent : c'est principalement les vieilles ou stériles en essaims qui doivent être poursuivies pour le miel et la cire. »

Quant à la saison la plus convenable à ce dégraissement, M. Duchet répond « que ce

n'est ni le printemps ni l'automne, ainsi que l'on
verra au chapitre suivant ; l'hiver encore moins,
puisqu'en ce temps le vide ne peut être réparé :
il ne nous reste donc que l'été pour cette opération, c'est-à-dire, quand la saison d'essaimer
est passée. On ne peut alors porter aucun dommage ni retard aux essaims ; ils sont sortis ; les
ruches qui n'ont pas donné fourmillent d'ouvriers;
la saison est encore bonne, les fleurs sont en
abondance et en force, les feuilles des arbres
mêmes (*dans le temps de la miellée*) fournissent quelquefois quantité de miel ; le vide sera
bientôt rempli. »

« L'expérience de trente ans, conclut M. Duchet, m'a appris qu'ordinairement ce qu'on leur
prend en cette saison est autant de gagné, et
qu'en automne on n'auroit rien de plus si on ne
l'avoit pas pris. » *Tout ce que M. Duchet dit ici
sur la saison de la vendange, sera mieux dé-
veloppé par nous dans le chapitre suivant.*

« Quelles attentions faut-il avoir en dégraissant la cire et le miel? Les voici : de ne jamais
prendre le couvain, en quelque état qu'il soit
gros ou petit. On distingue aisément les couvains scellés d'avec les rayons de miel, par la
couleur de la pellicule qui couvre les cellules
des

des unes et des autres ; celle du couvain est brune. Ceux qui sont en vert, sans être scellés, se manifestent assez ; le couvain est ordinairement au milieu des rayons ; 2°. de ne jamais prendre la cire vide à petites alvéoles, mais de la laisser pour les deux fins de sa destination, le couvain et le miel, à moins qu'elle ne fût trop vieille et très-noire : on doit cependant enlever de la cire vide à grandes cellules, quand il y en a trop, pour ne pas donner naissance à un très-grand nombre de bourdons : il suffit qu'il en reste un quart de pied en quarré ; 3°. de ne pas enlever le miel qui est nécessaire pour élever la jeunesse, comme nous le verrons ci-après ; 4°. de ne pas trop enlever, mais de se contenter du superflu, tellement que, même au commencement de l'été, vous devez en laisser suffisamment pour passer l'hyver. Pourquoi les exposer à périr sur un avenir incertain ? Ce qui est nécessaire pour leur conservation et entretien, en passant dans nos mains, ne nous dédommagera certainement pas de la perte des ruches, s'il en devient l'occasion. On ne doit pas craindre de contribuer à leur paresse, en leur laissant du miel proportionnément à leur besoin ; car ce seroit aller contre la raison, que de croire ces insectes capables de raisonnement et de calcul, tel que seroit celui-ci : il nous faut vingt ou trente livres de miel pour passer agréablement l'hyver; nous les avons, nous pouvons donc nous tranquilliser et nous reposer. L'abeille ne se conduit pas par ces réflexions ou d'autres semblables; mais suit invariablement le penchant de son instinct, lorsque rien ne le contrarie. »

Enfin, pour ce qui regarde la manière de s'y prendre, voici ce que dit M. Duchet : « Ne nous laissons point effrayer par une terreur panique, quoique, dans ce temps, ces invincibles guerrières soient dans leur plus grande vigueur, néanmoins elles nous feront part de leurs douces richesses, sans nous faire ressentir la rigueur de leur aiguillon. Il ne s'agit que d'un peu d'attention : la première est le choix d'un beau jour, non-pluvieux, ni nébuleux et venteux, mais fertile en miel. Nos ouvrières, contentes alors de trouver grassement leur nourriture, seront plus traitables. »

« La seconde, en plein jour; non le matin, ni le soir, encore moins la nuit, temps auquel les mouches courent sur les habits, sans savoir regagner leurs ruches, quoi qu'en disent plusieurs célèbres auteurs. Le grand matin, le soir et la nuit, il y aura plus de blessures pour les agresseurs et plus de carnage pour les assiégées, au lieu qu'en plein midi, une bonne partie est en campagne, la garnison est moins nombreuse, et le peloton, s'il y en a, ordinairement est défait. »

« La troisième des manières douces veut être exécutée sans étourderie, sans empressement et sans bruit. Il faut apporter la plus scrupuleuse attention à éviter les coups, chocs ou contrecoups qui, en les irritant et effarouchant, les rendroient intraitables. Attaquer brusquement et à force ouverte ces amazones, c'est leur assurer le champ de bataille, et à vous nombre de piqûres sans aucun butin. Je ne puis trop le répéter : une douceur soutenue avec prudence, vous mettra en mains leurs dépouilles, sans presqu'aucune blessure. »

Nous avons jugé à propos de mettre sous les yeux de nos lecteurs ces règles courtes de M. Duchet, pour leur donner une idée générale sur la conduite qu'ils doivent tenir dans la taille de leurs ruches. Nous allons maintenant développer plus amplement tout ce qui concerne cette partie principale de l'économie de nos insectes.

CHAPITRE II.

Autres réflexions sur le même sujet, où on rapporte plusieurs observations très-intéressantes pour l'économie des Abeilles.

LES observations de M. Duchet rapportées au chapitre précédent, et celles que nous exposons ici sur la taille des ruches, regardent ceux des propriétaires qui ne font que commencer à cultiver les abeilles, qui n'ont point encore acquis le nombre de ruches qu'ils désirent, ou qui sont décidés à suivre exactement dans la culture de leurs insectes la méthode usitée dans le levant et dans d'autres parties de l'Europe, sans se donner la peine de recourir à des moyens recherchés, propres à en retirer les plus grands avantages. Quant à ceux qui possèdent déjà le nombre de ruches qu'ils désirent gouverner, et qui aspirent au plus grand avantage dont cette culture est susceptible, nous en traiterons amplement ci-après dans plusieurs chapitres.

Nos observations regardent les questions suivantes proposées par M. Duchet; 1°. dans quelle saison doit-on récolter les ruches? 2°. si on doit récolter indistinctement toutes celles qui composent un rucher ; 3°. combien de fois doit-on les récolter ? 4°. quelle quantité de provision doit-on leur laisser, et quelle quantité peut-on leur enlever ?

Nous répondons à la première demande, que la taille des ruches doit se faire dans l'été ou au commencement de l'automne, ou dans l'un et dans l'autre, si la force des ruches et l'abondance des pâturages se prêtent à plusieurs récoltes ; et si on nous demande dans quels mois précisément on doit commencer et finir cette récolte, nous dirons que cela dépend, 1°. de la saison plus ou moins hâtive ; en effet, si la belle saison commence de très-bonne heure, ainsi que dans les deux années précédentes, et, selon les apparences dans celle-ci ; alors toutes les opérations de nos ruches seront précoces ; et, dans ce cas, nous pensons qu'on pourra les récolter la première fois, dès le commencement de juillet, et la dernière fois, à la fin du mois d'août ; 2°. il faut avoir égard à la force des ruches ; car telle ruche qui, à la fin de l'hyver, se trouve vigoureuse, aura garni ses magasins de bonnes provisions dès le 20 juin, tandis que telle autre sera à peine aussi avancée vers la mi-juillet.

A la seconde question, nous répondons qu'un rucher étant composé de différentes sortes de ruches, savoir, de celles qui ont donné des essaims, ou qui n'en ont pas donné ; de premiers essaims, de seconds et de troisièmes ; on récoltera les ruches qui n'ont pas essaimé, et les premiers, sur-tout les hâtifs, d'après la règle établie, à la réponse de la première demande ; quant à celles qui ont essaimé, ordinairement on n'y touche point : néanmoins, si on observe la règle que nous prescrirons au chapitre 3, ci-après, sur la conduite à tenir envers ces ruches, pour qu'elles donnent des essaims tous les ans ; et si les pâturages des environs sont fertiles et tardifs, elles pourront être taillées à la fin de la campagne, et rapporter aussi de bonnes récoltes, ainsi que les premiers essaims un peu tardifs. Nous avons eu, cette année (1792), qui n'a pas été une des plus favorables pour nos insectes, le 20 juin, un essaim auquel nous avons été forcés de donner une ruche de paille, n'ayant point de la place vide dans notre rucher ; cet essaim pesoit sept livres, de même que la ruche qui avoit vingt-deux pouces d'hauteur, sur treize de largeur. Malgré tout cela, l'essaim l'a remplie dans l'espace de vingt-cinq jours, à laquelle époque elle pesoit environ quarante livres ; et, à la fin de la campagne, plus de soixante-cinq. Si cet essaim se trouvoit dans une ruche de notre façon, qui se prêtât aisément à la récolte, on auroit pu très-facilement en retirer quinze livres de provisions, quoique cet essaim eût été bien tardif, et l'année mauvaise. Il faut respecter les seconds et troisièmes essaims, et les conserver pour compléter plus rapidement son rucher; nous ajouterons même ci-dessous, au sujet de ces petits essaims, pour les défendre des rigueurs de l'hyver, de nouveaux moyens que nous avons employés avec un plein succès, et qui sont autres que ceux qu'on a vus dans notre quatrième livre.

La solution de la troisième question dépend de la quantité, de la qualité et de la durée des pâturages que fournit le canton où l'on tient des ruches. Dans les pays qui abondent en sainfoins, en luzernes et en sarrasins, on peut hardiment les récolter, quand les années sont passablement bonnes, jusqu'à trois fois ; dans les environs de Versailles, on ne peut les récolter que deux fois seulement, la culture de ces sortes de

plantes s'y faisant en très-petite quantité. M.
Contardi, auteur italien, que nous avons souvent cité, nous assure que dans plusieurs cantons d'Italie, et sur-tout en Lombardie, on récolte et on transvase les ruches trois fois par an,
et qu'elles s'y conservent très-bien, tant est grande
l'abondance et la fertilité des pâturages de ces
heureux pays. Quant à la question sur ce qu'on
doit ôter ou laisser aux abeilles de provision,
la règle générale à Syra est de laisser aux ruches
sept à huit pouces de rayons, c'est-à-dire autant
de gâteaux que peut en contenir un espace de
sept à huit pouces; tout le reste étant censé superflu, on le recueille; et en effet, ces huit pouces d'espace peuvent contenir six rayons qui,
dans les années ordinaires, sont assez garnis de
provisions pour suffire aux abeilles pendant l'hiver, sans qu'elles aient besoin du secours de leurs
propriétaires.

Cette règle, il est vrai, est analogue au climat tempéré de cette île, à l'abondance de miel
de ses plantes, et spécialement à la briéveté de
la mauvaise saison; mais nous observons que
cette même température, pendant l'hyver, est
cause que les abeilles n'y tombent jamais ou
presque jamais dans cet assoupissement salu-

taire, qui, comme nous l'avons expliqué au premier volume, et comme nous l'exposerons encore mieux au quatrième, les empêche de faire une grande consommation de provisions. Aussi nous sommes persuadés que les ruches des îles de l'Archipel font une plus grande consommation de provision pendant les trois ou quatre mois que dure la mauvaise saison, que celles de France, dans les cinq et six mois d'hyver qu'on y éprouve, sur-tout lorsqu'il est un peu rigoureux, et que les froids constans y entretiennent les abeilles dans un état de léthargie presque continuel.

C'est ce qui nous porte à penser que la même quantité de provision qui suffit aux ruches de Syra, suffiroit aussi à celles de ces pays-ci. Cependant puisque, en général, ces contrées ne sont pas aussi fertiles en miel que le levant, que les rayons ne contiennent pas le même volume de provisions, et qu'en outre le grand froid de ces pays exige que les abeilles soient mieux abritées, même dans l'intérieur de leur habitation, nous croyons qu'au lieu de six, on doit leur laisser huit à neuf rayons, ou, ce qui revient au même, l'espace d'un pied plein de rayons. Nous avons observé cette règle, trois ou quatre années de

suite avec les ruches de notre façon dans le rucher de M. Lemonnier, et les abeilles n'en ont
aucunement souffert.

Dans les années ingrates, pendant lesquelles
les abeilles n'auront pu se pourvoir de la totalité de leur provision, on ne doit pas négliger
de leur enlever les rayons vides et superflus,
quelque léger que paroisse d'ailleurs ce profit,
puisque c'est un moyen de les mieux préserver
des fausses teignes; ainsi que nous l'avons déjà
remarqué. Quant aux secours que les propriétaires doivent donner à ces insectes, pendant une
telle disette, c'est à eux de suivre ce que nous
avons proposé plus haut. Ce sujet est si intéressant,
que nous le traiterons plus à fond et d'une manière plus satisfaisante à la suite de cet ouvrage.

Mais, dira-t-on, quel mal y auroit-il de laisser les
ruches qu'on veut conserver telles qu'elles sont,
pleines de rayons, ou de leur en conserver une
plus grande quantité que celle que nous pres-
crivons? Cela assureroit d'autant leur existence,
et hâteroit la sortie de leurs essaims. Nous répondons, qu'indépendamment de la perte de la
cire et du miel qu'on auroit pu leur enlever,
et qui ne leur est d'aucun avantage, on a vu au
chapitre quinze du premier livre, que les ruches

chargées d'une plus grande quantité de rayons, que les abeilles n'en peuvent aisément couvrir et nétoyer, sont exposées à être attaquées par les vers, et à périr.

Quant à leur existence elle ne périclitera jamais par la méthode que nous employons pour les tailler; si un propriétaire est attentif à pratiquer avec exactitude tout ce que nous avons exposé sur la quantité de miel qu'on doit leur laisser, et sur la manière de les secourir dans leur disette. Pour ce qui regarde la sortie plus ou moins précoce des essaims, souvent à la vérité elle dépend dans le levant de la plus grande quantité de rayons d'une ruche, quelle que soit sa grandeur; mais nous avons reconnu que dans les pays froids les abeilles d'une ruche spacieuse, quoique pleine de rayons, n'essaiment point, ou ne le font que très-tard. Voyez ce que nous dirons à ce sujet au chapitre 13 suivant.

Au reste, loin que nous pensions que la règle établie sur la quantité de rayons à laisser aux ruches pour passer l'hyver, puisse nuire à leur conservation, nous sommes au contraire dans une entière persuasion qu'elle en dépend en grande partie; car d'après quelques observations que nous avons faites, pendant deux ou trois ans, sur la situation des ruches que nous soignons dans le jardin de M. Lemonnier, pendant et à la sortie de l'hyver, et d'après ce que plusieurs cultivateurs nous ont exposé sur l'état de leurs ruches, dont les essaims avoient péri durant cette saison, nous sommes convaincus que, dans ces pays, outre la disette des vivres, c'est la grande humidité et la moisissure qu'elle occasionne, qui font périr beaucoup de ruches, ou qui les affoiblissent considérablement. Or il est évident que plus il y a de rayons dans une ruche, moins le volume d'air y est considérable; et si ces rayons sont pleins de miel vieux et non-couvert par les peletons d'abeilles, l'humidité doit y être d'autant plus forte et s'y entretenir plus long-tems. Il est incroyable la quantité d'humidité qu'on découvre dans les ruches de ces pays, au moment du dégèle sur les rayons, qui ne sont point habités par les abeilles. Cette humidité mise en mouvement par la chaleur de l'air extérieur, augmentée par celle de l'intérieur des ruches, s'élève en vapeurs, qui s'attachent au corps et aux ailes des abeilles qui se trouvent sur les bords de leurs pelotons; or, à mesure qu'il survient d'autres gelées, celles-ci qui en sont plus affectées que les autres, périssent, et par leur corruption, augmentent l'humidité et l'infection des ruches ; il est aisé de voir, que quand ces changemens de temps sont fréquens, ils doivent occasionner de grandes mortalités dans les ruches, et quelquefois leur perte entière.

On doit ajouter à ce que nous venons de dire, la peine que les abeilles doivent se donner, au printems, pour nettoyer tous ces rayons et en faire disparoître la crasse et la moisissure, que l'humidité y a attachées. Cette peine est telle, que nous pensons qu'il est plus facile à nos insectes de bâtir un rayon que de le nettoyer ; car, si on y ont fait attention, dans le cours du printemps, après que les abeilles se sont suffisamment repeuplées, on trouvera au bas des ruches une quantité étonnante de saloperies ; il est vrai qu'elles proviennent en partie de rognures de cire, débris des couvercles de la matière dont se servent les abeilles pour boucher leurs magasins de miel, et qu'elles détruisent à mesure qu'elles l'en retirent pour nourrir leur couvain ; mais il y a aussi parmi ces rognures une grande quantité d'ordures qui ne proviennent que de cette crasse, dont nous parlons. C'est ordinairement dans ces ordures que la fausse teigne commence à paroître ; elle monte ensuite et attaque les rayons

qui ne sont pas couverts par les abeilles ; c'est
pour cette raison que nous engageons les propriétaires de ruches à les nettoyer souvent au printemps, sur-tout lorsqu'elles sont foibles. Ce défaut d'attention est le plus souvent la cause que
tant de ruches périssent par la fausse teigne. Ce
que nous avons dit sur la quantité de fragmens
de cire qui se trouvent mêlés parmi les autres
ordures, doit engager les gros propriétaires
d'abeilles à ne pas les disperser, lorsqu'ils ba-
laient leurs ruches, mais de les conserver dans
quelque vase, pour les faire fondre ensuite avec
le reste de leurs rayons.

La peine que les abeilles éprouvent au printemps à nettoyer leurs rayons moisis, doit naturellement augmenter, si, dans ces mêmes
rayons, se trouvent des alvéoles garnies des poussières des étamines que le grand froid auroit al-
térées. Nous avons déjà remarqué au Livre V,
Chapitre 9, à la note 3 de la page 140, que les
abeilles sont dans l'habitude de ne jamais remplir de ces poussières leurs alvéoles qu'à moitié,
et l'autre moitié de miel, pour les conserver
sans altération. Or, il arrive presque toujours
que, dans les rayons qui ne sont pas couverts
par les abeilles, il se trouve quantité de cellules

garnies de poussières, qui ne sont que surchar-
gées de miel, soit à cause que les abeilles n'ont
pas eu le moyen de les remplir de cette liqueur,
soit parce qu'elles l'ont usée avant les poussières. La grande humidité et les gelées altèrent
et corrompent ces matières, qui se sèchent ensuite et deviennent dures comme la pierre. Nos
abeilles éprouvent une grande difficulté à en débarrasser leurs rayons, et elles ne peuvent les
retirer des alvéoles sans les détruire; ainsi, plus
il y a de rayons découverts dans une ruche,
plus ces poussières corrompues doivent être en
grand nombre; nous pensons donc que si la
quantité en est trop grande et au-dessus de la
force nécessaire à la ruche pour s'en débarrasser,
les vers s'en empareront aisément, et la mettront en danger de périr.

Lorsque nous écrivions le chapitre 6 du VIe.
Livre, nous ne connoissions point par expérience
cet inconvénient des ruches de ces pays froids;
et tout ce que nous avons dit au commencement
du ce chapitre, sur la prétendue maladie des
abeilles, dite rougeole, n'a été dit que par pure
conjecture; mais nous n'avons pas tardé à nous
convaincre de sa réalité. Voyant, au printems,
quelques abeilles traîner, hors de leurs ruches de

petits corps solides, blanchâtres, tirant un peu
sur le jaune, et voulant nous assurer ce que
c'étoit que ces petits corps, nous en avons pris
quelques-uns, que nous avons frottés entre les
doigts; les uns étoient durs comme la pierre, et
d'autres se réduisoient en poussière sèche. Ayant
ensuite ouvert la ruche, nous y avons trouvé
plusieurs autres morceaux que les abeilles avoient
détachés de dessus les rayons.

Après cette découverte, il nous est arrivé
plusieurs fois de trouver sur les rayons même,
plusieurs alvéoles garnis de cette matière sèche
et dure, et qui n'est autre chose que de la molividhe altérée et corrompue par l'humidité et
la gelée. La grande humidité qui produit la
moisissure, et la corruption des poussières des étamines, sont deux inconvéniens auxquels les pays
chauds sont peu exposés; ainsi nous croyons que la
règle que nous proposons sur la quantité de rayons
qu'on doit laisser aux ruches pour passer l'hyver, est plus nécessaire pour les pays froids,
que pour notre levant.

Tout ce que nous venons de dire sur l'humidité des ruches, et sur la cause qui fait corrompre les poussières des étamines, doit nous
engager à rejeter la méthode de M. l'Abbé
Bienaimé.

Bienaimé. Voyez le chapitre suivant, qui consiste à laisser aux ruches, pendant l'hiver, toutes leurs récoltes en cire et en denrées, et de ne les tailler qu'au printemps. Voici une autre raison qui condamne cette même méthode. Il est certain, 1°. que les abeilles, pendant les mauvais temps d'hiver, se retirent dans une partie de la ruche, et se resserrent très-étroitement les unes contre les autres dans les espaces qui séparent les rayons ; de sorte que tout le reste des rayons est à découvert ; 2°. que dans ces climats froids toutes les poussières des étamines qui se trouvent dans les cellules de ces rayons, sur-tout si elles ne sont pas bouchées, doivent geler dans l'hiver, et se corrompre ; 3°. que ces poussières sont très-avantageuses aux ruches, pour élever, au printemps, leurs premières couvées, avant que la campagne leur en fournisse suffisamment. Or, il peut arriver que des propriétaires mal-adroits, qui ne connoîtroient pas tous ces inconvéniens, enlevassent au printemps à leurs ruches, en les récoltant, précisément toute la partie que les abeilles couvroient, et qui contiennent les bonnes provisions.

Enfin, voici une autre raison qui doit engager les amateurs à suivre la règle que nous avons prescrite, sur la quantité de rayons qu'il importe de laisser aux ruches, à la dernière taille, c'est que nos insectes travaillent, au printems, avec d'autant plus d'activité à en construire de nouveaux, qu'ils en ont moins de vieux. Quand nous disons qu'ils en ont moins, c'est que l'opinion de ceux qui disent que les abeilles travaillent d'autant plus volontiers qu'elles ont plus d'espace, est fausse, ou au moins n'est pas toujours vraie. Souvent le trop d'espace les décourage, de même que la grande abondance de provision les rend moins actives ; car nous sommes très-convaincus que les abeilles, comme tous les autres animaux, ne calculent pas et ne raisonnent pas. Néanmoins il nous est permis de croire, d'après la conduite de tous ces animaux, qu'une trop grande quantité de rayons, bien garnis de provisions, doit naturellement les rendre moins diligentes à courir au butin. Croit-on qu'un lion, par exemple, qui a le ventre plein, et qui voit plusieurs corps d'animaux étendus dans son a tre, ait l'envie de courir les bois ? il ne songe qu'à se donner du repos. Un chat rassasié, et qui voit à sa disposition du pâ é tout préparé, n'est pas tenté de faire la chasse aux souris.

Si cela est, dira-t-on, on devroit donc enlever

um à un les rayons, à mesure que les abeilles les bâtissent. Peut-être, en se conduisant ainsi, pourroit - on , retirer d'une ruche une plus grande quantité de cire, mais on auroit très-peu de miel, et on se priveroit par là du plus grand produit de cette culture. Il faut donc leur en laisser construire plusieurs, et leur donner le temps nécessaire pour les garnir de miel.

Avant de terminer cette matière, il est nécessaire que nous applanissions une autre difficulté qu'on pourroit nous faire. On sait que les rayons qu'on laisse aux ruches, après les avoir récoltées, lesquels contiennent les provisions d'hiver de nos insectes, leur servent aussi de berceaux pour élever leurs premières couvées, au printemps, avant qu'ils puissent en construire de nouveaux. Or, il peut se faire, ou par une grande économie des abeilles qni n'ont pas consommé beaucoup de miel pendant l'hiver, ou par quelqu'autre cause, qu'au printems, il s'y trouve très-peu de place pour recevoir les œufs de la mère-reine, ce qui pourroit retarder de beaucoup l'avancement de la population ; il est donc expédient de laisser aux ruches dans leur dernière taille une plus grande quantité de rayons.

En réponse à cette difficulté , nous dirons 1°.

qu'une telle économie de la part de nos mouches doit être très-rare, sur-tout dans ces pays-ci ; ainsi, elle ne doit point nous servir de règle constante, nous faire changer notre méthode, et nous priver par là d'un plus grand produit de notre culture ; 2°. il est très-rare d'ailleurs, dans ces pays, de trouver des rayons entièrement remplis de provisions : ordinairement ils ne le sont qu'à moitié, c'est-à-dire, dans leur partie supérieure, et l'autre moitié reste vide. Les abeilles ne peuvent donc manquer de place pour y élever leurs premières couvées. Plusieurs cultivateurs du Levant nous ont même assuré que les abeilles sont dans l'habitude, quand leurs rayons ne fournissent pas assez de cellules vides pour recevoir toutes les pontes de la reine, de débarrasser une partie des rayons du miel dont ils étoient remplis, et de le transporter dans la partie supérieure de ces mêmes rayons, ou dans ceux du devant, qui ne sont pas propres à la couvée, dans les temps froids, ou enfin dans des rayons à grands yeux, destinés aux faux-bourdons. Le défaut du local engage les abeilles à commencer la construction de nouveaux rayons beaucoup plus forts que ceux des autres ruches également fortes, mais qui ne sont pas pressées par la même nécessité. Ces cas peuvent arriver plus souvent chez nous et dans d'autres pays méridionaux, où , vu l'abondance des récoltes dans les bonnes années, presque tous les rayons sont pleins de provisions. Quelques personnes assurent aussi que lorsque la reine est pressée de faire ses pontes, et qu'elle manque de place pour déposer ses œufs , elle en fait plusieurs dans une cellule, et que les abeilles transportent œufs ou vers dans d'autres cellules, à mesure qu'il y en a de disposées, soit par la consommation des provisions qu'elles renfermoient, soit par la sortie des nymphes, ou par la construction de quelques nouveaux rayons.

Quoi qu'il en soit de tout ce que nous venons de dire, M. Duchet conseille , avec raison, comme nous l'avons rapporté au chapitre précédent, de ne jamais toucher, dans le printemps, aux rayons à petits yeux, quoiqu'ils soient vides de provisions : néanmoins cela ne se doit entendre que des rayons d'une ruche qui n'a que son nécessaire; car, quant aux ruches que nous destinons à former le fonds de nos ruchers, et à nous procréer des essaims l'année suivante, on peut leur laisser un rayon de plus garni de miel, et l'enlever au commencement du printemps, de la manière et pour les raisons que nous indiquerons au chapitre XIII ci-dessous.

Nous voudrions pouvoir en dire autant de la règle que le même auteur établit, de ne jamais toucher à ces mêmes rayons dans aucune récolte, mais seulement à ceux à grands yeux, destinés pour être les berceaux des faux-bourdons. Cette règle est impraticable, les abeilles travaillant pêle-mêle les rayons à grands et à petits yeux: ordinairement elles ne bâtissent pas un rayon tout entier pour leurs mâles; ils sont presque toujours à moitié, c'est-à-dire, partie à grands et partie à petits yeux. Vouloir en faire le choix dans la taille, ce seroit donc se jeter dans un embarras affreux. Ajoutons de plus qu'il n'est pas vrai, ainsi qu'il l'avance, que si on laissoit aux abeilles trop de ces rayons à grands yeux, elles donneroient naissance à un très-grand nombre de faux-bourdons. Ce n'est pas la quantité de ces rayons qui excite les abeilles à une production nombreuse de ces mâles, c'est la force de la ré-publique, la bonté de la saison, et le besoin qu'el-les en ont.

Outre ces questions proposées par M. Duchet, il nous en reste une autre non moins importante; savoir, comment un cultivateur doit se conduire dans l'opération de la taille des ruches, lorsqu'il rencontre les rayons pleins de couvain, pour ne pas être forcé, ou d'abandonner son travail, ou de faire périr ce couvain ; car il est certain que presque toujours de pareilles opérations, surtout dans celles qui se font au mois de juillet, on est arrêté, quelquefois même dès le commencement, par des rayons pleins de couvain. La plupart des cultivateurs s'en trouvent tellement embarrassés, qu'ils abandonnent la taille, ou, au grand détriment de leurs ruches, détruisent beaucoup de ce couvain, faute de moyens faciles pour le sauver.

Tous les auteurs en conviennent ; mais voici une petite anecdote qui nous fait voir combien la destruction du couvain retarde les opérations de nos insectes. Des trois ruches qui n'avoient pas essaimé dans le rucher de M. Lemonnier, et que nous avons récoltées deux fois l'année dernière, nous avions cru pouvoir retirer à l'une d'elles, qui nous avoit paru plus forte en population, quelques rayons pleins de couvain ; nous les avions taillés pour le donner à des petits essaims que nous devions conserver. A la seconde taille, nous avons été surpris de voir que cette même ruche n'avoit construit aucun nouveau rayon ;

au lieu que les deux autres auxquelles nous avons rendu tout leur couvain, après en avoir retiré la partie qui contenoit le miel, avoient rempli, pour la seconde fois, leurs ruches de rayons nouveaux. Nous avons attribué l'inaction de cette ruche à l'enlèvement de son couvain. Les abeilles, se voyant privées de ce renfort, et connoissant l'extrême besoin que leur république a de nouvelles recrues pour remplacer celles qui périssent journellement, se sont appliquées à en former, ce qui les a fait négliger la construction de nouveaux rayons. Tout cela nous fait voir, 1°. l'attention avec laquelle tout cultivateur doit soigner le couvain dans la taille des ruches qu'il veut conserver ; 2°. l'avantage qu'il auroit d'augmenter leur population du couvain de ces ruches que nous voulons réformer, ainsi que nous le proposerons à la suite de ce livre ; 3°. l'avantage de nos ruches qui se prêtent à tirer toute l'utilité de la culture de nos insectes par des récoltes répétées, ainsi qu'on verra ci-après, sans faire périr aucune partie de leur couvain.

Nous allons passer maintenant à la solution de la question. D'abord nous répondons qu'avec nos ruches percées de deux côtés, il y a un

moyen très-facile d'éviter le dégât du couvain,
qui consiste, quand nous rencontrons ce couvain
d'un côté, d'en abandonner la taille pour l'ache-
ver de l'autre côté. Cependant, déterminés par
des raisons très-intéressantes et décisives, que
nous exposerons au chapitre XII, ci-après, à ne
tailler nos ruches que du côté de derrière, nous
allons proposer d'autres moyens pour sauver le
couvain.

Il est nécessaire d'observer que, dans les pays
froids, les abeilles gouvernées avec nos ruches
posées horizontalement forment ordinairement
leur couvain dans les rayons du milieu, et dans
ceux du fond; au lieu que dans nos îles, où le climat est beaucoup plus tempéré, si l'on en excepte
les mois de février et les commencemens de
mars, dans les autres cinq ou six mois consécutifs, elles forment leur couvain dans ceux du
devant, pour lui éviter la trop grande chaleur
du fond. Il est naturel, par conséquent, dans
ces pays, de trouver des rayons pleins de couvain, lorsqu'on entreprend dans le mois de juillet, de tailler nos ruches par le côté postérieur.
On doit encore observer une particularité que
tous les cultivateurs savent, c'est que les abeilles ne remplissent jamais en entier un rayon
de couvain : il ne se trouve que dans le milieu;

sa partie supérieure dans deux ou trois pouces
de largeur, et les bords du rayon sont vides ou
ne contiennent que du miel. Ceci posé, voici
comment il faut s'y prendre pour sauver le couvain dans la taille de nos ruches. Lorsqu'on y
rencontrera un rayon fourni de couvain, on
commencera par couper transversalement toute
la partie du rayon qui en contient, et par la réparer avec la partie supérieure qui est garnie de
miel : il seroit même nécessaire de faire cette
coupe, quelques cellules au-dessus du couvain,
par la raison que quelquefois le couvain de la
partie postérieure du rayon monte plus haut
que celui des cellules du devant; de sorte que
plusieurs alvéoles du derrière sont pleins de couvain : tandis que ceux du devant qui leur répondent, contiennent du miel. Pendant qu'on coupe
cette partie inférieure du rayon, on la soutient
de l'autre main par-dessous, mais avec beaucoup de précaution, pour ne pas écraser les alvéoles du couvain ; desorte que nos doigts doivent se porter sur les bords de ce rayon qui,
comme nous l'avons dit, sont vides.

Après que cette séparation est faite, on retire
la partie supérieure du même rayon pour en
avoir le miel. De cette manière, on procédera à

la taille des autres rayons qui contiennent du couvain , jusqu'à ce qu'on parvienne au taux fixé pour les besoins de la ruche.

Dans toutes ces coupes ou partages de rayons, on doit se conformer aux règles que nous proposerons sur la taille de nos ruches, et particulièrement sur l'emploi de la fumée, au chapitre VIII, ci-dessous.

Mais l'opération la plus importante , c'est de rendre à la mère son couvain, de manière qu'elle en puisse tirer parti. Il est nécessaire pour cela de connoître la machine que nous avons imaginée, et qui est très-propre pour cet effet. Nous en donnerons la figure et la description à la fin de ce volume. Cette machine est différente de celle en forme de chandelier, et qui sert à dresser un rayon dans une ruche, pour y être attaché par les abeilles : celle-ci au contraire n'est destinée qu'à y placer des rayons garnis de couvain , et on ne la laisse dans la ruche que jusqu'à ce que le couvain soit éclos. On la retire aussitôt après, sans donner aux abeilles le temps d'attacher ces rayons à la ruche. Entre les baguettes i, i, i, i, de cette machine , on pose les rayons du couvain de manière qu'ils penchent un peu de côté,

comme on le voit à la lettre *e, e*. Cette inclinaison est nécessaire pour qu'aucun alvéole
de ceux qui contiennent le couvain, ne soit
gêné par lesdites baguettes, et que les abeilles puissent les parcourir à leur aise et les couvrir. Pour effectuer commodément cette inclinaison, il faut que les baguettes qui doivent
contenir ces rayons, soient distantes les unes des
autres, de 12 à 13 lignes; il est même nécessaire de laisser quelques alvéoles vides par-dessous et par les deux côtés du couvain. Les premiers, pour soutenir le poids du couvain, de
peur qu'il ne soit écrasé; les seconds, afin
qu'ils donnent de l'étendue au rayon pour
s'appuyer sur les baguettes, dans le cas où la
partie du rayon qui le contient, ne seroit pas
suffisante. Les cellules pleines de miel qui,
comme nous l'avons dit, se trouvent dans la
partie supérieure du couvain, s'appuieront sur les
baguettes; de sorte que le couvain se trouvera
dégagé de toutes parts.

Le couvain, ainsi disposé sur notre machine,
on la met dans la ruche, tout près de ses rayons.
Nous prévenons qu'il peut arriver que les abeilles, en travaillant à de nouveaux rayons, leur
travail avance si vîte, qu'en peu de jours il des-

cende jusqu'à s'attacher aux rayons du couvain.
Pour empêcher cette réunion, il est nécessaire de
visiter la ruche quatre ou cinq jours après qu'on
y aura mis le couvain ; et si le nouveau travail
avance beaucoup, on retirera la machine avec
le couvain vers le bord de la ruche. Quelques
jours après on fera une seconde visite, et on
examinera sur-tout les rayons du couvain : on
retirera tous ceux qui en seront débarrassés,
et les baguettes qui les contenoient, pour laisser
un cours libre au travail des abeilles. S'il ne
restoit même qu'un ou deux rayons avec du couvain, on pourroit retirer tout-à-fait la machine,
et appuyer ces deux rayons sur les côtés de la
ruche, de manière que les abeilles pussent parcourir tout le couvain, ainsi que nous l'avons
remarqué. On pourroit aussi les appuyer sur les
nouveaux rayons que les abeilles construisent,
sauf à les arracher tout doucement, après que
le couvain en seroit sorti. Pour faciliter les
visites qu'on fera à la ruche, dans cette circonstance, on aura l'attention de ne point boucher
les ouvertures du couvercle et celles de la ruche avec du purjet ou de la bouse de vache,
ainsi que nous l'avons prescrit ailleurs : on se
contentera de les bien remplir simplement avec

de vieux linge, après avoir assujetti le couvercle avec deux ou trois chevilles.

Tout ce que nous avons dit ici sur la manière
de retirer les rayons du couvain, et de le rendre
à la mère, sera mieux entendu à la suite de ce
livre, où nous traiterons de plusieurs matières
qui lui sont analogues ; il faut sur-tout pour cela
lire l'explication de la machine en question.

CHAPITRE III.

Opinion de M. l'abbé Bienaimé, contraire à
ce que nous avons dit sur le temps le plus
favorable pour faire la récolte du miel et de
la cire.

Tout ce que nous avons exposé au chapitre
précédent, est plus que suffisant pour nous
convaincre sur les grands avantages des règles
que nous y avons établies sur la récolte des ruches. Ces avantages sont très - intéressans tant
pour les propriétaires que pour la conservation
et la prospérité de nos insectes. M. l'abbé
Bienaimé, dans son mémoire sur les abeilles,
propose une méthode de ne tailler les ruches

qu'au printems. En lisant avec attention le même chapitre, on doit être convaincu combien cette pratique s'oppose à l'intérêt des cultivateurs, et combien elle est dangereuse au bien-être des ruches. Notre auteur s'efforce d'appuyer son systême sur des raisons qui pourroient paroître plausibles à des cultivateurs sans expérience. Pour leur éviter cette erreur, nous allons exposer l'opinion de l'auteur et répondre à ses raisons.

« La saison la plus avantageuse pour faire la récolte du miel et de la cire, est toujours après l'hiver, dit M. l'abbé Bienaimé, pour plusieurs raisons. »

« La première, parce qu'en la faisant pendant ou avant l'hiver, l'on expose les abeilles à mourir de faim, si on ne leur a pas laissé assez de nourriture; ce dont on ne peut jamais bien juger, parce que cela dépend du temps plus ou moins froid qui les dégourdit plus tôt ou plus tard. »

« La seconde, c'est qu'elles peuvent mourir de froid, en leur ôtant les gâteaux de miel et de cire, qui les garantissent de cette cruelle saison, par la fermentation qu'ils occasionnent. De plus, elles se trouvent resserrées dans un si petit espace, qu'à peine elles peuvent s'y retourner. Elles tombent des rangs; elles n'ont pas dans ce temps là assez de force pour rejoindre les autres; le froid les saisit, et elles périssent: tandis qu'après l'hiver, j'entends, après l'hiver, au mois de mars souvent bien avancé, et même plus tard, quand la belle saison est venue, que les arbres, les plantes, les arbustes commencent à se parer de leurs fleurs; qu'il n'y a plus rien à craindre que quelques jours de mauvais temps; que l'on s'aperçoit que les abeilles commencent à travailler, qu'elles reviennent chargées de la campagne, avec toutes ces précautions, il est impossible qu'il leur arrive aucun accident. »

« Voici donc à quelle époque j'ai toujours coupé les miennes. Quand le prunier de Virginie, le cornouillier, l'abricotier en espalier, le jolibois, le pêcher, l'orme et tant d'autres arbres printaniers commencent à fleurir, et jusqu'à ce que j'aie vu une ou deux fleurs entièrement ouvertes sur un arbre quelconque, je ne les ai jamais coupées, et je m'en suis bien trouvé. »

« Il n'y a pas moins de danger à les couper pendant l'été que pendant ou avant l'hiver, parce que ou l'été est avancé ou il ne l'est pas: s'il est avancé, il est fort possible que les abeilles ne

ne puissent plus se munir de provisions suffisantes pour passer l'automne, l'hiver et le printemps ; si au contraire il n'est point avancé,
c'est précisément dans ce temps qu'elles sont
toutes occupées du travail, et à soigner les couvains. Cette opération leur cause un retard considérable, expose le couvain qui est sur le point
d'éclore, à périr, ou au moins le retarde beaucoup, parce qu'avant qu'elles aient réparé tout
ce qu'on leur a ôté, la belle saison se passe sans
donner d'essaim ; car elles n'essaiment jamais que
quand leur nombre excède celui qui leur est
nécessaire pour parfaire leur ouvrage, et ce
n'est que cet excédent qu'elles obligent d'aller
former ailleurs une autre colonie. »

« Il est bon de remarquer, poursuit le même
auteur, qu'avant de faire la récolte du miel et
de la cire, il faut préparer les abeilles à cette
opération plusieurs jours auparavant, ou plutôt dès qu'elles commencent à sortir. Pour cela,
il faut, de deux en deux jours, jeter avec un
aspersoir dans les alvéoles du gâteau qui se présente en avant, un peu d'eau et de vin mêlés ensemble. Sitôt que les abeilles en auront goûté,
elles se ranimeront, reprendront leurs forces,
comme dans la belle saison ; et si elles se trou-

vent dans le cas d'éprouver quelques vents froids dans les premiers jours qu'elles vont à la campagne, ce qui arrive presque toujours, elles se trouveront en état de s'en tirer sans aucun accident. »

Nous répondons à la première raison de cet auteur, qu'en effet nous croyons très-préjudiciable aux abeilles de récolter les ruches pendant l'hiver; mais de le faire dans le mois de juillet et vers la fin d'août, dans les circonstances et avec les précautions que nous avons exposées au précédent chapitre, cela ne peut produire presque aucun inconvénient; et si les abeilles pouvoient quelquefois avoir besoin de secours, les propriétaires ont des moyens pour le connoître et pour leur en fournir, avec beaucoup de facilité, ainsi que nous l'avons exposé ailleurs.

A la seconde raison de M. Bienaimé, nous répondons que sept à huit rayons dans nos ruches, contiennent ordinairement des provisions suffisantes pour la nourriture de nos insectes pendant l'hiver, et pour les abriter contre les rigueurs de cette saison, ainsi que nous en avons fait l'expérience dans l'hiver de 1788 et 1789 qui fut extrêmement rigoureux. En effet, nous avons toujours observé dans les ruches les plus fortes , que leur population qui , pendant la belle saison , s'étendoit jusqu'au couvercle , et remplissoit toute la ruche , ne manquoit pas, aussitôt que les premiers froids se font sentir , de se retirer au fond de la ruche , et de s'y serrer aussi étroitement les unes sur les autres , qu'à peine elles occupoient quatre à cinq rayons, laissant les autres à découvert.

Quoi qu'il en soit de la plus grande chaleur qu'un rayon plein de miel peut donner aux abeilles , cependant les sept à huit rayons fournis de miel , que nous laissons à nos abeilles pour leur provision , et le bouchon (1) de bois que nous enfonçons pendant l'hiver dans nos ruches, jusqu'à toucher les rayons , sont suffisans pour garantir nos insectes des rigueurs de cette saison.

Au reste, d'après ce que nous avons établi au premier livre, sur la manière de gouverner les abeilles pendant l'hiver, et d'après ce que M. l'abbé Bienaimé lui-même dit dans son mémoire sur les insectes, chapitre X, où il parle des dangers que courent les ruches exposées au soleil dans l'hiver, il faut avouer que trop de chaleur n'est pas fort favorable à nos insectes

---

(1) Nous parlerons ailleurs de l'usage de ce bouchon.

dans cette saison. Au sujet de cette même chaleur, on pourra voir ce que nous dirons au IV°. volume. Quant à ce que dit notre auteur, que les a-beilles ne pouvant se retourner dans un petit espace, tombent des rangs, et que le froid les saisit, cela ne provient point du trop peu d'es-pace : il est de fait que soit que les abeilles aient plus ou moins de rayons, elles se resser-rent dans l'hiver aussi étroitement qu'il leur est possible ; et toutes celles qu'on trouve mor-tes, ont péri de vieillesse ou de maladies, ou si le froid en a fait mourir quelques-unes, c'est pour s'être imprudemment séparées de leurs compagnes. Voyez à ce sujet le même volume.

A la dernière raison qu'apporte M. l'abbé Bienaimé, nous répondons que lorsque nous proposons de tailler les ruches à la fin de l'été, c'est avec la réserve de laisser aux abeilles la quantité de provisions qu'il leur faut à peu près pour passer l'hiver ; et quant au couvain, nous disons qu'il est beaucoup plus exposé, lorsqu'on taille les ruches vers la fin de mars, que vers le milieu de l'été, comme le démontre aussi M. Duchet dans le chapitre suivant, d'autant plus que dans cette saison tout le couvain est bien avancé, et couvert de sorte qu'il n'a aucun

besoin de nourriture de la part des abeilles. Si
par hazard quelque petite partie n'est pas assez
avancée, le grand nombre d'abeilles qui peuplent
alors les ruches, suffit pour travailler à de
nouveaux rayons, et pour nourrir cette petite
portion de couvain.

Nous concluons donc que les raisons de M.
l'abbé Bienaimé ne sont ni assez fortes, ni de
nature à nous faire abandonner la méthode que
nous avons établie de tailler nos ruches une,
ou même deux fois par an, selon l'abondance
des pâturages et la longueur de leur durée
dans chaque pays. M. Contardi nous assure
qu'il y a des cantons en Italie, où l'on taille
les ruches jusqu'à trois fois par an, et qu'a-
près cette troisième taille, elles ont encore
le temps de se bien fournir pour passer leur
hiver, tant est grande l'abondance et la durée
des pâturages de ces pays-là. Tous ces avantages, qui sont l'unique objet de la culture des
abeilles, n'existent presque pas dans la méthode
de tailler les ruches seulement au printemps.
M. Duchet est d'un avis tout opposé à celui
de M. l'abbé Bienaimé. La pratique de tailler
les ruches au commencement du printemps
étant en vigueur en Suisse, il s'élève avec beau-

coup de zèle contre cet usage dans un chapitre particulier. Tout ce qu'il en dit, pouvant intéresser les amateurs, nous avons résolu de le rapporter au chapitre suivant; mais nous croyons cependant devoir prévenir nos lecteurs que, quoique nous soyons de l'avis de cet auteur sur les dangers de récolter les ruches à la fin de l'hiver, nous n'admettons pas tous ses raissonnemens, du moins dans toute leur étendue.

CHPITRE IV.

Observations de M. Duchet contre la coutume d'enlever aux abeilles, au printemps, leurs provisions.

« M. Duchet, au chapitre IV de son traité sur les abeilles, vers la fin, avant d'entrer dans ses observations contre la coutume presque générale de son pays (*la Suisse*), d'enlever aux abeilles, quand on les sort au printemps, environ la moitié de leur provision, établit pour principe, que le miel n'est pas seulement nécessaire à la nourriture des abeilles déjà formées, mais encore à la formation des embrions et des nymphes, et même en plus grande quantité qu'on ne pense : à chaque jeune, jusqu'à son état parfait de mouche, il en faut, à tout le moins autant qu'en peut contenir un alvéole : par un petit calcul, dit-il, nous jugerons sainement de la quantité à peu près qu'il en faut jusqu'à la sortie de l'essaim. »

Nous n'avons jamais calculé sur la quantité de miel qui est nécessaire pour la formation d'une abeille. Nous savons seulement qu'elles nourrissent leurs embrions avec ces trois matières, le miel, la molividhe et l'eau. Voyez ce que nous avons dit au IIIe livre. D'après cela, on doit conclure que, pour la formation d'une abeille, il n'est pas nécessaire d'autant de miel que notre auteur le pense.

« L'auteur de la Maison Rustique, et plusieurs autres, font monter le nombre d'un essaim à dix mille mouches ; mettons encore quatre mille, pour réparer les pertes de l'hiver, et les journalières jusqu'à ladite sortie, au moins mille pour les avortons qui ne réussissent pas, qu'on voit manquant d'ailes, ou jetés dehors. En voilà déja quinze mille ; ajoutons encore cinq à six mille, qui doivent être commencées, et même bien avancées dans le même

temps, pour la conservation de la même ruche, nous en aurons vingt mille. Le miel que
les vieilles mouches et les jeunes consumeront
pendant deux ou trois mois, mérite d'entrer en
ligne de compte, d'autant qu'elles ne peuvent
vivre sans nourriture; mettons-le à la moitié
des vingt mille, nous aurons trente mille; s'il
en devoit sortir un second essaim, il en faudroit
encore 10 à 12000 de plus. Arrêtons-nous cependant aux trente mille; c'est-à-dire qu'il nous
faudra tout le miel que pourroient contenir trente
mille alvéoles. Un rayon d'un pied de long sur
six pouces de large, contient trois mille alvéoles, comme on peut le voir. Dix rayons semblables donneroient les trente mille alvéoles:
c'est cinq pieds quarrés de rayons pleins de
miel de deux côtés qui sont nécessaires. »

(*On peut lire ce que nous avons dit au quatrième livre sur la grandeur des essaims, et on
verra que M. Duchet n'est pas exagérant dans
tous ses calculs. Nous avons eu, cette année,
deux essaims, dont l'un pesoit huit livres;
l'autre plus de dix. Qu'on calcule le nombre
d'abeilles qui les composoient, d'après ce que
nous avons dit dans l'endroit cité.*

« Tablons présentement là-dessus, et raisonnons un moment sur la coutume presque générale en ce pays d'enlever aux abeilles, quand on les sort au printemps, environ la moitié de leur provision. »

« Après la consommation d'hiver, il n'y avoit peut-être pas deux ou trois pieds quarrés de rayons pleins de miel de chaque côté, combien qui en auroient encore moins ! on en enlève la moitié ; reste un pied ou un pied et demi : il en manque encore trois ou quatre, objet très-considérable, puisqu'elles n'ont qu'environ le quart de ce qu'il leur faut, où prendront-elles les autres trois quarts ? »

« On va me dire : la campagne est ouverte, que les abeilles aillent à la quête : oui, elles y iront, et avec ardeur ; si la saison fournit de quoi, tout ira bien, mais si le miel manque, ou qu'il n'y en ait pas assez (car il manque souvent, comme nous verrons ci-après) ; s'il survient de longues pluies froides, de fortes gelées, des neiges de plusieurs jours, des bises noires, etc., comme il arrive assez souvent, que feront nos pauvres abeilles ? Il est facile de juger de ce qui leur arrivera : le soin que les mères ont de leurs enfans ou de leurs petits, les engagera à sacrifier le reste de leurs provi-

sions à la première couvée, qui n'est pas ordinairement nombreuse, et elles se verront dès-
lors obligées de vivre, comme on dit, au jour
le jour, pendant qu'elles pourront sortir; elles
trouveront peut-être de quoi vivre, mais non
pas assez pour recommencer une couvée, s'af-
foibliront, au lieu de se fortifier; et, dès que
la langueur les aura saisies, elles ne sortiront
que long-temps après les autres, ne rencontre-
ront que des fleurs déjà sucées par les autres
mouches, foibles restes des plus fortes; se re-
buteront et gagneront leurs demeures, plus
foibles, plus affamées qu'elles n'en sont sorties,
si même elles n'en tombent pas d'inanition à la
campagne; deux ou trois jours mauvais arrive-
ront, et la ruche périra entièrement. Le maître
les taxera de paresseuses, ou se plaindra de son
mauvais sort, pendant que son avidité ou sa
négligence à fournir à leur besoin, sera la cause
unique de leur mort qui, au reste, n'a rien de
surprenant, puisqu'on leur a enlevé leur miel
dans un temps où leurs besoins demandoient
plutôt qu'on leur en donnât. C'est agir contre
la raison, que de troubler la nature dans ses
opérations, sur-tout dans le temps le plus critique, et qui décide du sort de la mère et de

l'essaim : si on veut agir, qu'on aide plus tôt que de nuire. »

(On a observé quelquefois à Syra , des ruches bien fortes , qui promettoient beaucoup , périr au printemps , après quelques jours de pluies , de vents ou de froid ; et cela , par la même raison que dit M. Duchet : les abeilles avoient consommé leurs provisions à élever les couvains , et à se nourrir , et ne pouvant s'en procurer de dehors , elles ont péri de faim.)

« La chaleur au printemps, assez froid ordinairement, est nécessaire pour faire éclore le couvain; si elle manque ou qu'elle soit interrompue, que peut faire le couvain que de périr ? C'est pour continuer cette chaleur que les ouvrières se tiennent collées sur leurs couvées pour les échauffer : le miel d'ailleurs pris en nourriture, contribue à exciter la chaleur. Si la disette les contraint d'aller bien loin pour se procurer souvent très-peu de chose , leur absence occasionnera le refroidissement du couvain. Jamais la poule n'a plus besoin de trouver de nourriture prête, que quand elle couve, ni de l'avoir abondante, que quand elle a à se nourrir elle-même, et une nombreuse couvée de poulets. Il peut très-souvent arriver que pour une livre ou moins de miel enlevé au printemps, vous perdiez la ruche, et l'essaim qui en seroit provenu. Belle économie ! perdre la valeur de deux gros écus pour huit ou neuf sous, valeur du miel enlevé. »

« On a donc tort d'enlever le miel des ruches au commencement du printemps. Le seul cas où on devroit le faire, est quand la ruche est si pleine de miel, qu'il ne reste pas de place suffisante pour le couvain qui demande, comme nous venons de le voir, des alvéoles vides, et même en ce cas, on feroit mieux de leur donner de la place par une semi-ruche introduite par-dessous, parce que si le printemps est favorable, le vide sera bientôt rempli ; ou, s'il ne l'est pas, par la consommation qui se fera du miel pour la nourriture des abeilles et du couvain, les alvéoles se sont vidés, et donneront de la place. (*Voyez ce que nous avons dit, à ce sujet, au chapitre II.*

« Si la rapine qu'on fait du miel en ce temps, est si préjudiciable aux abeilles, comme on vient de le voir, par le même principe la négligence à nourrir les foibles, ou de bonnes mères qui sont épuisées par de nombreux essaims, ne l'est pas moins : les mêmes raisons le démontrent; et ceux qui nous diront que de nourrir ces insectes, c'est les rendre paresseux, recevront pour toute réponse, que c'est encore un de ces préjugés faux, et très-préjudiciable à la multiplication de ces insectes, quoique généralement suivi dans ce pays, où l'on abandonne les ruches à leur fortune bonne ou mauvaise. Et si on cite l'expérience de ceux qui, ayant nourri leurs abeilles, se sont trouvés mal-récompensés, on leur répondra, ou qu'ils ont commencé trop tard à leur fournir de la nourriture, comme le paysan qui court au médecin quand le malade est à l'agonie, ou qu'ils ne l'ont pas fait assez copieusement ou assez long-temps, jusqu'à la sortie du couvain et à l'arrivée des beaux jours, ou qu'ils ne l'ont pas fait de la bonne manière, ou qu'enfin il y a eu d'autres causes de la perte de la ruche, comme la mort de la reine, le pillage, etc. »

« Que risque-t-on au reste de leur laisser en cette saison critique leur miel, ou de leur en donner dans le besoin ? elles n'en abuseront pas; et si elles en ont au-delà de leurs besoins, elles le mettront en réserve, le ménageront très-sobrement, et le garderont très-soigneusement. L'expérience nous démontre, que plus elles sont

riches en miel, pourvu qu'elles aient de la place
et de la peuplade, plus elles donnent d'essaims,
et même augmentent leurs richesses. Sans provision elles sont trop exposées : un ou deux mauvais jours peuvent les faire périr sans ressource.»

« En les dégraissant au printems, on ne
peut, du moins dans les ruches ordinaires, que
leur enlever de la cire vide. Cet enlèvement
seconde-t-il leur instinct, et n'est-il pas nuisible aux couvées ? Quelques réflexions vont
nous mettre au fait. L'abondance des jeunes
augmentera le nombre et la force des essaims,
et conservera la prospérité des mères-souches.
La fécondité de la reine pour produire des
œufs est immense; la nécessité de la cire vide
pour recevoir l'œuf, et celle d'un alvéole vide
de miel pour la formation de chaque abeille
à naître, est par tous les cultivateurs d'abeilles
connu, ainsi que le grand nombre qu'il en faut.
Or il peut fort bien arriver que l'œuf, quoique imperceptible par sa petitesse, est déjà mis
dans chaque alvéole vide, ou dans la plupart
des rayons qu'on enlève. En enlevant plusieurs
rayons, comprenez combien d'abeilles vous avez
détruites, ou empêché de naître. Un rayon d'un
pied de long sur six pouces de large, contient

trois mille alvéoles ; si vous en avez enlevé trois ou quatre semblables, il vous est aisé de calculer et de voir qu'il y en a passé dix mille, ce qu'il faut pour un bon essaim. »

« Vous conviendrez encore, que par cette manœuvre vous avez retardé la génération d'un semblable nombre de mouches, au moins de quelques mois, c'est-à-dire jusqu'à ce qu'aient été faits de nouveaux rayons, et trois semaines ensuite pour la formation du couvain. Ce n'est guères qu'à la fin d'avril ou au commencement de mai, souvent beaucoup plus tard, que la cire neuve commence à se fabriquer, quand le miel est très-abondant. Faites encore attention, que c'est précisément dans la saison de cette abondance de miel, qui pour l'ordinaire se rencontre en ce même temps par la quantité de fleurs fournies par les arbres et les prés, que les cellules vides sont plus nécessaires à nos insectes pour couver, déposer, et emmagaziner le miel, qu'elles trouvent au-delà de leurs besoins : manque d'alvéoles, il faut laisser périr la moisson sur le champ, et la vendange dans la vigne, parce qu'il faut bâtir la grange, et construire les tonneaux. »

(*Cette raison pourroit être bonne pour toute*

autre personne, qu'elle ne le seroit jamais pour M. Duchet, qui prétend que c'est du miel digéré ou évaporé, que se forme la cire. Dans le cas donc d'une abondante récolte de miel, il seroit facile aux abeilles de se donner autant de rayons qu'elles voudroient par la digestion de cette même liqueur.

« Les autres récoltes, quoique mûres, peuvent être différées de quelques semaines; mais celle du miel disparoît le même jour. Le miel comme le temps, dès qu'il a paru, ne revient plus : il peut tout au plus en revenir d'autre. Mettez vis-à-vis de ces pertes le profit que vous croyez avoir fait d'un quart ou demi-quart de cire, et admirez la sagesse de votre économie : pour la valeur d'une dixaine de sous, vous perdrez un gros écu : balancez la perte avec le profit, et je me tais. »

« Vous n'en vouliez pas (direz-vous) à la cire, mais il y avoit du miel au-dessus, que vous ne pouviez pas avoir autrement. Par la même raison vous auriez dû le laisser. »

« Si vous aviez les saisons à votre disposition, et que votre rapine fût suivie par des jours tous excellens, vous pourriez peut-être vous en applaudir; mais dans ce climat, si sujet

à

à des contre-temps, dans l'incertitude de l'a-venir, exposer vos ruches à languir, ou périr, comme on le voit souvent, c'est une témérité impardonnable. »

« Vous avancerez peut-être que la cire vieille et noire n'est pas propre au couvain, et qu'il convient de leur donner de la place, crainte que les abeilles ne s'adonnent à la paresse. »

« Quant au premier, on voit de la cire de cinq ou six ans aussi bonne à couver que de la fraîche, par les essaims qui en sortent; et quand on vous accorderoit ce que vous avancez, vous ne devez pas suivre votre méthode par la perte de tant de couvains. »

« Quant au second, je conviens avec vous qu'il faut leur donner de la place, non pas pour éviter la paresse, qui n'a pas lieu par trop de richesses, chez ce peuple laborieux, d'autant qu'il est incapable de calcul. L'expérience nous apprend, que les plus riches en miel, pourvu que la place ne leur manque pas, sont les plus empressées à grossir le trésor de leurs maga-sins; mais leur perte proviendra du défaut de recrues, occasionné par le manque de place: on a indiqué ci-devant le moyen le plus con-venable de leur en donner. »

Tome III.   X

« Le dégraissement qu'on en fait l'automne entraîne avec soi les mêmes inconvéniens, si on en excepte l'enlèvement des alvéoles vernis ou remplis d'œufs ou de couvains; toutes les raisons avancées ci-devant sont les mêmes, d'autant que l'hiver ne peut ni rétablir les rayons ni les remplir. »

« Ce que cette pratique a de meilleur que celle du printems, est qu'on retire des rayons ordinairement plus pleins, auxquels les abeilles n'ont pas touché, et que leur enlèvement cause un plus grand volume d'air dans la ruche ; mais puisqu'on peut autrement leur procurer de l'air, il vaut mieux leur laisser leur miel jusqu'à un autre temps. »

Si on observe bien ce que nous avons dit ci-dessus au chapitre II, sur les ménagemens que l'on doit avoir en récoltant les ruches, et sur la quantité de rayons et de provisions qu'on doit leur laisser, l'usage de tailler les ruches, dans l'automne (lorsque la bonté de la saison et l'abondance de la récolte le comportent) n'est en aucune manière préjudiciable aux abeilles, comme celui de les vendanger au printemps.

Mais ce qui fera connoître mieux l'inutilité

de l'opinion de M. l'abbé Bienaimé, et l'avantage de l'opinion de M. Duchet, et sur-tout de la nôtre, c'est ce que nous dirons à la suite, sur le grand produit qu'on peut retirer de la culture des abeilles par des récoltes réitérées dans l'été et dans l'automne de la même année.

Venons maintenant à parler de la manière de récolter les ruches, et avant de rapporter celle que nous pratiquons à Syra, examinons celles qui sont en usage dans ces pays. De tous les auteurs que nous avons lus, et qui en parlent, c'est M. Ducarne qui traite ces différences matières avec le plus d'exactitude, et qui nous en donne un plus long détail. C'est d'après lui que nous les rapporterons, en y mêlant toujours nos réflexions.

CHAPITRE V.

De différentes méthodes vicieuses en usage pour s'approprier les provisions des abeilles, tirées de M. Ducarne, avec quelques réflexions.

« POUR avoir le miel et la cire, dit M. Ducarne, on ne sait autre chose dans plusieurs provinces du royaume, que de faire périr toutes les mouches par qui la récolte en a été faite, avec tant de travail et de soins. On a inventé, enseigné et varié différens moyens pour cette belle opération. Le plus prompt et le plus expéditif qu'on ait trouvé, c'est de faire un trou en terre, d'y jeter quelques linges soufrés et tout allumés, de poser aussitôt la ruche dessus, et de ramener ensuite la terre tout autour, pour empêcher la fumée et les abeilles de s'écarter: voilà un beau procédé! »

« Quelqu'un pourroit dire qu'on n'étouffe que de vieilles ruches, dont il n'y a plus rien à attendre, plutôt que de les voir consommer leurs provisions pendant l'hiver suivant. »

« Cette raison prouveroit l'ignorance et l'avarice de ceux qui s'en autoriseroient, mais ne les justifieroit pas. Un essaim n'est pas composé uniquement de jeunes abeilles, plusieurs anciennes se joignent à celles de l'année ; de même il reste plusieurs de celles-ci dans la mère-ruche. La reine qui pond pendant presque toute l'année, qui donne de nouveaux habitans après la sortie d'un essaim, renouvelle continuellement la ruche. On n'a donc aucun motif de supposer que les abeilles d'une ruche, quelqu'ancienne qu'elle soit, sont toutes vieil-les ; il est au contraire bien démontré qu'elle est en partie composée de jeunes mouches de l'année. Ceux qui ont examiné et suivi les a-beilles de plus près, prétendent que les plus vieilles ne vivent pas au-delà d'une année, et qu'une ruche est un cercle continuel de vivans et de mourans. On a même déjà fait quelques expériences qui établissent ce fait assez vrai-semblablement. (*Voyez ce que nous avons dit à ce sujet au chapitre X du IIIe livre, sur la vie des abeilles*). Si la vieillesse prétendue des abeilles étoit une raison suffisante de les dé-truire, il faudroit donc les étouffer toutes à la fin de chaque année.

« Il n'y a pas plus de raison et d'équité dans la pratique de ceux qui les détruisent pour avoir toutes leurs provisions, et pour les empêcher de consommer tout leur miel pendant l'hiver. Ne vaut-il pas mieux retrancher le superflu de ces provisions dans les différentes saisons de l'année qui le permettent, que de se priver tout d'un coup du profit qu'elles produiroient le prin-temps suivant, par les essaims qu'elles donne-roient ? Ce n'est donc qu'à l'envie d'avoir quel-ques livres de miel de plus, qu'on sacrifie tant

d'ouvrières capables par elles-mêmes d'en ramasser d'autres, et de contribuer à élever de nouvelles ouvrières, par lesquelles elles seroient
remplacées quand elles viendroient à périr. Que
diriez-vous d'un propriétaire qui feroit abattre
un arbre pour avoir tout le fruit dont il est
chargé, ou qui feroit tuer la chèvre pour avoir
tout d'un coup tout son lait ? »

« La meilleure raison que ces destructeurs
d'abeilles puissent alléguer, c'est l'impossibilité
de renouveler les vieilles ruches, et de leur
ôter leurs provisions. Il vaut beaucoup mieux
s'emparer de leurs dépouilles aux dépens même
de leur vie, que de les élever à pure perte et
sans en tirer aucun profit, ou que de les livrer
à la merci des vers et des teignes qui consomme-
roient toutes leurs provisions, et les forceroient
enfin à leur abandonner leurs ruches ».

« Pour cette raison on a adopté dans plusieurs endroits la méthode de les transvaser,
ou, comme on dit, de les traverser ou de les
châtrer. Ces deux moyens sont véritablement ce
qu'on a imaginé de mieux pour la conservation
des abeilles dans l'ancienne méthode. Les efforts
des auteurs les plus zélés et les plus favorables
aux abeilles, n'ont pu aller plus loin ; mais en

rendant justice à la droiture de leurs intentions, il me sera facile de faire voir que ces deux pratiques sont insuffisantes, et qu'elles ne remédient à un mal que par d'autres maux aussi réels et aussi dangereux. Ne parlons d'abord que de la taille de ruches. Pour en faire connoître les inconvéniens, je vais dire en peu de mots la manière dont on la fait. »

» On prend une ruche qu'on renverse et qu'on assujettit, ou en la tenant entre ses jambes, ou en la mettant dans une chaise couchée. Ensuite avec un couteau dont la lame est un peu courbée, comme celle des serpettes, on coupe et on retranche les gâteaux qu'on veut avoir. Je pourrois ici avec raison faire valoir le danger auquel on s'expose en faisant cette expédition militaire en plein midi, comme le conseillent quelques-uns, à cause que la plupart des abeilles sont alors en campagne. Quelque bien masqué que l'ouvrier puisse être, il sera assailli par la foule des abeilles qui reviendront des champs ; furieuses de voir leur habitation renversée, leurs provisions livrées au pillage, elles s'acharneront contre l'ennemi qu'elles trouveront occupé de ce funeste projet ; elles le fatigueront, elles le harcèleront, le dévoreront si elles peuvent, le désoleront tout au moins et le forceront à abandonner son entreprise.»

« Combien d'ailleurs n'en périra-t-il pas de celles qui auront lancé leur aiguillon, et qui l'auront laissé dans les habillemens de l'ennemi commun. Si l'on tente cette opération la nuit ou de bon matin, tandis qu'elles sont encore engourdies, qu'on augmente même cet engourdissement par la fumée d'un linge, on risque évidemment, en coupant les gâteaux, de faire périr un bon nombre d'abeilles; elles remplissent alors presque toute la ruche : comment échapperoient-elles aux coups meurtriers que leur portera une main naturellement mal-habile, ou qu'on ne peut conduire et éclairer comme on le désireroit? La reine, cette tête si précieuse, si essentielle à la république des abeilles, ne se trouvera-t-elle pas malheureusement comprise dans le nombre de celles qui périssent nécessairement pendant cette périlleuse manœuvre? Mais, indépendamment de ces inconvéniens très-grands en eux-mêmes, il y en a encore d'autres pour le moins aussi redoutables, et qu'on ne peut cependant éviter, quelque précaution qu'on puisse prendre. «

« Dans quelle saison de l'année prétend-on

tailler les ruches ? Les uns veulent que ce soit
à la fin d'hiver, d'autres au mois de juillet ou au
mois d'août ; d'autres assignent d'autres saisons,
selon les différentes provinces dans lesquelles
on se trouve. Or, en quelque temps qu'on tente
cette expédition, il est impossible qu'on ne fasse
périr une grande quantité de couvains, c'est-à-
dire de nymphes ou de vers qui doivent se
transformer en abeilles ; tandis qu'on tranche
à la hâte dans l'intérieur d'une ruche où tout
est également ténébreux et embarrassé, on portera souvent le couteau fatal sur des gâteaux
qui contiennent des œufs ou des mouches qui
vont éclore ; on coupera indifféremment les
rayons qui doivent rester, et ceux qui peuvent
être emportés, et par là on épuisera cette ruche, et on la mettra hors d'état de se repeupler
elle-même ou de donner des essaims. »

« Il est vrai que pour éviter ce malheur, il
ne s'agit que de connoître les cellules qui renferment le miel, et celles qui renferment le
couvain. Mais, quoique cette connoissance ne
soit pas bien difficile à acquérir, il n'en est
pas moins vrai que dans les circonstances dont
nous parlons, ce discernement n'est pas aisé à
faire sur le champ, et que les plus habiles

pourroient s'y tromper ; les alvéoles qui renferment le miel sont bouchés avec un couvercle,
comme ceux qui contiennent le couvain, avec
cette seule différence que les couvercles des
cellules à miel sont plus plats que ceux des cellules du couvain. Il y a d'ailleurs des gâteaux
dont les alvéoles ne sont remplis que d'un couvain moins apparent, ou de très-jeunes vers.
Pense-t-on que tout le monde soit en état de faire
sur le champ cette importante distinction ? Il y
a tel homme de campagne ou d'une autre con-
dition, qui n'apprendra jamais à distinguer ces
différentes cellules. Il y en a qui, après trente ans
d'usage et d'exercice, font encore les mêmes
fautes que la première année. »

« Mais, j'y consens, supposons tous ceux qui
se mêlent d'élever des abeilles aussi intelligens
que le besoin et les circonstances l'exigent ; sup-
posons-les encore assez prudens, assez réservés,
pour ne retrancher précisément que le superflu
des abeilles, pour leur laisser tout le reste,
iront-ils chercher le meilleur miel, qui est toujours dans le haut de la ruche, et dont on ne
peut s'emparer qu'en traversant toute la ruche
ou en détruisant tout un côté des gâteaux ?
Je serai encore assez indulgent pour leur accor-

der cette prudence et cette adresse si rares, et cependant si nécessaires dans une pareille opération, au moins on ne disconviendra point, qu'une ruche, quoique taillée à l'aise, et avec discrétion, ne fasse périr un bon nombre de mouches, qui iront nécessairement s'embourber et s'empâter dans les parois de la ruche, et dans les gâteaux qui seront entâmés. Leurs ailes s'attacheront à cette matière tenace et gluante que vous avez remuée, et elles se trouveront arrêtées, sans qu'elles puissent se dépêtrer et se débarrasser. »

« Il est même d'expérience, qu'il suffit de couvrir leurs ailes d'un peu de miel pour les faire périr, parce qu'on bouche par là et qu'on condamne les organes de leur respiration ou les stygmates qui sont sous leurs ailes, et qui leur tiennent lieu de poulmons. Ce n'est pas néanmoins que, si elles restoient dans la ruche, et qu'elles ne tombassent point à terre, cet accident fût à craindre pour celles là-mêmes, comme nous le verrons ailleurs, parce que les abeilles du dedans les lècheroient, et les nettoieroient de façon qu'il n'y paroîtroit plus ; mais c'est que celles qui sont tombées, n'ayant personne pour leur rendre ce service, et ne pouvant se le procurer elles-mêmes, sont obligées de rester où elles sont tombées, et d'y mourir à la fin, à moins que quelque abeille officieuse ne vînt enfin les secourir et les tirer l'affaire. »

« On ne sera donc point surpris, lorsque je dirai que de cette multitude de ruches qu'on entrepend de châtrer et tailler, il en est très-peu qui réussissent et qui réchappent. La plupart deviennent foibles et languissantes, et souvent elles sont absolument abandonnées par les abeilles, qui en sont dégoûtées ou qui sont pillées, soit par les étrangères, soit même par celles qui habitoient la ruche. Cette pratique, quoique perfectionnée par une infinité de préceptes et de documens, a passé tellement dangereuse pour le propriétaire, pernicieuse aux abeilles, que dans bien des provinces on y a entièrement renoncé. Dans la Lorraine et à Yone-la-Ville, près de Petiviers, diocèse de la Généralité d'Orléans, où il y a une belle manufacture de cire, on ne dégraisse et on ne taille plus les ruches. On a recours à une autre méthode, qui consiste à faire changer les abeilles de panier. On profite ainsi de tout ce qu'elles ont fait jusqu'alors, et c'est ce qu'on appelle transvaser ou traverser. On fait tous les ans dans ces provinces, pour dépouiller les abeilles de leurs provisions, ce qu'on fait ailleurs lorsque les ruches sont attaquées par les vers et par les teignes, ou lorsqu'elles sont trop vieilles et trop anciennes. Il y a deux façons de la faire etc. »

CHAPITRE VI.

Suite du même objet.

« Voici en peu de mots le détail de chacune de ces deux manières de faire changer les abeilles de panier, c'est-à-dire de les faire transvaser ou traverser. »

« 1°. Pour forcer les abeilles à ce passage d'une ruche pleine dans une ruche vide, on renverse sens dessus dessous la ruche peuplée, comme lorsqu'on veut la tailler, et on la couvre aussitôt de la ruche vide, de façon que la base de l'une soit appliquée sur la base de l'autre. Comme il n'est presque pas possible que les diamètres de deux ruches soient tellement égaux, qu'il y ait quelques vides qui sont autant de portes par lesquelles les abeilles pourroient s'échapper, on bouche sur le champ ces vides avec quelque terre grasse ramolie par l'eau, ou avec de la bouse de vache, ou même on se sert d'une longue serviette, ou d'une petite nappe rendue étroite par des plis redoublés. Après ces préparatifs, on frappe contre les côtés opposés de la ruche inférieure avec deux baguettes, pour forcer les abeilles à quitter une habitation incommode, et où on ne les laisse pas tranquilles, pour passer dans une autre qui n'est pas ébranlée par des coups continuels. Si les abeilles, ou même la reine, ne jugent pas à propos de s'expatrier et de déménager, ce qui ne leur arrive que trop souvent, on agite violemment les deux ruches avec les deux bras, et quand on est parvenu à faire passer un bon nombre d'abeilles dans la ruche vide, on se hâte de séparer les deux ruches, et de porter celle qu'on voudroit remplir à la place de celle qu'on veut vider. »

Obs. I. Il faut faire attention que cette secousse violente des ruches ne doit pas se faire lorsqu'il y a des abeilles qui ont passé dans la ruche supérieure et qui se sont formées en peloton, parce qu'en pareil cas elles tomberoient toutes dans l'ancienne.

Nous craignons aussi que cette même se-

cousse ne fasse culbuter plusieurs rayons de la
ruche ancienne qui pourroient écraser la reine.
Mais, d'après la pratique de ces messieurs, il
faut croire que nos craintes sont sans fondement.

« On secoue ensuite rudement la vieille ruche
sur un drap pour en détacher et en faire tomber
toutes les opiniâtres qui auroient conservé trop
d'affection pour leur ancienne demeure, sauf
à elles d'aller rejoindre leurs compagnes de
malheur, et de se servir d'une planche qu'on
leur présente, comme d'un escalier pour regagner leur nouveau domicile. »

Obs. II. Nous appréhendons pareillement, que
cette secousse, qui doit être encore plus violente que la première, ne dérange les rayons,
au grand détriment de nos insectes. Nous croyons
même que lorsqu'une ruche est pleine de rayons,
pareille secousse ne suffit pas pour en détacher
toutes les abeilles. Quand une ruche au contraire est vide de rayons, nous savons que la
moindre secousse contre terre peut faire tomber l'essaim. Quoi qu'il en soit, si les abeilles
sont effectivement tombées sur le drap, nous
pensons qu'on devroit aussitôt le soulever, et
l'exposer sur un banc ou sur une chaise qu'on
approcheroit contre l'entrée de la ruche, pour

que les abeilles puissent y entrer aisément, ou même, ce qui seroit encore mieux, la ruche dans laquelle une partie des abeilles est déjà passée par la première opération, devroit être posée sur celles qui se trouvent sur le drap, et qui ne tarderont pas à rejoindre leurs compagnes. Cette pratique est d'autant plus préférable, que si, par hasard, la reine se trouvoit sur le drap, non-seulement les abeilles qui l'entourent n'iroient pas joindre celles de la ruche, mais que toutes celles qui y seroient, viendroient successivement se rassembler autour de leur ancienne reine, sur-tout si elle n'est pas loin de son emplacement.

Toutes ces observations, comme on voit, sont très-naturelles et très-intéressantes : cependant l'auteur cité par M. Ducarne n'en fait pas mention. Il faut croire, ou qu'elles lui ont échappé, ou qu'il n'a pas écrit d'après son expérience ; et, dans ce cas, ce qu'il nous dit sur la bonté de semblables opérations, est très-douteux.

« On a encore travaillé dans bien des endroits à perfectionner cette méthode prompte et facile de s'emparer de toutes les munitions d'une ruche ; on enfume les abeilles comme des renards, pour

pour les obliger à sortir par un trou qu'on pratique au haut de la ruche, et à se réfugier dans celle qu'on a placée au-dessus. »

OBS. III. Nous croyons que cette méthode de transvaser les ruches est préférable à toutes les autres; mais pour cela, au lieu d'un trou, il faut avoir des ruches avec des calottes qu'on puisse lever à volonté; nous en avons vu aux environs de Versailles, qui doivent être très-propres pour cette transvasion. Elles sont construites avec une ouverture dans leur partie supérieure, de trois pouces environ, qu'on couvre avec une sorte de calotte de paille; celle-ci est attachée à la ruche avec du fil de fer, ou de l'osier, de manière qu'on peut aisément la retirer et la remettre. Ces mêmes ruches à calotte peuvent nous servir pour former des essaims artificiels, ainsi que nous le dirons au quatrième volume.

« Ce que je viens d'exposer, *poursuit M. Du-carne*, je l'ai tiré mot pour mot d'un bon livre où je l'ai lu; mais comme ce livre ne dit pas tout, j'ajouterai qu'au lieu de nappe, j'ai vu un jeune homme, qui l'entend très-bien, se servir pour cela d'un sac assez large et assez long pour envelopper la ruche toute entière,

ensorte qu'on puisse le replier encore des deux
bouts d'un pied l'un sur l'autre. A l'un de ces bouts
il y a une grande corde , grosse comme le petit
doigt, qui peut faire plusieurs tours autour des
ruches ; et faire joindre le sac sur les ruches
dans toute sa largeur. Au lieu de baguettes, ce
jeune homme les frappe avec les deux poignets
garnis de gros gants, et il prétend que cela
vaut mieux. Enfin, quand il a frappé continuellement la ruche inférieure pendant l'espace
d'environ vingt minutes, il approche l'oreille
contre la ruche supérieure, et écoute de temps
à autre pour savoir si la reine y est montée, ce
qu'il reconnoît au grand bruit qui s'y fait. »

« Enfin, pendant l'opération qui se fait en
tenant les deux ruches sur ses genoux, étant
assis sur une chaise, on met une ruche vide sur
la place de celle qu'on transvase pour amuser
les abeilles du dehors , qui reviennent des champs
à chaque instant; elles y entrent à l'accoutumée,
la prenant d'abord pour la leur, et en sortent
ensuite pour voltiger autour et y rentrer encore, et en sortir ensuite jusqu'à ce qu'on y
remette celle où se trouvera leur reine. »

« 2°. L'autre consiste en ce qu'au lieu d'a-
boucher les deux ruches l'une contre l'autre, on

laisse ouverte celle qu'on veut transvaser. Après
l'avoir ôtée de sa place, on vient la renverser
sur le côté devant le rucher, la taie tournée du
côté et vis-à-vis de la même place qu'elle occupoit : alors on frappe cette ruche avec des baguettes, en commençant par le fond, et en
avançant à mesure vers la taie, ce qui ne manque point, dit-on, de les faire déloger toutes
pour regagner la ruche vide qu'on a posée à la
place de la leur, qu'on a soin, pendant l'opération, d'approcher de celle-là le plus près qu'il
est possible, en leur donnant la facilité d'y remonter, au moyen d'un bout de planche assez
large, placé à l'entrée de cette ruche. »

« Je conviens que ces procédés sont moins bar-
bares et moins cruels que ceux de nos ciriers,
et de tous ceux qui étouffent les abeilles ; mais
il faut convenir aussi, qu'ils sont sujets à quelques inconvéniens bien réels. Je n'insisterai pas
sur la peine qu'on a quelquefois à les faire déloger, et sur-tout la reine, sans laquelle toute
l'opération devient inutile. Je sais que le jeune
homme dont je parlois tout à l'heure, en traverse tous les ans près d'un cent, sans que depuis dix à douze ans que je lui vois faire cette
opération, il en ait manqué peut-être deux par

an. Mais je sais aussi que ceux qui le font, ne l'entendent pas tous aussi bien que lui.»

OBS. IV. L'objet principal de semblables transvasions, n'est pas de sauver pour le moment les abeilles et la reine, et de les faire passer dans une autre ruche saines et sauves : sans l'avoir jamais vu pratiquer, nous nous faisons fort de transvaser cent ruches sans en manquer peut-être une seule. Ces transvasions ne sont avantageuses qu'autant que les abeilles, ainsi transvasées, auront la force et la commodité de se bâtir des rayons capables de les abriter, et de se procurer des provisions suffisantes pour l'hiver ; ce qui dépend principalement de la température de la saison et de la fertilité du pâturage, ce qui paroît manquer aux ruches dont parle l'auteur, puisqu'il dit plus bas, que de cent ruches transvasées de cette manière, il n'y en a pas dix qui réussissent. M. Contardi, que nous avons cité ailleurs, assure qu'en Italie il y a des propriétaires qui transvasent ainsi leurs ruches deux et trois fois par an, et qui réussissent supérieurement ; mais c'est dans des cantons où les pâturages sont de la première qualité, et durent très-long-temps.

Si les pertes immenses qu'essuient les ruches transvasées dans ces cantons sont telles que l'auteur l'atteste, nous croyons que c'est une grande folie que de transvaser ainsi toutes les ruches qu'on possède ; ce seroit les exposer à une perte entière. Mais ce qu'on pourroit faire sans danger, ce seroit de transvaser toutes celles qu'on voudroit réformer ; et à la fin de la campagne, de les dépouiller entièrement, et faire passer les abeilles dans des ruches que nous voulons conserver, ainsi que nous le propose M. Ducarne ci-après.

« Je passe à une observation plus importante : je ne parle ici que de ce qui se fait, et non de ce qui devroit se faire ; car j'enseignerai ci-après (chapitre suivant), une autre méthode qui ne sera point sujette à tous les inconvéniens de celles dont il est question. Je vais donc continuer à rendre mot pour mot ce que je trouve là-dessus dans le livre, dont j'ai parlé. »

« On ne peut , dit cet auteur, tenter de traverser une ruche que dès le commencement du printemps jusqu'à la fin de l'été, c'est-à-dire, dès le mois d'avril jusqu'au mois d'août. Il est évident qu'on perdroit infailliblement une ruche, si on commençoit trop tôt, ou si on attendoit trop tard. Dans le premier cas, on la feroit périr de froid et de disette, en la dépouillant de ses provisions; dans le second cas, on l'empêcheroit de se prémunir contre les rigueurs de l'hiver, et elle périroit infailliblement avant la fin de l'automne.

Obs. V. Nous pensons que pour les environs de Versailles, le plus tard qu'on pût entreprendre cette transvasion ce seroit vers la fin de juillet, et nous n'en répondrions même pas, à moins que la saison ne fût aussi propice que cette année (1791), où les luzernes sont excellentes: nous ne savons pas pourquoi elles ne sont pas encore coupées le 20 août, époque à laquelle j'écris cet article. Cette plante est si bonne, et la saison si favorable, que plusieurs de nos ruches travaillent encore en rayons qui tous sont pleins de miel. Sans ces circonstances, nous sommes persuadés que si on différoit la transvasion jusque bien avant dans le mois d'août, toutes les ruches périroient. Il est inutile de répéter que nous ne parlons que pour les environs de Versailles. — On nous opposera peut-être qu'au chapitre II ci-dessus, nous avons proposé de tailler les ruches même à la fin d'août; mais autre chose est de les tailler en

leur laissant le nécessaire , ou de les transvaser en les dépouillant entièrement.

« Or, en quelque temps que vous les transva-
siez , vous faites une perte irréparable : vous
sacrifiez nécessairement tout le couvain de la
ruche, et ce couvain est l'unique ressource qu'on
ait pour la soutenir, la peupler, la renouveler.
Sans lui, vous n'aurez dans la ruche que vous
venez de transvaser, qu'un peuple foible, languissant, appauvri et exténué par le défaut de citoyens et d'habitans qui puissent remplacer ceux
qui meurent journellement. D'ailleurs, combien
d'abeilles périssent pendant l'opération ! Elles ne
passent pas toutes de bonne grace dans la ruche
qu'on leur a destinée : il y en a un grand nombre qu'on ôte de dessus les gâteaux , en les ba-
layant avec les barbes d'une plume ; plusieurs
de celles-ci se trouvent emmiellées. Les gâteaux
coupés ou brisés laissent couler du miel qui en
enduit d'autres, et le miel qui bouche leurs stygmates les fait périr. Enfin, beaucoup d'autres
abeilles, trop irritées, piquent les gants, les
bas , les habits de celui qui les inquiète : elles
laissent leurs aiguillons dans les piqûres, et il
leur en coûte la vie. Il est impossible de parer
à aucun de ces inconvéniens. »

OBS. VI. Il n'est pas vrai qu'en quelque temps qu'on transvase les ruches, on leur fasse un tort irréparable; il ne devient tel que lorsqu'on les transvase trop tard, ou dans des momens où la campagne ne leur fournit point de moyens pour se remettre. Avec nos ruches il est très-facile de sauver le couvain, ainsi que nous l'avons exposé plusieurs fois dans le cours de cet ouvrage, et sur-tout au chapitre II ci-dessus. Il n'est pas vrai non plus que ce couvain soit l'unique ressource pour soutenir une ruche, sur-tout si elle est passablement forte en population. Si, par exemple, on vouloit transvaser vers le 16 juillet un essaim sorti vers le milieu du mois de mai, cet essaim au moment de l'opération doit être plus fort qu'à la sortie de la mère-ruche, parce qu'en quarante-cinq ou cinquante jours il a dû éclore quelques milliers de nouvelles abeilles de plus qu'il n'en a péri d'anciennes; ainsi cet essaim, en détruisant même tout le reste de son couvain, est en état, si le temps est bon, de se remettre, de se procurer assez de rayons, de provisions et de nouveau couvain pour passer aisément l'hiver, et pour prospérer l'année d'après. Tous les autres inconvéniens rapportés par notre au-

teur, nous ne les regardons point comme iné-
vitables, sur-tout avec nos ruches, ni de nature
à faire abandonner la transvasion, lorsque toutes les circontances pourront l'exiger ou la conseiller à quelque amateur.

« Aussi est-il d'expérience constante que de
cent ruches transvasées avec les précautions les
plus scrupuleuses, il n'y en a pas dix qui réussissent et qui se soutiennent parfaitement. Les
abeilles ne se fixent et ne s'accoutument que
difficilement dans une ruche qui n'est pas de
leur choix, et qui est absolument dépourvue de
toute provision. Elles l'abandonnent sans regret,
et vont souvent chercher au hazard un autre
domicile qui ne soit pas exposé à de si tristes
aventures. »

» On seroit trop heureux si on en étoit quitte
pour la perte de cette ruche traversée, mais ces
mouches désolées et déconcertées vont encore
porter le ravage et la désolation chez leurs voisines ; elles vont effrontément les piller et les
voler, et souvent par leurs brigandages elles
vous causent la ruine entière du rucher le mieux
fourni. »

OBS. VII. M. Ducarne n'est pas de l'avis de
l'auteur, sur ce qu'il dit que de cent ruches

qu'on transvase, même avec les précautions les plus scrupuleuses, il n'y en a pas dix qui réussissent, et qui se soutiennent parfaitement. Il lui oppose l'exemple d'un jeune cultivateur qu'il a vu pendant dix ans consécutifs transvaser tous les ans une centaine de ruches, sans qu'il en ait manqué peut-être deux par an. Mais autre chose est de ne pas manquer son opération dans l'action de la transvasion, ou de voir les ruches ainsi transvasées se soutenir bien, et prospérer les années d'après. M. Ducarne nous assure bien que notre jeune cultivateur exécutoit supérieurement cette opération, mais il ne nous dit rien sur l'état de ces ruches transvasées, pendant les hivers et les printemps suivans.

Au surplus, M. Ducarne lui-même semble reconnoître la grande difficulté de bien réussir dans une telle opération, et il avoue que tout le monde ne l'entend pas aussi-bien que ce jeune homme. Quoi qu'il en soit, nous sommes persuadés que l'usage de transvaser les ruches avec les conditions nécessaires, peut être très-utile aux propriétaires, sans nuire à la prospérité de nos insectes. Ces conditions sont, 1°. que les ruches soient bien peuplées, telles que sont celles qui n'ont pas essaimé de l'année, et les essaims printaniers ; 2°. si elles ne sont pas suffisamment peuplées, de sauver tout leur couvain ; 3°. de ne pas les transvaser plus tard qu'à la mi-juillet ; 4°. que la campagne soit fournie de fleurs, et la saison favorable ; 5°. avoir soin, aussitôt qu'on aura transvasé les abeilles, de retirer les rayons de l'ancienne ruche de paille, et d'y faire repasser de nouveau les abeilles ; 6°. en retirant les rayons de cette même ruche, il faut y laisser au sommet un ou deux pouces de rayons avec un peu de miel, ce qui les engagera plus aisément à s'y fixer une autre fois ; 7°. un ou deux jours après la transvasion, il faut présenter aux abeilles un peu de miel mêlé avec quelque liqueur forte : cela les échauffera, sur-tout la reine, et les mettra en état d'entreprendre des pontes abondantes. Nous rapporterons ailleurs les expériences que nous avons faites à ce sujet.

Tout ce que notre auteur dit ensuite sur les inconvéniens occasionnés par la transvasion des ruches, est chimérique. Il est faux sur-tout, que les abeilles ne se fixent et ne s'accoutument que difficilement dans une ruche qui n'est pas de leur choix, et qui est dépourvue de toute provision. Les ruches dans lesquelles on met tous les jours des essaims, ne sont-elles pas dépourvues de toute provision, et ne sont-elles pas du choix des propriétaires plutôt que des abeilles ? Et cependant on ne voit que très-peu d'essaims abandonner leur ruche. Cela n'arrive ordinairement qu'aux essaims tardifs, sur-tout lorsque les environs des endroits où on les place ne fournissent pas de bons pâturages, et qu'ils en trouvent ailleurs de meilleurs. Nous pensons même qu'un essaim nouveau peut être plutôt porté à abandonner sa ruche, que des abeilles qu'on transvase, sur-tout si l'on a soin de les remettre dans leur ancienne ruche après en avoir retiré les rayons, ce qui ne doit pas être long à executer : la raison en est que les essaims, avant de quitter leur mère, se choisissent ordinairement une retraite pour s'y fixer, ce qui les porte quelquefois à abandonner celle que le propriétaire leur avoit destinée ; au lieu que les abeilles transvasées ne pensoient à aucun choix ; d'ailleurs, elles étoient déjà habituées et fixées dans leur ruche.

« Je n'ignore pas qu'à Yone - la - Ville M. Prouteau, un de ces particuliers dont le Royaume n'a pas assez, y élève cinq à six cents ruches qu'il ne dégraisse point, et qu'il traverse en les faisant passer dans une ruche vide ; mais il faut remarquer que ce citoyen, quoique très-zélé et très-entendu, a été obligé de choisir parmi les différentes pratiques qui sont aujourd'hui en usage, celle qui a le moins d'inconvéniens, mais qu'il lui a été impossible de les éviter tous; il perd immanquablement le couvain de toutes les ruches traversées, sans compter un bon nombre d'abeilles qui périssent pendant l'opération. Si, malgré ces pertes et ces malheurs, il tire encore un grand profit de ces ruches, c'est parce qu'il prend une précaution singulière, que personne ne devineroit peut-être jamais. Il a attention de ne les transvaser que dans un temps où la campagne fournit abondamment aux mouches laborieuses de quoi réparer ce qui leur a été enlevé. Si les environs de Yone-la-Ville ne sont pas alors assez fournis de fleurs, on les voiture, sur des charrettes faites exprès, dans un pays où l'on sait qu'elles ne leur manqueront pas, c'est-à-dire, tantôt dans les plaines de Beauce, tantôt dans des endroits couverts du Gâtinois, et tantôt en Sologne, qui sont les lieux les plus voisins; et cela, selon que l'année et la saison le demandent. »

« Tout cela, on le voit, exige des soins et des attentions, des préparatifs et des dépenses qui surpassent les facultés et l'industrie du plus grand nombre. Tout cela suppose d'ailleurs un voisinage de cantons favorables qu'on ne peut que rarement se procurer. En un mot, cette méthode ingénieuse de faire voyager les abeilles pour réparer leurs pertes, ou augmenter leurs provisions, ne peut être adoptée et exécutée que par un petit nombre de citoyens aussi éclairés et aussi-bien situés que M. Prouteau. «

OBS. VIII. Si, malgré tout ce que nous avons dit sur l'avantage de la méthode de transvaser les ruches; si, malgré les conditions sages et faciles que nous avons proposées, on veut encore soutenir qu'elle ne peut être adoptée que par des cultivateurs très-habiles, tels que M. Prouteau, et avec des moyens au-dessus qui sont à la portée du plus grand nombre des amateurs ; nous croyons pouvoir prendre sur nous de les exhorter à adopter la façon de nos ruches, et quant à leur récolte, de s'en tenir à tout ce que nous avons proposé au IIe. chapitre ci-dessus, et à ce que nous dirons encore au chapitre XII ci-après, sur la manière de tirer le plus grand profit de nos ruches. Cela les mettra en état d'obtenir de leurs insectes tous les avantages de la transvasion, et d'éviter avec plus de facilité tous les inconvéniens qui

pourroient accompagner cette opération. Au
surplus, pour ceux qui peuvent avoir quelque
inclination pour la transvasion, nous ferons
voir ailleurs qu'avec nos ruches on peut la
pratiquer facilement, et plus facilement même
qu'avec celles de paille.

« Mais, j'ose le dire, le produit des ruches
qu'on entretient à Yone-la-Ville, deviendroit
presqu'immense, si, en fournissant aux abeilles
des récoltes presque continuelles, on les dégraissoit sans inconvénient, et si on les renouveloit toutes les fois qu'il seroit nécessaire,
sans faire périr aucune abeille, et en sauvant
tout le couvain. »

Obs. IX. Nous pouvons assurer nos lecteurs
que la méthode dont nous nous servons pour
construire nos ruchers et y disposer les ruches,
présente tous ces avantages dans toute la perfection désirable. Ces ruches peuvent être dé-
graissées sans aucun inconvénient, les rayons
renouvelés au besoin, la récolte répétée autant
de fois que le propriétaire le juge à propos,
sans presque faire périr aucune abeille, et en
sauvant avec toute la facilité le couvain. D'après
cela, nous osons assurer à notre tour, que si
on se décidoit à adopter cette méthode, non-

seulement à Yone-la-Ville, mais aussi dans tout le Royaume, ainsi qu'en Espagne, en Italie et dans presque toute l'Europe, le produit des abeilles deviendroit immense. Il suffit pour cela 1°. que les gouvernemens engagent les amateurs ou autres personnes de bien s'instruire de cette méthode de gouverner les abeilles; 2°. que les propriétaires des ruches prennent tous les moyens de fournir à leurs mouches des pâturages jusqu'au mois de septembre inclusivement. Presque toute la terre fournit abondamment à nos insectes, au printemps et une partie de l'été, tout ce qu'il leur faut pour leur butin; mais il y a des pays qui leur refusent le nécessaire tout le reste de la belle saison. C'est pour ce temps-là principalement que les abeilles ont besoin de l'industrie et du secours de leurs maîtres. Ce secours n'est point difficile à leur procurer, sur-tout aux gros propriétaires, qui veulent entreprendre cette culture en grand. Nous reviendrons sur ces conditions dans quelque autre partie de cet ouvrage.

CHAPITRE

CHAPITRE VII.

*Méthode pour prendre aux abeilles leurs pro-
visions sans les faire périr, tirée de M. Ducarne.*

———

« Passons, poursuit M. Ducarne, à la méthode
que je vous ai promise : si elle ne pare pas à tous
les inconvéniens, elle le fait au moins pour une
grande partie et pour les plus considérables.
Cette méthode consiste à réunir dans une même
ruche pleine de cire et de miel les abeilles de
deux ou plusieurs ruches qu'on veut renouveler,
ou dont on veut prendre les provisions sans les
détruire elles-mêmes. Il y a encore bien des
circonstances où on peut y avoir recours, telle,
entre autres, que celle où des essaims tardifs
ne seroient pas assez pourvus de provisions. »

Obs. I. Cette méthode de transvaser deux ou
trois ruches pour en composer une, peut être
avantageuse à la prospérité de nos insectes, et
utile en même temps aux propriétaires, pour
profiter des dépouilles d'une ou deux ruches entières ; d'autant plus qu'il est de fait que cette

force réunie d'abeilles, est plus en état de faire une plus grande récolte, que divisée en plusieurs ruches. Cela cependant doit s'entendre jusqu'à un certain point. A Syra on est aussi dans l'usage quelquefois de retirer des petits essaims pour les jeter dans d'autres ou dans les ruches anciennes, mais foibles.

Quant à la pratique de transvaser des ruches suffisamment peuplées, pour en composer une extrêmement forte, nous pensons qu'elle peut être très-avantageuse, sur-tout pour procurer des essaims hâtifs et forts, mais nous craignons qu'elle n'ait aussi son inconvénient.

Pour apprécier mieux les motifs de notre crainte, il faut qu'on lise la dissertation de M. Duchet, sur la manière d'hiverner les abeilles, et les observations que l'on trouvera dans notre quatrième volume. Nous y faisons voir que les rayons pleins de miel sont plus propres à abriter nos insectes et à leur conserver un degré de chaleur nécessaire à leur existence, que les rayons entièrement vides. Nous y observons en conséquence que toutes les abeilles qui se trouvent sur les bords des rayons, ou entre ceux qui ne contiennent que du miel, sont celles qui périssent, ou qui sont plus exposées à périr, lorsque les froids se font sentir avec violence ; d'où il s'ensuit qu'en jetant les mouches d'une ou de deux ruches dans une troisième suffisamment peuplée, cette ruche doit en être presqu'entièrement remplie. Or, dans une ruche de ces pays la moitié des rayons, au moins , est ordinairement vide de miel, toutes les abeilles qui y passent leur hiver sont exposées à périr; ce qui rendroit inutile et même dangereuse la peine qu'on s'est donnée de rassembler dans une seule ruche une quantité de mouches aussi grande, nous disons *dangereuse ,* parce qu'autant qu'il y a dans une ruche d'abeilles mortes, autant l'infection augmente , et le salut de la république y est exposé. Donc nous n'avançons rien ici que nous ne croyons une conséquence très-juste des principes que nous établissons à l'endroit cité.

Nous craignons encore un autre inconvénient de cette union de plusieurs essaims dans une seule ruche en automne ; c'est que cette ruche, quoiqu'on la juge très-bien fournie de provisions , eu égard à sa population, ne soit insuffisante pour la multitude d'abeilles qu'on y a réunies.

Il y a un troisième inconvénient à craindre;

c'est que, d'après l'opinion de MM. Duchet et
Ducarne, plusieurs ruches, et souvent les mieux
peuplées, se perdent, pendant l'hiver, d'étouf-
fement, faute d'air ; ils disent que les ruches
de paille en forme de cloche y sont spécialement sujettes, à moins qu'on ne les relève de
quelques pouces sur leur tablette, pour leur
procurer un plus grand volume d'air. Nous
répétons cependant ici ce que nous avons dit au
premier livre, que nous ne pouvons comprendre
comment une ruche peut s'étouffer pendant l'hiver, dès qu'il y a quelque petite communication
avec l'air extérieur, lorsque nous voyons au
milieu du plus fort de l'été des ruches pleines de
population, et des rayons couverts de couvain,
qui ne laisse pas d'augmenter la chaleur interne,
se porter à merveille, sans qu'on y voie de
mortalité quelconque parmi les abeilles. Cela
nous paroît d'autant plus incroyable , que,
comme nous l'avons dit ailleurs, nous savons
que dans quelques provinces de l'Empire Ottoman, on bouche hermétiquement les ruches
pendant l'hiver, et on n'y voit jamais d'abeilles
étouffées.

Nous avouons néanmoins que, si des expériences bien constatées dans ces pays prouvoient

le contraire de ce que nous pensons, nos raisonnemens doivent leur céder.

Tout ce que nous venons de dire, nous ne l'avançons que d'après nos connoissances sur l'économie de ces insectes, sans avoir consulté l'expérience; nous exhortons pour cela les amateurs qui voudront pratiquer la méthode de transvaser les ruches, que M. Ducarne propose dans ce chapitre, d'avoir quelque égard à nos craintes, et à tout ce que nous disons dans nos observations sur la dissertation de M. Duchet, qui peut avoir rapport à cette transvasion. Ce n'est qu'après plusieurs expériences bien suivies, faites par des personnes intelligentes, qu'on peut à peu près juger de la quantité de population de plus qu'on peut ajouter sans inconvénient à une ruche déjà forte d'elle-même. Notre opinion est qu'on peut donner, sans crainte et avec avantage, un supplément de population de la grosseur à peu près de la tête d'un chapeau, à un essaim de l'année bien approvisionné.

« On transvase toutes ces ruches en un même jour; mais, avant tout, il y a une attention à avoir, c'est que dans le nombre de ces ruches que vous voulez traverser, il s'en trouve quel-

ques-unes qui soient d'un poids assez considérable pour fournir à la subsistance de toutes les
abeilles que vous vous proposez d'y renfermer,
sans quoi vous ne pouvez faire usage de cette
méthode. Il faut aussi que cette ruche-forte soit
assez spacieuse pour contenir à l'aise toutes les
abeilles que vous y mettrez. Il faut de plus que
cette ruche soit en bon état et point trop vieille.»

OBS. II. Nous sommes persuadés que dans
les environs de Versailles, et autres climats
semblables, des ruches capables de nourrir avec
leur propre subsistance, la population d'une ou
deux autres ruches, ne doivent pas être fort
communes. Nous croyons aussi que les ruches
de paille en forme de cloche, dont on fait communément usage dans ces pays, ne sont pas
assez spacieuses pour contenir un surcroît d'a-
beilles de deux autres ruches, à moins qu'on ne
leur donne une hausse par-dessous de quelques
pouces; cette hausse même seroit peut-être, en
tout cas, nécessaire pour procurer à nos insectes
plus d'air pendant l'hiver qui, de façon ou
d'autre, leur est toujours utile dans cette saison.

Si vous n'avez point de ruche assez forte pour
nourrir tout votre monde, après leur avoir rendu
sous la ruche tous les rayons de miel que vous

aurez tirés de celles que vous auriez traversées, vous leur donneriez encore du miel par-
dessus le marché, et autant qu'il leur en faudroit, ou bien vous ne les traverseriez point ,
et leur donneriez du miel à toutes, à moins que
vous n'aimassiez les voir mourir de faim. Mais
remarquez que nous parlons ici sur-tout de
celles qui sont trop vieilles , et qu'il faut traverser pour les mettre dans une ruche moins
vieille et en bon état. »

Obs. III. N'ayant fait , comme nous l'a-
vons dit, aucune expérience sur ces procédés ,
nous ne pouvons, ni les condamner, ni les ap-
prouver; nous prévoyons pourtant qu'il y a un
grand embarras à exécuter la règle de M. Ducarne, qui veut qu'on place sous la ruche tous
les rayons qu'on aura retirés des autres ; cela
pourroit lui attirer un affreux pillage de la part
des ruches voisines : il est à croire cependant
que la grande population d'une pareille ruche
pourroit la préserver de ce danger. Au reste,
en faveur de ceux qui voudroient suivre à la
lettre les procédés indiqués par l'auteur, nous
ajouterons quelques réflexions qui ne leur seront peut-être pas inutiles pour le faire avec plus
de succès. Nous pensons donc qu'il est néces-

saire de faire la transvasion de plusieurs ruches
foibles dans une qui n'est pas en état de nourrir
toute cette population réunie ; de la faire, dis-je,
le plus tôt possible , au commencement ou vers
le 15 juillet, pour que les abeilles aient le temps
de ramasser de la cire pour boucher les cellules
dans lesquelles elles ont déposé le miel qu'elles
ont ramassé, ou que le propriétaire leur a donné.
Voyant l'exactitude avec laquelle ces industrieux
insectes couvrent avec la cire les alvéoles qui
contiennent les provisions d'hiver, nous sommes
en droit de penser que cela ne se fait pas sans
quelque raison ; celle d'une consommation économique et réglée doit contribuer beaucoup à
cette pratique. Des cellules pleines de miel et
ouvertes en doivent occasionner, pendant cette
saison, une consommation plus forte, moins nécessaire et peut-être inutile. On voit par là combien il est intéressant de donner à ces ruches
transvasées le temps et la commodité de boucher leurs provisions. Nous savons que souvent
les industrieuses abeilles rognent de la cire sur
des rayons vides pour couvrir ces mêmes provisions ; mais nous savons aussi qu'au printemps
elles seront obligées de ramasser de la cire nouvelle pour remettre en bon état ces rayons, ce
qui double en pure perte leur fatigue.

D'ailleurs, nous ne voyons aucun inconvénient de transvaser dans le mois de juillet les
ruches que nous ne voulons pas garder, ou qui
ne pourront se conserver avec leur provision
seule; au contraire, nous y trouvons un grand
avantage; d'abord nous nous emparons de toutes les provisions d'une ou de deux ruches transvasées. Ensuite, après la récolte finie, si nous
nous apercevons que la ruche dans laquelle on
a transvasé les autres, soit bien garnie de miel,
tout ce que nous avons retiré tombe à notre
profit; sinon on lui en donne autant qu'on le
juge nécessaire.

M. Ducarne prétend que vouloir transvaser
les ruches avant le mois d'août bien avancé, ce
seroit un grand embarras, à cause du couvain
qui s'y trouve alors. Nous ne trouvons pas cette
inquiétude des mieux fondées; car la perte de ce
couvain est nulle pour la ruche qui, après avoir
reçu la population des autres, doit se trouver
extrêmement forte. D'ailleurs, le couvain qu'on
peut trouver dans les ruches qu'on transvase,
il est possible de le remettre dans d'autres ruches auxquelles on n'a pas fait la même opération ou avec de petits essaims qui, lorsque ce
couvain sera éclos, pourront être à leur tour

transvasés dans d'autres ruches, ou conservés si on veut.

« Passons à la méthode même. Chaque ruche étant donc traversée en un même jour, et toujours vers la fin de la journée, comme je vous l'ai déjà dit, vous allez remettre sous le rucher toutes celles où sont les abeilles, chacune à sa place, et les y laisser tranquilles jusqu'au soir. Pour vous faire entendre mieux, supposons que vous n'en avez traversé que deux. Le soir venu, c'est-à-dire, la nuit close, vous prenez ces deux ruches, que vous portez dans quelque endroit du jardin, où vous les posez l'une près de l'autre ; vous étendez ensuite une serviette ou des planches à terre, sur lesquelles vous avez mis deux bâtons ; vous frappez l'une ou l'autre de ces deux ruches sur les planches pour y faire tomber les abeilles, et vous mettrez aussitôt l'autre ruche sur les abeilles qui sont tombées, en la posant sur les deux bâtons, de crainte d'en écraser. J'ai déjà dit ailleurs, que toutes celles qui étoient sur la nappe, remontoient sans façon dans la ruche supérieure, où sont les autres qui n'ayant rien à perdre, puisqu'elles sont toutes nues, reçoivent les premières à composition, pour faire ensuite bourse commune.

Seulement l'une des deux reines sera la victime de ce bon accord.

Le lendemain de grand matin, c'est-à-dire, dès la pointe du jour, vous portez près de celle-là celle de vos ruches traversées qui vous paroît la plus pesante et dans le meilleur état : alors vous renversez la bouche en haut, celle où sont les abeilles, et posez dessus celle qui est bien pourvue de provisions. Vous sentez qu'alors elles ne feront aucune difficulté d'y remonter, ce qui demande quelquefois deux ou trois heures, et quand elles y sont toutes, vous la portez à sa place sous le rucher. Il faut observer de la mettre à la place de celle où il y avoit le plus de monde.

Au lieu d'attendre le lendemain au matin, ce qui suppose qu'on soit matineux, on peut faire cette dernière opération dès le soir même, c'est-à-dire deux ou trois heures après avoir fait l'opération, c'est-à-dire après avoir fait tomber les mouches sur la serviette ; et le matin, avant qu'aucune abeille aille aux champs, vous la portez sous le rucher. Cette dernière méthode vaut mieux que la première, parce qu'elles ont le temps de se tranquilliser pendant la nuit.

Je vous ai appris encore une autre façon de

les réunir, en ce qu'au lieu de frapper rudement la ruche pour en faire tomber les mouches, vous pourriez la renverser la bouche en
haut, et la tenir ainsi avec des piquets enfoncés
en terre, ou autrement, pour poser ensuite dessus l'autre ruche, dans laquelle celles de la première remonteront toutes au moyen de l'attention que je vous ai déjà recommandée de
ne les traverser que deux ou trois heures avant
le soleil couchant, pour ne pas leur donner le
temps de construire des couteaux, ce qui les
empêcheroit de remonter aussi facilement, parce
qu'elles ont beaucoup d'attache à leurs provisions, et à la ruche où elles ont commencé à
en déposer. »

Obs. IV. Nous ne trouvons rien de répré-
hensible dans ces procédés ; au contraire, nous
croyons qu'ils peuvent être très-utiles, tant pour
la prospérité des ruches, que pour le profit des
propriétaires, s'ils les exécutent avec intelligence et dextérité. Nous ajoutons seulement à
ces détails une particularité que nous croyons
avantageuse à ces opérations ; c'est que quand
on veut transvaser les abeilles d'une ruche dans
une autre, il faut, autant qu'il est possible,
choisir deux ruches placées l'une à côté de

l'autre ; desorte que la ruche dans laquelle les abeilles ont été transvasées, étant tout près de leur ancienne demeure, n'aillent plus à rôder autour, et inquiéter d'autres ruches voisines. Tout sage propriétaire doit pour cela disposer ses ruches dès le commencement du printemps, de manière qu'il puisse exécuter ce conseil avec facilité.

Voici comment nous pensons qu'il doit s'y prendre. Supposons qu'il ait dessein de transvaser cinq ruches anciennes, après qu'elles auront essaimé ; supposons encore qu'elles soient de paille en forme de cloche, posées les unes à côté des autres sur des tablettes et des pieux, il faut, dès le commencement du printemps, avant qu'elles commencent à courir la campagne, les éloigner les unes des autres, de manière à pouvoir placer un nouvel essaim à côté de chaque vieille ruche, pour que lors de la transvasion on puisse prendre une vieille ruche et une nouvelle.

Nous avons dit que l'éloignement des vieilles ruches doit se faire avant que les abeilles commencent à sortir, parce que n'étant point habituées dans cette nouvelle campagne à leur emplacement, ce dérangement de ruches ne les dérouteroit point, comme si on les dérangeoit dans une saison plus avancée. Pour cette même raison, après qu'on aura éloigné ces ruches, on ne doit poser entre elles celles qui doivent recevoir les nouveaux essaims , qu'au moment qu'ils doivent sortir, quoique les pieux et les tablettes y soient.

Tout cela regarde les ruches ordinaires; car, quant à nos ruches cylindriques cimentées dans notre rucher, nous en parlerons au chapitre X ci-après. Nous ferons voir que ces transvasions peuvent s'y faire très-commodément et avec beaucoup d'avantage.

Quelque amateur encore peu au fait de nos insectes, pourroit nous demander pourquoi, en voulant faire passer les abeilles d'une ruche dans une autre, pour s'emparer des dépouilles de l'une et pour fortifier l'autre, on doit auparavant les transvaser toutes les deux dans deux ruches différentes, et ensuite faire passer les abeilles de l'une à l'autre, et de celle-ci dans l'une des premières pleines de rayons, d'où nous les avons transvasées. Ne seroit-il pas mieux de transvaser la ruche seule qu'on veut dépouiller dans une autre, d'où on feroit passer les abeilles dans celle que nous voulons conserver, sans déranger les abeilles de celle-ci?

Nous répondons que la transvasion des deux ruches est très-nécessaire pour que cette opération s'effectue avec sureté et sans massacre ; car si on s'avisoit d'en transvaser une seule, et de faire passer les abeilles dans la ruche qu'on veut conserver, ou elles s'enfuieroient avec leur reine, ou il y auroit un massacre affreux, qui dérangeroit beaucoup cette ruche. Ainsi, loin de la fortifier par cette transvasion, on l'affoibliroit; au lieu qu'en les transvasant toutes les deux, et en unissant d'abord toutes les abeilles dans une ruche vide, un tel massacre n'auroit pas lieu. C'est pour cette raison que le conseil de M. Ducarne, qui veut qu'on laisse deux ou trois heures toutes les abeilles dans la ruche vide, avant de les faire passer dans la ruche pleine, est très-bon, pour que les abeilles puissent s'y reconnoître ; ce conseil nous paroît d'autant plus utile, que pendant ce temps-là une des deux reines peut être mise à mort, et alors toute crainte de massacre ou de fuite d'un des deux essaims s'évanouiroit.

« Cette méthode est excellente, mais elle n'est pas praticable en toute saison, et je dois vous en avertir, ainsi que quelques autres attentions qu'elle exige nécessairement, 1°. on ne peut faire usage de cette méthode que vers la fin d'août, ou le commencement de septembre, c'est-à-dire, jusqu'au 8 ou 10 de ce mois, parce que plus tôt il se trouveroit encore trop de couvain dans les ruches, ce qui seroit un embarras; et plus tard, les abeilles n'auroient peut-être plus assez de beau temps pour pouvoir réparer les petites brèches qu'on n'aura pu s'empêcher de faire dans l'intérieur des ruches, en les transvasant; s'il étoit possible de les traverser sans causer aucun dérangement dans la ruche, on pourroit faire usage de cette méthode jusqu'au 5 ou 6 octobre, où les abeilles ne sortent plus que rarement; mais alors elles quittent leur ruche plus difficilement, et il n'est pas si facile de les transvaser.

Obs. V. Nous ne croyons pas que de petits dérangemens qui peuvent survenir aux rayons au moment de la transvasion, puissent nous forcer à hâter cette opération. Il y a d'autres avantages plus réels et d'une plus grande conséquence, que nous avons rapportés plus haut, qui nous y engagent. Cependant, pour que de pareils dérangemens n'arrivent pas aux rayons dans les ruches en forme de cloche, nous estimons qu'un des meilleurs moyens, avant de les renverser, est d'observer la direction des rayons, pour les retourner de manière que

leur

leur poids et le mouvement ne les fassent pas plier les uns contre les autres. On sait que ceux des nouveaux essaims sont bien plus fragiles que ceux des vieilles ruches ; parce que les cellules des vieux rayons étant revêtues de plusieurs dépouilles des nymphes qui y ont été élevées, doivent rendre les rayons plus solides et mieux soutenus.

Pour cette raison on ne doit transvaser que de vieilles ruches, ou on doit prendre la précaution, avant de mettre les essaims dans les ruches, de les bien garnir d'un triple rang de traverses larges d'un pouce, qui puissent soutenir le poids des rayons, lorsqu'on renverse les ruches.

« 2°. En les transvasant, on doit y aller doucement, pour ne déranger rien dans la ruche que le moins qu'il est possible ; pour cela, on y met un peu plus de temps.

Cette méthode a plusieurs avantages qui semblent lui être particuliers : 1°. on ne les transvase que quand il n'y a plus ou presque plus de couvain, ce qui épargne la peine de le remettre ; 2°. l'auteur dont nous parlions, il n'y a pas long-temps, dit que les mouches ne demeurent point volontiers dans une ruche qui manque de provisions, et qui n'est point de leur choix; et ici, outre qu'elle est du choix de la moitié des abeilles, puisque c'est la leur même, c'est qu'elle trouve des provisions en abondance et de l'ouvrage tout fait; 3°. les abeilles n'iront point, comme dit le même auteur, porter le ravage et la désolation chez leurs voisines, puisqu'elles trouveront chez elles de quoi faire bonne chère; 4°. la reine, cette tête si chère, ne vous embarrassera point. Vous en avez deux ou trois, et cela ira bien mal, si de ce nombre vous n'en réchappez une.; 5°. quand vous n'auriez pu, en les transvasant, faire sortir de la ruche où vous vous proposez de les remettre ensuite toutes ensemble, que la moitié des abeilles qui s'y trouvent, le mal ne seroit point grand, puisque toujours faudroit-il les y mettre. »

OBS. VI. Nous croyons cependant qu'il faut tâcher de laisser le moins de mouches qu'il est possible, même dans la ruche qu'on veut conserver, de crainte qu'en y mettant les abeilles des deux ruches réunies, celles-ci ne les massacrent. Nous approuvons le conseil de boucher cette même ruche, si par hazard il y est resté quelque quantité d'abeilles, afin qu'elles ne sortent pas en grand nombre pour voltiger, ce qui inquiéteroit les ruches voisines ; nous savons que quand une ruche se met en mouvement , toutes celles qui l'avoisinent prennent l'alerte.

Quant à la crainte que, ces abeilles se voyant sans reine, n'abandonnent la ruche , nous n'en avons aucune : nous savons que ces insectes, lorsqu'ils ont demeuré dans une ruche plusieurs mois, ne la quittent jamais, si elles viennent à perdre leur reine : elles y restent attachées, et périssent les unes après les autres.

«Mais comme il pourroit arriver, quoique ce cas soit rare, que ce peu d'abeilles qui seroit resté dans une ruche, n'ayant plus de reine à leur tête, abandonneroient leur ruche une heure ou deux après l'opération , il faut avoir soin , peu de momens après la transvasion faite, de les tenir renfermées dans la ruche, en l'enveloppant d'un linge ou d'un mouchoir , ensorte qu'elles n'en puissent sortir.

Il est pourtant vrai que de deux ruches nous n'en aurons plus qu'une; mais, outre que nous conserverons toutes nos abeilles, c'est que j'aime mieux une bonne, une excellente ruche, comme sera la nôtre, que deux ou trois mauvaises qui ne me feroient peut-être aucun profit ; car celle-ci étant pleine de monde et de provisions, jettera sans doute le printemps suivant, de très-bonne heure, ce qui est un grand avantage.

Au reste, quoique cette méthode convienne sur-tout aux ruches ordinaires, on peut cependant s'en servir aussi sur les miennes, (*qui sont composées de plusieurs hausses à peu près comme celles de M. Palteau*), comme sur toute espèce de ruche ; (*cela se peut aussi pratiquer avec nos ruches de terre cuite, ainsi que nous le ferons voir ci-après*). Il est de la prudence de ceux qui élèvent des abeilles, d'examiner et de voir les occasions où cette méthode peut être mise en usage ; il suffit que je vous aie mis sur les voies. »

Obs. VII. Nous ne croyons pas qu'avec les ruches de M. Ducarne, composées de plusieurs hausses, on puisse exécuter aisément ces sortes de transvasions ; mais on peut les pratiquer avec toute la facilité possible avec les nôtres dans tous les cas et circonstances possibles, ainsi que nous le ferons voir à la suite.

«Il est clair, par exemple, qu'elle vous servira dans les circonstances où vous voudriez simplement vous emparer des provisions d'une des deux ruches, quoique toutes deux fussent en bon état.

Jusqu'ici je n'ai parlé que des deux méthodes en usage pour transvaser les ruches; mais il y en a une troisième, qui consiste à les enfumer par-dessous, pour les obliger à sortir par un trou de quelques pouces qn'on a eu soin de pratiquer dans le haut de la ruche. Sur cette ouverture on place une ruche vide et préparée comme pour y recevoir un essaim. La fumée de dessous les oblige de se réfugier dans la ruche supérieure.»

Obs. VIII. La méthode que propose l'auteur pour chasser les abeilles de leur ruche, par le moyen de la fumée est la même que nous pratiquons à Syra pour le même effet, et que nous proposerons ci-dessous, dans la transvasion de nos ruches. Cette méthode n'offre aucun inconvénient avec nos ruches; mais en peut-on dire autant de celles de paille? Il nous semble qu'il y en a plusieurs à craindre. Dans la première manière de les enfumer, toute cette fumée passant par le trou, se concentrera dans la ruche supérieure, et parconséquent elle deviendra plus insupportable à nos insectes, que leur propre ruche, de sorte qu'ils se trouveront mieux dans celle-ci que dans l'autre, ce qui pourra rendre leur passage impossible, ou du moins très-difficile. Ensuite, pour que ce passage ait lieu, il faut qu'on mette sous la ruche une grande fumée, et assez étendue pour pénétrer par tous les vides entre les rayons et en chasser toutes les abeilles qui y sont attachées: or, combien d'abeilles, même en petits pelotons, ne tomberont pas et ne périront pas sur le feu? Les mêmes inconvéniens à peu près se rencontrent dans la seconde manière de les enfumer. Nous verrons ailleurs que tous ces inconvéniens disparoîtront dans nos ruches.

Voici une manière de chasser les abeilles des ruches de paille, par le moyen de la fumée, que nous croyons plus facile et sans inconvénient. Il faut employer des ruches à calotte, comme nous l'avons dit, ou trouées dans leur partie supérieure, et qu'on puisse tenir fermées avec un bouchon de liége. Ce trou peut se trouver au sommet ou quelques pouces au-dessous. Lorsqu'on veut transvaser deux ruches l'une dans l'autre, on soulève ces deux ruches, dès la veille, après que toutes les mouches sont rentrées, et on les entortille par-dessous avec une toile bien claire, de manière qu'aucune abeille ne puisse sortir. Au lieu de toile ceux qui veulent se faire une étude d'élever les abeil-

les peuvent avoir des rondes de fil de fer,
travaillées en grillage, ou en forme de filet,
dont les yeux doivent être fort petits pour que
les abeilles ne puissent y passer. Le lendemain,
après que le soleil sera un peu élevé (nous
supposons que cette opération se fasse dans le
mois de juillet, comme nous avons dit plus
haut), on prend ces deux ruches et on les transporte, ainsi bouchées, à cent ou deux cents pas
loin du rucher. Là on dépose ces ruches bouchées comme elles sont sur trois pieds de bois,
de brique ou de pierre, élevées de trois ou
quatre pouces de terre : on met ensuite au
même temps plusieurs morceaux de bouze de
vache sous les deux ruches, ou du crotin de cheval bien sec et bien allumé, mais sans flamme,
pour y exciter une grande fumée qui cependant
ne doit s'augmenter que par degrés. Aussitôt
que les abeilles commencent à bien la sentir,
on ouvre les deux trous des ruches, et sur le
champ les abeilles sortiront en grande foule les
unes après les autres jusqu'à la dernière.

Nous pensons que pour faciliter cette sortie
des abeilles, il est très-utile de pratiquer plusieurs trous à leur sommet, au lieu d'un, hormis
que les ruches n'aient des calottes, comme nous

l'avons dit. Les abeilles n'étant pas habituées à passer par ce trou, et d'ailleurs une certaine quantité d'entre elles étant derrière plusieurs rayons, il est clair que celles-là auront de la peine à le trouver, ce qui retarderoit notre opé-ration. Ceux donc qui veulent se servir de ruches de paille, doivent y pratiquer d'avance quatre trous d'un pouce environ, qu'on tiendra toujours bouchés avec du liége, jusqu'au moment où il sera nécessaire de faire usage de ces trous.

Nous les recommandons d'autant plus volon-tiers, qu'ils peuvent être très-intéressans dans d'autres circonstances, comme quand on veut donner de la nourriture aux abeilles sans crainte du pillage, en suivant la manière que nous avons indiquée d'après M. Ducarne au chapitre II du VI livre. On peut aussi s'en servir dans les grandes chaleurs de l'été pour leur procurer de l'air, en les entr'ouvrant un peu, ou en y faisant passer une plume ou une canule quel-conque, bien cernée, pour que les abeilles ne puissent en sortir. Peut-être même seroit-il très-utile de leur procurer pendant l'hiver, sur-tout lorsqu'il fait doux, un peu d'air par ce moyen. On laisse cette particularité à l'intelli-

gence, à l'expérience et à la discrétion des amateurs.

Quand les abeilles sont toutes sorties des
deux ruches, nous sommes entièrement persuadés qu'elles s'uniront toutes en un seul essaim ;
après quoi elles s'attacheront à quelque branche
d'arbre, selon l'ordinaire des essaims. Nous
sommes tellement persuadés que cette union
aura lieu, que nous croyons que de vingt ruches qu'on transvasera de cette manière deux
à deux, il n'y aura peut-être pas un seul cas où
cette union ne s'effectue pas; elle est très-heu-
reuse, et épargne beaucoup de peine.

L'essaim s'étant tranquillisé, on le ramasse,
comme à l'ordinaire, dans une ruche de paille
qu'on laissera tranquille dans l'endroit même,
l'espace d'une heure, pour que les abeilles s'y
reconnoissent. Pendant ce temps on arrange la
ruche dans laquelle on veut remettre ces deux
essaims, et on bouche les trous qu'on avoit de-
couverts pour le passage des abeilles.

Après avoir laissé reposer l'essaim, on renverse lestement la ruche où il est, et on la
couvre avec celle des deux pleines de rayons
que nous voulons conserver, on bouche tous les
passages pour qu'aucune abeille ne puisse sortir:

celles-ci ne tarderont pas à y monter avec beaucoup d'empressement; après quoi on transporte
ces deux ruches telles qu'elles sont l'une sur
l'autre, dans l'ancienne place d'où on les avoit
retirées. On détache alors celle de dessus et on
la met en place.

Si l'on croyoit plus avantageux de faire cette
dernière transvasion près du rucher, alors dès
que l'on aura laissé quelque temps l'essaim en
repos, on soulève la ruche, et on l'entortille
avec un linge, pourqu'aucune abeille ne sorte,
et on la transporte, ainsi que la ruche pleine
de rayons.

Le transport de ces ruches pleines de rayons
doit se faire avec beaucoup de ménagement,
sur-tout quand ils sont nouveaux; c'est pour
cette raison que nous avons conseillé de préparer les ruches qu'on destine à transvaser,
avec trois rangs de traverses bien assujetties,
et un peu plus larges-qu'à l'ordinaire, pour que
les rayons y soient plus solidement attachés.
Pour habituer plus facilement les abeilles de
la ruche transvasée à la nouvelle ruche, au lieu
de la poser aussitôt sur sa tablette, il faut poser une planche sur cette tablette et sur celle
de l'autre ruche (nous supposons que les deux

ruches transvasées étoient voisines, ainsi que nous l'avons prescrit), et laisser la ruche au milieu de cette planche pendant vingt-quatre heures.

Voici une autre petite ruse dont on peut se servir dans cette circonstance et quelques autres, pour habituer ces abeilles à leur nouvelle ruche. Deux ou trois jours avant la transvasion, on doit mettre autour de l'entrée de la ruche qu'on veut réformer , quelque chose de remarquable, qui frappe les abeilles, comme, par exemple, quelques branches vertes ; ou, si l'on veut, on peut couvrir cette ruche avec une serviette blanche.

Lorsqu'on aura posé la ruche dans laquelle on a réuni les essaims sur ladite planche, on mettra lesdites branches autour de son entrée, ou on la couvrira avec la même serviette, et les abeilles de la ruche réformée s'y habitueront très-aisément, et celles même qui auront pu rester dans l'endroit où les deux essaims ont été ramassés, reviendront et y rentreront sans difficulté.

Nous avons oublié d'avertir que la grille ou le filet avec lequel nous bouchons la ruche, sert; 1°. pour que les abeilles puissent sortir, 2°. pour qu'elles ne tombent ni ne se brûlent sur le feu. Il faut aussi faire attention, après que nous avons mis la fumée sous les ruches, de couvrir avec un torchon tout le tour du bas de ces ruches, du moins du côté du vent, pour que la fumée monte droit dans l'intérieur des ruches. De plus, aussitôt qu'on s'aperçoit que presque toutes les abeilles sont sorties des ruches, il faut les retirer de dessus la fumée, surtout celle qu'on veut conserver pour empêcher que la fumée n'y séjourne trop long-temps, et ne l'infecte, ce qui pourroit dégoûter nos insectes.

Enfin, nous avons dit qu'il falloit laisser les deux essaims dans la ruche où on les a ramassés, pendant une heure avant de les transvaser dans l'autre : peut-être même seroit-ce trop d'une heure, et vaudroit-il mieux ne les laisser qu'un quart d'heure, de crainte que le couvain, qui assurément doit s'y trouver en grand nombre, ne se refroidît; c'est pourquoi après qu'on aura retiré la ruche de la fumée, on laissera les trous ouverts une ou deux minutes, pour qu'elle sorte, et aussitôt on les bouchera, et on laissera la ruche au soleil pour lui procurer intérieurement une chaleur salutaire au couvain.

A la suite de ce volume nous donnerons
quelques chapitres sur les moyens qu'on peut
employer pour tirer le plus grand avantage
de la culture des abeilles, et nous traiterons
alors de la grande utilité qui peut résulter de
ces sortes de transvasions, du profit qu'en peuvent retirer les propriétaires, et nous verrons
jusqu'à quel point elles sont dans le cas d'influer
sur la prospérité de leurs ruches.

Nous répétons ici le mot de M. Ducarne,
que toutes ces pratiques sont plus faciles à exécuter qu'à décrire.

Une autre façon encore de les enfumer, est
de pratiquer au haut de la ruche pleine, une
ouverture de sept à huit lignes, de la renverser
ensuite la bouche en haut, de poser dessus la
ruche vide préparée, d'envelopper les deux ruches avec un linge pour empêcher les abeilles
d'en sortir, et d'introduire dans l'ouverture de
celle qui est pleine, le bout d'un entonnoir ren-
versé, sous lequel on place un tampon de linge
fumant; ce qui les fait remonter dans la ruche
vide. Quand on croit qu'elles y sont toutes, ou
tout au moins la reine avec une bonne partie
des abeilles, on sépare les deux ruches, on
rapporte celle où sont les abeilles à la place de

l'autre sous le rucher, et on vient secouer la première devant l'entrée de celle-ci pour en faire tomber les abeilles qui regagnent, comme elles peuvent, leur habitation, c'est-à-dire la nouvelle ruche, placée au lieu de l'ancienne, et que les abeilles prennent pour leur première habitation.

Je ne m'entends pas beaucoup ici, parce que n'ayant jamais pratiqué cette méthode, je ne peux vous en dire que ce que j'en ai lu dans un autre livre, où il en est parlé; je crois seulement que pour la perfectionner, il faudroit faire aussi une ouverture dans le haut de la ruche vide, laquelle ouverture seroit condamnée par un linge clair qui laisseroit le passage libre à la fumée, et y attireroit les abeilles par le jour qu'il feroit; ce qui les feroit sans doute remonter plus vîte.

CHAPITRE VIII.

Manière très-simple et très-commode de récolter les ruches de notre façon.

Avant d'exposer la manière dont nous nous servons pour tailler nos ruches, il est nécessaire

que nous détaillions les instrumens et autres
ustensiles dont nous avons besoin dans une
telle opération : 1°. d'une cuve ou baquet large
et profond d'un pied et quelques pouces, pour
recevoir les rayons à mesure qu'on les retire
de la ruche ; on doit même en avoir deux ou
trois, si on a une grande quantité de ruches à
récolter ; et à mesure qu'il y en a un de rempli,
on doit le vider aussitôt dans quelque autre vase
plus grand pour s'en servir à la taille d'autres ruches ; 2°. d'une serviette ou autre linge semblable
bien propre, pour couvrir ce baquet, à mesure
qu'on y met les rayons, pour empêcher les
abeilles de se jeter dessus ; 3°. d'une petite
écuelle pleine d'eau, et d'un petit balai de plumes ou de quelque plante douce ; cette eau nous
servira à laver de temps en temps nos mains ou
les instrumens quand ils seront teints de miel,
et pour mouiller le balai lorsque nous voulons
nous en servir à détacher les abeilles de dessus
les rayons. Cette même eau met ces abeilles en
état de se débarrasser, avec plus de facilité, du
miel dont elles pourront être teintes ; 4°. d'une
machine de fer, telle que nous l'avons dessinée
à la Planche H, fig. X du second volume, où
l'on peut en voir la description et l'usage (nous

avertissons que c'est par erreur qu'on l'a mise *de fer blanc*); 5°. d'une autre machine, fig. XI de la même Planche, et que nous appelons *raquette:* elle sert à recevoir les rayons à mesure qu'on les coupe ou qu'on les détache de la ruche; 6°. d'une chaufferette pour enfumer les abeilles (même Planche, fig. XII). Lorsqu'on veut se servir de cette machine pour enfumer les abeilles, on leur présente le grand trou *a;* et pour y faire passer un plus grand volume de fumée, on souffle un peu du côté opposé *b:* à mesure que le crotin se consume, on y en met du nouveau.

Enfin, pour rendre plus facile la récolte des ruches posées horizontalement et percées de deux côtés, comme les nôtres, on propose une espèce de demi-ruche de paille, qu'on peut voir, fig. XIII.

Nous ne dirons rien du camail, ou du masque et des gants, dont tout le monde connoît l'usage. Pour de pareilles opérations, on peut seulement voir, à la fin des explications de ladite Planche, une note sur la forme de nos camails et de la manière de les composer. J'allois oublier de dire qu'il falloit aussi un couteau de table, et un autre bien tranchant dont nous verrons plus bas l'usage.   Nous

Nous allons maintenant exposer notre méthode de récolter les ruches. On commencera par mettre en ordre les instrumens dont nous avons besoin pour cette opération, le baquet couvert d'une serviette, l'écuelle pleine d'eau, le petit balai, la raquette et le râteau avec les deux couteaux ; ensuite, on doit se décider sur le côté par lequel on voudra récolter une ruche. On sait que nos ruchers ont deux ouvertures, une par le devant, d'où les abeilles sortent, et l'autre par le derrière ; et nous avons déjà dit qu'on doit les récolter tantôt par l'un et tantôt par l'autre côté ; néanmoins, pour des raisons très-intéressantes, que nous exposerons dans quelque chapitre ci-après, nous sommes décidés à proposer aux amateurs de faire cette récolte ordinairement par le côté de derrière. Dans ce cas on ouvre la ruche par le devant, et on y applique la demi-ruche de paille, annoncée ci-dessus.

Avant d'exposer la manière de s'en servir, nous observerons qu'à Syra ces mêmes ruches cylindriques n'étant percées en général que d'un côté, on ne se sert jamais de ces demi-ruches ; ce n'est que pour rendre plus commode cette récolte dans ces pays, que nous en avons imaginé l'usage; les amateurs ne doivent même s'en servir que lorsque les ruches se trouvent tellement peuplées, qu'ils prévoient que la multitude d'abeilles doit les gêner dans cette récolte.

On peut appliquer de deux manières la demi-ruche au rucher, ou en l'appuyant sur quelques tréteaux, et en la soutenant avec quelques pierres ou autre corps solide par ses côtés, ou même en pratiquant au sommet de cette demi-ruche un anneau de paille, ou un bouton auquel on attache quatre bouts de ficelle, avec lesquels on assujettit la demi-ruche à quatre clous, préalablement établis au quatre coins de la ruche.

Après ces dispositions, on ouvre la ruche du côté qu'on veut la récolter, et on a l'attention à mesure qu'on retire le couvercle, d'approcher la fumée pour que les abeilles ne s'effarouchent pas; le couvercle levé, on approche cette même fumée en plus grande quantité et plus long-temps, pour forcer les abeilles à se retirer vers le fond, c'est-à-dire, vers la partie opposée à celle par laquelle on récolte la ruche. A mesure qu'elles abandonnent les premiers rayons, on les détache un à un avec le râteau, du haut de la ruche, et on les fait tomber doucement sur la raquette, et en même temps on soulève la serviette qui couvre le baquet ; on les jette dedans, et on baisse aussitôt la serviette pour empêcher que les abeilles ne se jettent sur les rayons.

Pour comprendre plus facilement toute cette opération, il faut nous rappeler ici ce que nous avons dit au cinquième livre sur les différentes directions que les abeilles donnent à leurs rayons en les construisant ; il y a des ruches dont les rayons sont de droite à gauche, et ils nous présentent entièrement leur face en ouvrant la ruche ; d'autres construisent les rayons depuis le fond jusqu'au devant ; desorte que chacun de ces rayons a autant de longueur que la ruche ; d'autres enfin leur donnent une direction oblique, c'est-à-dire qui tient le milieu entre les deux précédens. Les premières sont les plus faciles à récolter ; les troisièmes le sont un peu moins, mais les secondes donnent plus d'embarras.

Voici comment il faut se conduire dans la taille des ruches de ces différentes directions. Quant aux premières ruches, on n'a autre chose à faire que ce que nous avons dit ; nous observons cependant que si le rayon que nous vou-

lons retirer est en partie vide de miel, on sépare
avec un couteau toute cette partie du reste du
rayon, avant de le détacher du haut de la ruche;
mais si le rayon est plein et si on ne veut pas
le retirer en entier, ce qui seroit inutile et même
un peu gênant, on doit le partager transversalement en deux avec un couteau, retirer d'abord
la partie inférieure, et ensuite la supérieure.
Lorsqu'on a reçu ces rayons sur la raquette,
ils sont quelquefois couverts d'abeilles dans leurs
parties de dessus; nous conseillons alors de jeter un coup d'œil pour voir si la reine ne s'y
trouve pas, de la prendre avec les doigts, et
de la remettre dans la ruche, ou d'approcher
le rayon coupé de ceux qui restent dans la ruche en le dressant un peu, et elle ne tardera
pas à y passer. Nous pouvons cependant assurer
les amateurs que le cas où la reine se trouve
sur le rayon coupé, est très-rare, et que jamais
il ne nous est arrivé; mais il n'est pas impossible, puisque nous savons qu'il est arrivé à
d'autres cultivateurs. Mais si on a l'attention
de bien enfumer le rayon avant de le couper,
et même d'approcher un des bouts de l'enfumoir sous le rayon, en soufflant de l'autre
bout pour que la fumée puisse pénétrer entre

le rayon que nous devons couper et celui qui
lui est parallèle, un tel accident ne doit guères
arriver. Si la reine n'y est pas, on frotte le rayon
avec le balai mouillé, pour en chasser les abeilles vers la ruche.

Il faut encore observer : 1°. que le couteau soit
bien tranchant et un peu mouillé, pour que le
partage du rayon que nous voulons retirer se fasse
avec facilité, et que rien ne l'arrête ; 2°. de ne pas
trop l'enfoncer, de crainte de blesser les abeilles qui se trouvent dans la partie de derrière ;
nous devons avoir la même attention lorsque
nous détachons le rayon du haut de la ruche
avec le râteau ; il ne faut pas le trop enfoncer
pour ne pas écraser les abeilles ou la reine, si
malheureusement elle se trouvoit par derrière.

Quant aux ruches qui ont leurs rayons placés
obliquement, voici la manière de les récolter.
Comme ils sont un peu plus longs que ceux
des premières ruches, ils sont aussi plus difficiles à être retirés tout entiers ; c'est pourquoi on
doit les couper, comme nous avons dit des rayons
des premières ruches, avec cette différence qu'il
faut les couper de bas en haut ; on se sert pour
cela du couteau courbé dont nous avons parlé
ci-dessus. On retire d'abord les petits rayons,

B b iij

qui se trouvent toujours dans ces ruches, à la droite ou à la gauche, et quand on est parvenu au premier grand rayon, on commence par en couper une partie de trois ou quatre pouces de largeur de bas en haut, après quoi on la détache du haut de la ruche avec le râteau, faisant attention, autant qu'il se peut, de ne pas enfoncer le râteau au-delà de la coupe, de crainte de faire tomber l'autre partie du même rayon. Après avoir reçu sur la raquette la partie du rayon coupée, et avoir pratiqué tout ce que nous avons prescrit ci-dessus, on coupe un second et un troisième morceau, de la même manière, jusqu'à la fin du rayon, et ensuite on passe à un second et à un troisième, jusqu'au taux des provisions qu'on doit laisser aux abeilles.

Nous avons à faire ici quelques observations qui nous ont paru très-nécessaires; pour mieux les comprendre, il faut se rappeler ce que nous avons dit sur la quantité de rayons qu'on doit laisser aux abeilles, tant pour contenir leur provision, que pour les abriter contre les rigueurs de la mauvaise saison. Supposons que nous veuillons leur laisser un pied d'espace rempli de rayons, et que nos ruches aient deux pieds de long ; or, il faut savoir que ces rayons sont tellement bâtis obliquement, qu'un de leurs bouts touche quelquefois le bord de la ruche, et que l'autre s'enfonce dans l'intérieur d'un pied, et quelquefois même davantage. Dans ce cas on ne doit en retirer aucune entière, mais il est nécessaire de marquer l'espace d'un pied, du côté dont on fait la taille, et jusque-là on fera la coupe du premier rayon, et ensuite celle des autres au niveau de ce premier. Si par hasard le couteau a été un peu au-delà, il ne faut pas s'en inquiéter, puisqu'on en est quitte pour laisser un peu plus de rayons de l'autre côté.

Tout ce que nous venons de dire regarde la dernière taille faite à nos ruches, auxquelles tout ce que nous leur laissons doit servir de provision d'hiver ; car, dans les autres récoltes qui précèdent celle-ci, d'après ce que nous proposerons ci-dessus, chapitre XII, nous ne devons pas être aussi scrupuleux sur la quantité qu'on peut leur ôter.

La raison pour laquelle nous exigeons que dans la dernière récolte les rayons soient taillés au niveau les uns des autres, autant qu'il est possible, c'est pour pouvoir adapter aisément le bouchon, ainsi que nous proposerons en son lieu.

Toutes ces observations regardent aussi les ruches dont les rayons ont une direction droite d'une extrémité de la ruche à l'autre. Comme ils ne se présentent que de front, leur coupe n'est pas aussi facile que celle des ruches dont on vient de parler. On ne peut les tailler qu'en coupant de bas en haut un morceau de chaque rayon avec le couteau courbé, en commençant par le plus voisin de l'un des bords, et en avançant ensuite de proche en proche, jusqu'au bord opposé. Cela fait, on revient au premier dont on coupe une autre partie, jusqu'à ce qu'on soit parvenu à l'endroit où l'on a déterminé de s'arrêter.

La différence qui se trouve entre la taille de ces ruches et les deux autres consiste à ce que dans celles-ci nous récoltons d'un coup chacun des rayons jusqu'à l'endroit désiré, au lieu que dans celle-là nous ne les retirons que par parties et les unes après les autres.

On voit par tout ce que nous venons de dire sur la taille des ruches de ces différentes directions, que la première est la plus facile à être

récoltée, et la seconde la plus difficile. Outre
ces difficultés, ces mêmes ruches qui ont leurs
rayons droits, ont un défaut, les abeilles y meurent en plus grand nombre pendant l'hiver.
Nous en exposerons la raison au quatrième volume dans nos observations *sur la manière de
faire hiverner les abeilles, par M. Duchet.*
C'est pour empêcher cette mortalité et pour
rendre la récolte de ces ruches plus aisée que
nous avons proposé au Ve. livre le moyen d'o-
bliger les abeilles de donner à leurs rayons
la première direction exposée ci-dessus. Si par
hasard nous n'avons pas employé ce moyen en
mettant l'essaim dans la ruche, ainsi que nous
l'avons conseillé, il est nécessaire que nous le
fassions dans la première taille que nous ferons
de ces sortes de ruches, en observant ce que
nous avons prescrit dans l'endroit cité.

Nous croyons devoir ajouter que le rayon
qu'on posera dans ces ruches avec la fourche
doit être suffisamment large pour couvrir le
front de tous les anciens rayons d'un côté de
la ruche à l'autre, et pour descendre à peu près
jusqu'à la moitié de leur hauteur. Faute d'a-
voir pris cette précaution, nous avons observé
que les abeilles donnoient à leurs rayons qui

n'étoient point couverts par le rayon que nous leur avions dressé, la même direction qu'ils avoient auparavant; elles travailloient parallèlement au rayon dressé dans toute sa largeur seulement, ce qui occasionne une singulière confusion dans ces ruches. Nous éviterons tous ces embarras, si nous avons soin de dresser un rayon dans les ruches, toutes les fois que nous y mettrons un nouvel essaim. Il faut aussi ne pas oublier de bien gratter les débris des anciens rayons qu'on a taillés, pour ôter aux abeilles la tentation de suivre leur ancienne direction, malgré le rayon que nous leur avons dressé.

Observons encore qu'après que les abeilles auront attaché et achevé le rayon, il ne faut pas y toucher dans les récoltes des années suivantes, afin que les abeilles continuent à en suivre toujours la direction.

Par cette manœuvre, les nouveaux rayons construits par les abeilles ont une bonne direction, tandis que les anciens que nous leur laissons pour contenir les provisions, en conservent une mauvaise. Or, pour rendre cette direction uniforme, il faut attendre que les abeilles remplissent la ruche, et alors dans la même année, ou la suivante si on veut faire deux

fois la récolte des ruches, on récoltera la ruche dont on a détourné les rayons par le devant, jusqu'à l'endroit où commence la bonne
direction, toujours avec l'attention de bien gratter les attaches des rayons qu'on retire.

Nous croyons devoir terminer ce chapitre sur
la taille des ruches par quelques observations
intéressantes. On a vu que dans cette taille il
est nécessaire de faire plusieurs incisions aux
rayons pleins de miel, ce qui ne peut manquer
de faire couler cette liqueur dans la ruche.
Cette effusion de miel est quelquefois si forte
dans les ruches de notre île où, en général, les
rayons en sont mieux fournis, qu'il se répand
au dehors, ce qui entraîne deux inconvéniens;
le premier, c'est que plusieurs abeilles s'y engluent, et quelquefois y périssent; le second,
c'est la perte inutile du miel qui d'ailleurs ne
manque pas d'attirer plusieurs abeilles pillardes. Pour éviter le premier, avant de commencer
la taille de rayons pleins de miel, on jettera
dans la ruche un peu de fougère sèche, qu'on
ne retire que le lendemain, après que les abeilles en ont retiré tout le miel; pour cela, aussitôt
la récolte finie, il faut fermer la ruche, et les
abeilles ne manquent pas de pomper toute la

liqueur qui y est répandue, elles se jettent même les unes sur les autres pour se lècher, moins pour l'envie de se secourir, comme plusieurs auteurs le pensent, que pour l'amour du miel. Pour empêcher ensuite que le miel ne coule hors de la ruche, lorsqu'il tombe en abondance des rayons, on peut se servir d'une espèce d'é-cuelle de fer-blanc, quarrée et d'environ six pouces, dont les rebords ne doivent pas avoir plus de deux ou trois lignes d'élévation; elle doit être un peu pliée pour mieux s'adapter à la forme cylindrique de nos ruches. On a soin de la faire passer d'abord sous les rayons, ou au moins lorsqu'on voit que le miel commence à couler; ce coulement est ordinairement plus fort dans les ruches dont les rayons ont une di-rection droite qui force de faire plusieurs cou-pes sur le même rayon.

Une autre observation non moins intéres-sante, et qui tombe sur ce que nous avons dit dans la taille des ruches de la première direc-tion, lorsqu'il s'agit de séparer la partie du rayon qui n'a point de miel de celle qui en a, avant de le détacher du haut de la ruche. Il arrive souvent qu'une partie du rayon qui se présente transversalement n'a pas de miel, et qu'après l'avoir séparé, on en trouve sa surface intérieure garnie ; si elle en est entièrement fournie, on la jette dans le baquet ; mais si elle ne l'est qu'en partie, il faut en séparer celle qui est vide. Ceux qui ont un peu de pratique dans ces sortes d'opérations, connoissent aisément à travers du fond des cellules du devant (lorsque les rayons sont de l'année), si celles du dedans sont, ou non, garnies de miel.

Souvent aussi il arrive, sur-tout dans les premières récoltes qui se font dans le mois de juillet, qu'on rencontre des rayons pleins de miel, dont la totalité ou partie des alvéoles ne sont point bouchés. Nous conseillons dans ce cas de ne point recevoir ces rayons sur la raquette, de crainte que le miel ne se répande, principalement quand quelqu'un de ces rayons reçoit quelque secousse ; il faut le prendre avec la main, et le tenir droit, autant qu'il sera possible, et en détacher les abeilles, avant de le jeter dans le baquet ; c'est particulièrement sur ces sortes de rayons que les abeilles s'attachent avec plus d'acharnement pour en emporter le miel, lorsqu'elles les voient emporter.

Nous avons remarqué dans une note du chapitre XV, livre III, page 283, que les abeilles

au moment qu'elles voient leurs provisions em-
portées par le propriétaire, se jettent sur leurs
magasins, les débouchent et emportent les provisions pour les cacher dans l'intérieur de la
ruche, et les dérober ainsi à sa rapacité. Ce
sont ces abeilles qui sont plus difficiles à chasser
de dessus les rayons, sur-tout quand les alvéoles qui contiennent le miel sont débouchés. Elles
s'y enfoncent à mi-corps, et semblent braver
et mépriser tous les moyens employés pour les
en éloigner; cependant on y parvient avec un
peu de patience, de la fumée et le petit balai
de plume.

Enfin, nous conseillons à nos cultivateurs
d'abeilles de se conduire le plus lestement possible dans la taille de leur ruche (sans pourtant
manquer aux règles exposées ci-dessus, chapitre I), pour éviter la grande quantité d'a-
beilles du voisinage, qui ne manquent pas de
venir les inquiéter, attirées par l'odeur du miel
et l'espoir du pillage.

Toutes ces règles que nous venons d'exposer
sur la manière de récolter nos ruches, ne regardent que ceux qui voudront suivre stricte-
ment la méthode que nous avons proposée jusqu'ici; car si l'on préféroit de suivre les diffé-

rens moyens que nous proposerons ci-après,
pour tirer le plus grand avantage possible de la
culture de nos insectes ; alors on n'auroit guère
à récolter que des ruches transvasées, et par
conséquent vides d'abeilles, ce qui est de toute
facilité, et tout cultivateur pourra l'exécuter
sans aucune crainte, n'ayant aucun ménagement à garder.

CHAPITRE IX.

Manière de récolter nos ruches, exempte de
tous les inconvéniens reprochés par les au-
teurs aux usages de tailler les ruches ordi-
naires.

ON ne pourra mieux faire connoître les avantages de notre manière de récolter nos ruches,
qu'en rapportant les principaux inconvéniens
que M. Ducarne et autres auteurs reprochent
aux ruches ordinaires.

Le premier qui nous a frappés, dans plusieurs
espèces de ruches, et sur-tout dans celles de
paille faites en forme de cloche, c'est la nécessité de les retourner et de les renverser pour

pouvoir agir dans leur intérieur : ce renverse-ment doit entraîner des accidens fâcheux par la chute de quelques rayons, sur-tout dans ceux de l'année. On ne craint rien de pareil dans nos ruches qui sont inamovibles. On n'y touche, pendant la récolte, que les rayons qu'on retire à mesure.

Le second inconvénient, c'est la difficulté d'obliger les abeilles de quitter les rayons que nous voulons retirer. Comment les couper et les manier, sans crainte de les écraser ou d'en être piqué ? En tournant la ruche en sens contraire, les abeilles, qui naturellement vont en grim-pant toujours, monteront continuellement vers le bord ; la fumée même que nous leur ferons sentir les excitera et les mettra en mouvement vers ce même bord. Ajoutez la grande gêne que le propriétaire doit éprouver de la part des abeilles qui, pendant l'opération de la taille, sortent de la ruche ou reviennent de la campa-gne ; et cet inconvénient est plus grand qu'on ne le croit. Si la récolte dure au moins un quart d'heure (et nous sommes persuadés qu'elle doit durer plus de demi-heure), plusieurs milliers d'abeilles doivent être en l'air et voltiger autour de celui qui fait la taille, souvent elles se las-sent

sent de voltiger, et s'approchent des ruches voisines dont les abeilles s'élancent sur elles, et les assomment lorsqu'elles les attrapent. Dans la taille de nos ruches on ne voit rien de tout cela, parce qu'étant couchées, il nous est facile avec la fumée de pousser les abeilles de rayon en rayon, à mesure que nous les retirons, la fumée ayant plus d'action dans une direction horizontale que centrale. Quant aux abeilles qui voltigent, nous disons que notre récolte se faisant par la partie postérieure de la ruche, nous n'avons rien de commun avec celles qui reviennent de la picorée ; elles sortent et rentrent sans, pour ainsi dire, s'apercevoir de ce qui se passe de l'autre extrémité de la ruche ; et quant à celles qui sortent du côté que se fait la taille, la plus grande partie, après avoir un peu voltigé, rentre dans la ruche par le devant. On voit par tout ce que nous venons de dire que notre méthode est infiniment moins meurtrière pour les abeilles que celle des ruches ordinaires ; et nous pouvons assurer que souvent il nous arrive d'en récolter plusieurs de cette façon sans tuer une demi-douzaine de mouches.

Un autre inconvénient de l'ancienne méthode

de vendanger les ruches, c'est l'obligation de couper en morceaux les rayons qu'on veut en retirer. Cette coupe ne peut qu'occasionner un grand écoulement de miel sur les rayons habités par le gros des abeilles ; elles s'y empêtrent et ne se débarrassent qu'avec peine et à l'aide de leurs compagnes ; cependant, si la taille est de longue durée, et si l'écoulement est considérable, les abeilles qui y resteroient trop long-temps enfoncées périroient : eh! que deviendroit la ruche, si la reine en étoit du nombre?

La disposition de nos ruches, sur-tout lorsque les rayons y ont une bonne direction, nous offre la commodité de les tirer entiers ; et si, au contraire, on vouloit les partager en deux, le miel qui en découleroit ne pourroit déranger rien dans la ruche, ainsi que nous l'avons fait voir ; d'autant plus qu'en faisant passer sous les rayons qu'on veut couper, quelques brins de bruyère ou de fougère sèche, les abeilles n'en recevroient aucun dommage. La circonstance la plus fâcheuse pour tailler nos ruches, c'est quand les rayons sont tout droits et dans la longueur des ruches ; alors l'écoulement est plus considérable, et on éprouve quelque perte d'abeilles ; mais enfin cet écoulement ne se fait qu'au bas de la ruche, et non sur les rayons couverts d'abeilles, et nous avons dit qu'il dépend de nous d'obliger nos mouches à faire prendre à leurs rayons la direction que nous voulons, et nous en avons donné la méthode en plusieurs endroits de cet ouvrage.

M. Ducarne oppose un quatrième inconvénient à l'ancienne méthode de tailler les ruches; savoir la perte inévitable d'une partie du couvain ; cet inconvénient n'existe point dans la taille de nos ruches, puisque cette perte ne provient, ainsi que notre auteur en convient, que de la vîtesse avec laquelle on est obligé de récolter les ruches, et de la difficulté de découvrir le couvain dans les rayons qu'on veut tailler. Rien dans la vendange de nos ruches ne nous engage à une vîtesse extraordinaire ; d'ailleurs, il est si facile d'y reconnoître les rayons qui sont fournis de couvain, qu'une personne tant soit peu instruite dans l'économie de nos insectes, ne pourra guères s'y méprendre. Cela est si vrai, qu'il nous est arrivé souvent dans notre jeunesse, de distinguer, dans nos ruches, de petits vers, et même des œufs placés dans les alvéoles postérieurs du rayon que nous avions sous les yeux,

bien entendu que ce rayon étoit tout fraîche-
ment bâti.

Le cinqnième inconvénient consiste en ce que,
dans les ruches ordinaires et dans beaucoup
d'autres, on ne peut aisément retirer de bon
miel, ni en faire un juste partage proportionné
et à l'intérêt du propriétaire et aux besoins de
nos mouches. On sait, dit M. Ducarne, que le
meilleur miel se trouve au sommet des ruches.
Or, combien n'est-il pas difficile et presqu'impossible pour le commun des cultivateurs, de
s'en approcher pour s'en emparer? et, dans le
cas même où l'on y parviendroit, il n'est pas
aisé de le faire avec assez de précaution pour
ne pas laisser manquer les abeilles du nécessaire. Dans nos ruches, qui peuvent contenir dix-
huit rayons, chacune a sa partie supérieure et
inférieure, et presque toutes sont également garnies de miel, dans les bonnes années, du moins
dans leurs parties supérieures ; ainsi , en retirant une partie de rayons, nous sommes même
sûrs de laisser aux abeilles des provisions suffisantes. Nous avons indiqué des moyens très-
faciles de s'assurer si la partie des rayons qu'on
laisse aux abeilles , est assez fournie ou non,

pour leur conservation ; et lorsqu'elles n'en ont
pas, nous avons toute facilité pour leur en
fournir.

Ce que dit M. Ducarne, que le meilleur miel
se trouve au sommet des ruches, ne peut pas
être dit de toutes les ruches, sur-tout aux environs de Versailles. On sait que la bonté du
miel dépend principalement de la qualité des
plantes d'où les abeilles le retirent. Or, autour
de cette ville, et notamment dans les jardins
de M. Lemonnier, on cultive une telle variété
de plantes étrangères, que depuis la mi-mars
jusqu'à la mi-septembre, les abeilles changent
de pâturages tous les dix jours ; nous n'avons
par conséquent pu faire l'analyse des différen
miels que les abeilles en recueillent à chaque
époque. Si quelque amateur vouloit connoître
les différentes qualités de miel que produit chaque plante, il faudroit, au moment de sa floraison, retirer dans nos ruches un des rayons
récemment bâtis, et qui en fût assez garni pour
faire une pareille analyse. Il faudroit d'ailleurs
que cette floraison fût très-abondante, et presque
l'unique, pour asseoir un jugement sain. A Syra,
où, comme nous l'avons remarqué ailleurs, il y a
deux principaux pâturages pour les abeilles, la

CHAPITRE X.

Où l'on fait voir que toutes les manières de récolter les ruches ordinaires, rapportées dans les chapitres VI et VII, d'après M. Ducarne, peuvent être exécutées avec nos ruches.

LE but de toutes ces manières tend à faire passer les abeilles d'une ruche pleine de rayons dans une vide. Nous allons donc faire voir que cette transvasion peut se pratiquer dans nos ruches avec toute la facilité imaginable.

On ouvre par derrière la ruche dont nous voulons transvaser les abeilles, on pose notre enfumoir bien garni de crotin de cheval sec et allumé, dans l'espace vide qui se trouve entre le couvercle et les rayons. Si la ruche est pleine, on doit d'abord retirer quelques rayons pour former un espace propre à contenir l'enfumoir. Ensuite on bouche bien la ruche par derrière, pour que la fumée ne se dissipe point et se concentre dans la ruche, et force ainsi les abeil-

C c iv

les à s'enfuir avec plus de vîtesse, par leur sortie accoutumée.

Cette opération doit se faire de bon matin, avant que les abeilles se dispersent à la campagne; et pour plus de sureté, on doit boucher dès la veille les ruches qu'on veut transvaser, pour empêcher qu'aucune abeille ne sorte avant la transvasion; de même on doit tenir, pendant cette opération, renfermées toutes les autres ruches du rucher, de crainte que l'essaim qui sort n'aille les inquiéter à son grand détriment. Après que toutes les abeilles seront sorties, on bouchera la porte de leur ruche, pour qu'elles ne soient pas tentées d'y rentrer. L'essaim voltigera à son ordinaire pendant quelques minutes en l'air, et se posera ensuite infailliblement sur quelque branche, d'où on le fera passer dans une autre ruche.

Quatre raisons, dit M. l'abbé Tessier, peuvent engager à faire passer les abeilles d'une ruche dans une autre : 1°. pour s'emparer de ce qu'elles on amassé et les remettre dans une autre ruche vide qu'on dépose dans la place de celle qu'on a transvasée, pour être remplie une seconde fois, si la campagne des environs le permet, ou qu'on fait voyager vers des pâturages nouveaux ; 2°. pour réunir ensemble les abeilles de deux ruches foibles qui n'auroient pu passer l'hiver séparément, ou celles d'une ruche que l'on vient de réformer, à une autre que l'on désire conserver ; 3°. pour retirer les mouches d'une ruche dont les gâteaux sont infectés de fausses teignes ; 4°. pour renouveler des ruches usées.

Quant à cette dernière raison, nous ne sommes jamais forcés, avec nos ruches, de les transvaser à cause de la vieillesse des gâteaux, d'après la remarque par nous déjà faite dans plusieurs endroits, que nous pouvons tous les ans renouveler les rayons de nos ruches sans les déranger en aucune manière : cependant il paroissoit s'ensuivre de notre manière de les récolter par derrière, et de leur laisser toujours les mêmes rayons du devant pour leur provision d'hiver, qu'on ne pourroit pas les renouveler aisément tous les ans ; mais cela n'est point nécessaire, il suffit que l'on renouvelle tous les quatre ou cinq ans la partie des rayons qui par leur vieillesse peuvent nuire à la conservation des ruches. Cette partie est ordinairement celle dans laquelle les abeilles forment et élèvent

leurs couvées. On sait qu'à la longue les alvéoles se trouvent tapissés de plusieurs dépouilles
des nymphes, ce qui nuit de deux façons aux
ruches de ces pays, sur-tout : 1°. parce qu'ils
s'imbibent aisément d'humidité, ce qui y produit
la moisissure ; 2°. parce qu'ils servent de nourriture à la fausse teigne, qui par cette raison
attaque plus souvent les vieilles ruches, et s'y
multiplie plus rapidemment : d'où il suit que la
partie supérieure des rayons, de la largeur de
deux ou trois pouces, dans laquelle les abeilles ne
déposent que du miel, et qui n'est que de pure
cire dont la fausse teigne ne se nourrit point,
est exempte de ces deux inconvéniens, et n'a
conséquemment point besoin d'être renouvelée
aussi souvent, pouvant se conserver dix et
quinze ans sans aucun danger, ainsi qu'il arrive chez nous. Voyez les deux derniers chapitres du premier livre.

Voici donc de quelle manière on peut sans
avoir recours à la transvasion renouveler la partie de rayons usée qui pourroit nuire à la conservation des ruches, après que ces ruches auront jeté leurs premiers essaims, ou même leurs
seconds : on les ouvrira par devant, et on coupera toutes les parties des rayons dans lesquel-

les, comme nous avons dit, se forme le couvain, même si elles en sont garnies. Pour peu qu'on soit habitué à élever les abeilles, on peut très-aisément les connoître ; elles sont d'une couleur plus foncée que les parties supérieures, qui sont naturellement plus claires, et dont les cellules contiennent presque toujours du miel bouché ou découvert. Mais pour ne point se tromper, on n'a qu'à couper le rayon à trois pouces ou environ de l'attache d'un bout à l'autre. La manière de faire cette coupe est la même que celle que nous avons exposée au chapitre VIII, en parlant de la récolte de nos ruches.

On doit cependant observer ici deux choses nécessaires : 1°. de ne pas couper tous les rayons ; mais s'il y en a, par exemple, huit ou neuf, de n'en rogner que cinq ou six, d'abord par le devant de la ruche ; et, après que les abeilles auront presque achevé de rebâtir de nouveaux rayons à la place des anciens, on coupera de la même manière et par le derrière de la ruche ceux qu'on avoit épargnés ; 2°. si dans les rayons coupés il y a du couvain, comme il doit en effet y en avoir beaucoup dans ce moment, on doit avoir bien soin de ne pas l'écraser, et replacer dans la ruche, du côté de derrière, tous les rayons qui en contiennent, avec la machine dont nous donnerons le dessin à la fin de ce volume ou du quatrième, et de la manière que nous l'avons déjà indiqué au chapitre II. Après que le couvain de ces rayons sera éclos, ce qui doit arriver dans l'intervalle d'une dixaine de jours, sur-tout s'il étoit couvert lors de la coupe, on les retire.

En troisième lieu, on doit observer qu'il faut retirer par derrière le bouchon qui a servi à rétrécir la ruche pour forcer les abeilles à donner leurs essaims à bonne heure, avant de commencer à couper les rayons, pour que les abeilles puissent se retirer au fond de la ruche, de sorte que dans cette taille le propriétaire n'en éprouve aucune gêne.

Nous avons dit que cette coupe pouvoit se faire après la sortie du second essaim ; il vaudroit cependant mieux la faire avant cette sortie ; la ruche se trouvant mieux garnie de mouches, celles-ci pourroient rétablir leurs rayons avec plus de vîtesse, et peut-être même qu'elles pourroient en remplir toute la ruche, si la campagne étoit abondante ; ce travail nous récompenseroit de ce que nous auroit donné le second essaim qu'auroit jeté cette ruche.

Après tout ce que nous venons de dire sur la facilité de renouveler les vieux rayons de nos ruches, on s'aperçoit aisément qu'on ne doit presque jamais être forcé de les transvaser à cause de la fausse teigne; il faudroit être bien mal-adroit et bien négligent, si en se servant de nos ruches, on en laissoit périr quelqu'une par ce fléau. Voyez ce que nous avons dit sur la fausse teigne, vers la fin du livre précédent.

Enfin, nous prévenons les amateurs que, par cette manière de renouveler les vieux rayons, sans déranger leurs parties supérieures ni leurs attaches, ils pourront, après dix à douze ans, avoir en abondance de cette cire aromatique, dont nous avons parlé dans les deux derniers chapitres du premier livre.

Les deux raisons de transvaser les abeilles ne pouvant avoir lieu dans notre méthode de construire nos ruches, il nous reste à exposer la manière de s'y conduire dans les deux premiers cas. Et, pour procéder avec clarté, supposons un rucher de soixante ruches de notre façon, dont le propriétaire n'en veut conserver que trente, et faire voyager les autres pour en tirer le plus grand profit possible; il doit choisir les plus fortes en population et les transvaser dans des ruches de paille (de la manière que nous l'avons prescrit au commencement de ce chapitre) , il les fera ensuite conduire aux herbages, suivant les règles que nous indiquerons au chapitre XIII.

Nous avons dit que de soixante ruches on devoit choisir les mieux peuplées, c'est afin que les abeilles voyageuses soient assez nombreuses pour former de grands travaux dans leurs nouvelles ruches , sans quoi nous serions obligés, ou de leur rendre leurs couvains, ce que nous croyons très-difficile à exécuter dans les ruches qui doivent voyager, ou de marier ensemble les abeilles des deux ruches foibles pour en faire une bonne, ce qui en diminueroit le nombre, et par conséquent le profit.

On nous opposera peut-être qu'on devroit plutôt garder les plus fortes dans le rucher, pour qu'il pût prospérer d'autant, et donner de bons essaims l'année suivante. Nous répondons que si on observe exactement tout ce que nous avons proposé dans plusieurs endroits de notre ouvrage, et nous exposerons au chapitre XIII ci-dessous sur la conduite que nous devons tenir envers nos ruches, particulièrement envers celles qui essaiment, afin de les conserver toujours bien peuplées, on pourra se flatter de n'en avoir guère de si foibles, qu'elles ne puissent prospérer tous les ans, sur-tout si nous avons l'attention de conserver toujours celles qui nous paroissent d'une meilleure espèce et plus fécondes.

Au surplus, dans le cas présent, tout le couvain qu'on retire des trente ruches qu'on transvase pour les mener en herbage, couvain qui doit être considérable, on aura soin de le distribuer à celles des trente qu'on garde dans le rucher; par cette distribution, nous sommes persuadés qu'on procurera à chacune de ces ruches une augmentation de mouches, capable de les mettre en état de se repeupler encore davantage jusqu'à la fin de la campagne, et de ramasser des provisions suffisantes pour leur conservation. Si, malgré toutes ces précautions, quelqu'une de ces ruches paroissoit encore foible, on feroit venir de l'herbage vers la fin du mois d'août, des ruches qu'on doit réformer, et marier leurs abeilles avec elles, de la manière que nous l'exposerons ci-après.

Si ensuite notre rucher se trouvoit environné d'abondans pâturages, de sain-foins, de luzernes et de sarazins; et si on vouloit entreprendre cette transvasion de ruches uni-

quement pour s'approprier toutes leurs provisions, et engager les abeilles à en ramasser
de nouvelles ; nous dirons que dans ce cas elle
ne doit pas se pratiquer avec nos ruches; nous
préférons la méthode que nous prescrirons
ci-dessous au chapitre XII ; méthode qui consiste à les récolter deux et trois fois même,
selon leur travail. Si même il s'agissoit de ruches condamnées à être réformées à la fin de
la campagne, on pourroit à chaque récolte les
tailler entièrement, en leur laissant seulement
un seul gâteau avec du couvain, pour y attacher plus facilement les abeilles. Cette méthode
est plus expéditive et sujette à moins d'embarras
que la transvasion ; nous croyons même avec
plusieurs auteurs, que les abeilles travaillent
avec plus d'ardeur lorsqu'on leur laisse quelque
couvain, et qu'on leur retire presque tous les
rayons. Il est cependant arrivé que des abeilles
qu'on avoit changées de ruches et de places, et
auxquelles on avoit enlevé tout le couvain, ont
travaillé avec une activité étonnante; mais il est
bon de s'assurer de cet instinct particulier de
nos mouches par des expériences répétées de
l'une et de l'autre méthode.

Enfin, on peut entreprendre cette transvasion

sion lorsqu'on a plusieurs ruches surnuméraires qu'on veut réformer pour s'emparer de toutes leurs provisions, et que, pour ne pas en faire périr les abeilles, on se détermine à les faire passer dans un autre ruche bien conditionnée pour la fortifier d'autant, ainsi que nous l'avons rapporté au chapitre VI et VII, d'après M. Ducarne; on peut voir dans les observations que nous y avons faites, ce que nous pensons sur cette sorte de transvasion.

Une chose nous reste à remarquer ici, c'est que tout ce que nous avons dit sur le temps de faire cette transvasion vers le 15 de juillet, suppose la culture des abeilles dans l'état où elle se trouve aux environs de Versailles, ou après le 15 ou 20 de ce mois : la campagne ne fournit pas, ainsi que dans le Gâtinois, cette immense quantité de pâturage nécessaire pour que les abeilles y fassent un butin considérable en cire et en miel. Dans cette supposition nous ne voyons ni perte ni inconvénient à transvaser les ruches le 15 juillet. Mais si la campagne fournit, après cette époque, d'abondantes récoltes, comme dans le Gâtinois où, après avoir transvasé les ruches le 15 juillet, souvent, selon M. Duhamel. (*Voyez le chapitre XIV ci-après*), on les transvase encore une et deux fois, ce seroit une grande perte que de transvaser le 15 juillet les ruches que l'on veut réformer dans celles que l'on veut conserver, sans rien retirer d'elles après cette époque, et que de leur abandonner tout ce qu'elles auroient ramassé pour provision d'hiver. Ainsi les cultivateurs de ces pays et d'autres semblables doivent transvaser les ruches qu'ils destinent à la réforme, deux et trois fois, selon l'abondance de leur récolte; et ce n'est qu'à la dernière transvasion qu'on doit en marier les mouches avec celles des ruches que l'on veut conserver.

Voici la manière d'exécuter avec nos ruches cette transvasion proposée par M. Ducarne. Supposons que le fond de nos ruches soit de vingt-quatre, et que nous en ayons quarante-huit contenues dans un rucher à deux étages, de vingt-quatre ruches chacun, voulant les réduire à moitié sans en détruire les mouches, M. Ducarne propose de faire passer celles de chaque ruche qu'on veut réformer dans une des ruches qu'on veut conserver. Or, d'après nos observations auxdits chapitres VI et VII, nous choisirons pour cette opération toujours deux ruches de notre rucher, qui soient l'une à côté de l'autre, ou au-dessus l'une de l'autre. (Nous ne regardons cependant pas cette particularité comme absolument nécessaire à la bonne réussite de notre opération). Dès la vieille de cette transvasion , nous fermerons toutes les ruches du rucher, les unes, pour que leurs mouches ne se répandent pas en campagne avant l'opération, ce qui empêcheroit que la transvasion ne se fît sur toutes les abeilles ; les autres, pour que les essaims que nous chasserons de leurs ruches n'aillent pas les inquiéter, ce qui arriveroit sans cette précaution. Si la transvasion s'opère dans le mois de juillet, on la commencera aussitôt après le soleil levé ; si c'est en septembre , il faut attendre que l'air soit un peu réchauffé; il faut même faire toujours choix d'une journée belle et tempérée; car si elle étoit froide , notre opération pourroit manquer, ou du moins retarder de beaucoup, et faire périr quantité de mouches.

Tout étant ainsi disposé , on retire les couvercles du derrière des deux ruches qu'on veut transvaser, on y met la fumée et on les rebouche; puis on ouvre aussitôt leurs portes de devant pour que toutes les abeilles en sortent. Les deux essaims s'étant mêlés en l'air, ils se poseront presque toujours en-

semble dans le même endroit. Dès qu'on s'a-
perçoit que toutes les abeilles sont sorties
des deux ruches, sur-tout de celle que l'on
doit réformer, on la ferme bien par le devant pour empêcher aucune abeille d'y rentrer. On retire en même temps la fumée des
deux ruches ; de l'une, de peur qu'elle n'infecte les provisions qui doivent servir aux
abeilles, et de l'autre, pour quelle ne donne
pas un mauvais goût au miel qui doit servir à
notre profit. Ceci fait, on doit songer à ramasser les deux essaims. Si celle des deux ruches
qui leur est destinée est à moitié pleine, on
peut les recueillir sur une branche et les remettre dans la ruche comme nous l'avons exposé au livre IV ; mais si elle est pleine de rayons,
on doit les recueillir dans une ruche de paille,
selon la méthode ordinaire et les remettre dans
la ruche. Voici comment on retire le couvercle
de derrière de la ruche qu'elles doivent habiter,
et on y applique la baie de celle dans laquelle
se trouvent les essaims : on a soin de boucher
avec du linge les ouvertures qui se trouvent entre
ces deux ruches, et si on est pressé d'y faire passer les abeilles, pendant qu'on tiendra la ruche
de paille bien assujettie contre l'autre, on la bat-

tra bien avec une baguette : ce bruit et l'attrait de leurs rayons excitera d'abord les anciennes habitantes à y passer, et les autres les suivront de près. Si on n'est point pressé, on laissera la ruche de paille contre l'autre bien assujettie dans cette position un quart-d'heure, et les abeilles d'elles-mêmes ne tarderont pas à gagner leurs rayons. Toutes les autres particularités qui regardent cette transvasion, on doit les voir dans nos observations auxdits chapitres VI et VII. Quant aux autres ruches du rucher, si nous n'avons d'autres transvasions à faire, on doit les ouvrir aussitôt que les essaims se seront posés; sinon on doit les tenir fermées jusqu'à ce que les transvasions soient finies.

Nous avons dit, dans ces mêmes observations, qu'il falloit se servir de quelques ruses pour engager les abeilles étrangères transvasées à se tenir tranquilles dans leur nouvelle habitation, et à ne pas aller roder autour de leur ancienne ruche; en voici une très-simple et qui est très-propre pour cet effet. Supposons que la ruche à réformer soit placée au-dessous de l'autre dans ce cas, quatre ou cinq jours avant la transvasion on mettra au-dessous de l'entrée de la ruche à réformer, un mouchoir qu'on fera pendre jusqu'à terre. Aussitôt que l'essaim en sera sorti, on posera ce même mouchoir au-dessous de l'entrée de la ruche supérieure; ce mouchoir alors par sa position, en même temps qu'il couvrira la ruche réformée, dirigera le vol de ces abeilles, qui étoient déjà habituées à voir ce même mouchoir, ou sa couleur, au-dessous de leur entrée ancienne. A défaut de ces petites ruses, de semblables opérations, et sur-tout celles des essaims artificiels, manquent souvent, ou restent imparfaites, ainsi que nous le verrons au volume suivant.

CHAPITRE XI.

Du produit d'une ruche, et de la manière d'en avoir le plus grand parti possible.

Au chapitre VI du livre Ier., nous avons traité de l'avantage qu'un Etat en général peut retirer de la culture des abeilles. Ici nous parlerons en particulier du profit qu'une ruche peut donner à son propriétaire, et de la manière dont il doit s'y prendre pour en recevoir le plus fort possible.

M. Palteau qui a écrit en Lorraine, évalue

le produit d'une ruche à trois livres ; d'autres
le font à six francs. M. Ligier, auteur de la
Nouvelle Maison Rustique, dit que, dans les
pays chauds, une ruche vaut à son maître 9 à
10 livres. Nous avons rapporté ailleurs qu'on
nous avoit assuré qu'un cultivateur d'abeilles
aux environs de Saint-Denis, près de Paris, re-
tiroit de ses ruches plus d'un louis par an. Tous
ces différens produits, nous les croyons vrais,
et certes au-dessous de ce qu'on pourroit attendre de cette culture, si elle étoit mieux suivie.
Cette différence ne provient que de la non-cha-
lance et de l'ignorance des uns, de l'intelligence
et de l'activité des autres dans le gouvernement
de ces industrieux animaux. Effectivement, il
y a des propriétaires d'abeilles, dit M. Duchet,
si indolens et si paresseux, qu'ils ne voudroient
prendre sur eux que les soins de dépouiller leurs
ouvrières, sans vouloir faire même les frais modi-
ques de leur fournir une bonne ruche. Ces avares
personnages ne doivent donc le peu de profit qu'ils
en retirent, qu'à la conduite admirable de cette
Providence divine qui pleut également et sur les
bons et sur les méchans, et qui fait naître son soleil sur les justes et sur les pécheurs ; d'autres,
quoiqu'avec un désir raisonnable de concourir

à la prospérité de leurs ruches, commettent dans leur éducation de très-grandes erreurs, faute de connoître le caractère et l'instinct de ces merveilleux insectes que Dieu a placés parmi nous pour nous donner des leçons de sagesse, et nous apprendre ce que les Minos, les Lycurgue et les Solon ne savoient pas. Ou on contrarie leur marche, ou on ne les seconde pas. C'est pourtant en cette connoissance que consiste principalement l'espérance de réussir dans toutes les parties de cette économie; car pendant que nous contrarierons la nature, nous échouerons immanquablement; secondons-la, et nous recevrons d'elle ses bienfaits avec largesse et avec profusion. Elle n'agit point selon nos désirs ni selon nos raisonnemens: elle a ses lois dont il lui est défendu de s'écarter : c'est à nous de fonder nos raisonnemens sur ses opérations, et de borner nos désirs à ce qu'il lui est permis de nous fournir: c'est à nous de lui aider, en écartant les obstacles qu'elle rencontre sur son chemin, et en lui fournissant les moyens d'arriver à son but.

Tout dépend donc de connoître et de seconder l'instinct admirable de nos abeilles; c'est le vrai moyen de les conduire avantageusement; et c'est pour n'avoir pas encore approfondi leur naturel autant qu'on l'auroit dû, qu'on ne voit nulle part leur culture dans une perfection satisfaisante, ni par conséquent leur profit tel qu'il devroit être.

D'autres, avec l'ardent désir de concourir à la prospérité de ces insectes, emploient toutes les ressources de leur intelligence; mais malheureusement l'activité, quelque grande qu'on la suppose, ni même la sagacité, donnent la science qui est le fruit de l'expérience et des siècles. D'ailleurs, de pareils cultivateurs sont très-rares. Plusieurs auteurs rapportent avec éloge l'activité et le zèle de M. Prouteau d'Yone-la-Ville, et les peines continues qu'il se donnoit pour tirer de 5 à 600 ruches qu'il élevoit, des profits assez considérables. Mais pour cela, combien de difficultés sans nombre à surmonter, et combien de moyens, pour ainsi dire violens, il lui a fallu employer ! il n'a dû ses demi-succès qu'à son zèle infatigable : qu'on cherche dans les écrivains français combien il a eu d'imitateurs dans tout le royaume ! la rareté des cultivateurs de cette trempe fait voir la vérité de ce que nous avançons.

Au reste, nous ne doutons point que si M.

Prouteau se servoit de notre méthode, tant pour construire son rucher et y placer les ruches de notre façon, que pour les gouverner et les récolter; que si, au lieu de transporter ses ruches dans des pâturages frais à huit ou dix lieues de distance, il pouvoit leur en procurer aux environs des lieux où elles se trouvent, leur produit ne fût infiniment plus considérable, ses dépenses, ses peines et la perte de ses ruches infiniment moindres. Cela est si vrai, que l'auteur cité par M. Ducarne au chapitre VI ci-dessus, « assure que le produit des ruches qu'on « entretient à Yone-la-Ville, deviendroit pres- « que immense, si, en fournissant aux abeilles « des récoltes presque continuelles à faire (*c'est-* « *à-dire, depuis le mois de mars jusqu'à celui* « *de septembre*), on les dégraissoit sans incon- « vénient, et si on les renouveloit toutes les » fois qu'il seroit nécessaire, sans faire périr « aucune abeille, et en sauvant tout le couvain.» Or, toutes ces conditions se trouvent à un degré éminent dans notre méthode, ainsi que nous l'avons fait voir dans plusieurs endroits. Si quel- qu'un en doutoit encore, nous prions les ama- teurs les plus intelligens qui sont à portée, et en particulier la société d'agriculture de Paris,

de vouloir bien l'examiner sur les lieux, avec
toute la rigueur possible ; et, s'ils la trouvent
telle que nous la vantons, nous les exhortons à
prendre les moyens les plus propres à la répandre dans tout le royaume pour l'avantage
de l'Etat et des habitans de la campagne.

En second lieu, la différence du profit qu'on
retire des abeilles, provient de la forme des
ruches dont on fait usage, et de la situation où
se trouve un propriétaire par rapport au nombre de ruches qu'il veut former. Ceux qui
ne se servent que de ruches de paille et qui
veulent augmenter le nombre de leurs essaims, n'en doivent naturellement retirer qu'un
profit très-mince , jusqu'à ce qu'ils soient parvenus à compléter ce nombre : 1°. parce qu'ils
sont forcés de conserver tous leurs essaims premiers , seconds et même les troisièmes en les
mariant ensemble, ou autrement, pour remplir
leur rucher le plus promptement possible ; 2°.
parce que ces sortes de ruches ne se prêtant que
difficilement à être récoltées, les propriétaires
ne retirent ordinairement aucun profit, ni des
premiers essaims, ni des mères-ruches qui ont
essaimé, ni même de celles qui n'ont point essaimé. Ce n'est qu'en faisant périr quelques

ruches que leur vieillesse va leur enlever, qu'ils parviennent à en retirer quelque foible profit.

On voit que le produit des propriétaires qui se trouvent dans cette situation, ne doit pas être bien considérable, et ils ne peuvent s'attendre à un plus grand profit, que quand ils seront parvenus à compléter leurs ruches. Enfin parvenus à cette époque désirée, ils choisissent à la fin de la campagne parmi leurs ruches, les plus jeunes et les plus fortes pour les conserver, et ils en vendent le surplus aux marchands, ou ils prennent le parti de les faire périr eux-mêmes, pour en retirer toute la cire et le miel. C'est par cette manière que nous pensons que les cultivateurs les plus intelligens et les plus actifs de l'ancienne méthode peuvent avoir 15 à 20 livres en argent de leurs ruches qui ont essaimé, sur-tout lorsqu'ils ont soin d'élever leurs seconds et troisièmes essaims dans des ruches proportionnées à leur petitesse, pour en tirer leur provision à la fin de l'automne; on sent bien que par ce procédé on n'a pas de la culture de nos mouches tout le profit qu'on pourroit en attendre; car on n'en retire qu'une seule récolte, et dans le cas que les ruches essaiment. Ce que nous venons de dire des ruches de paille, on peut l'étendre à peu près à toutes les autres manières de gouverner les abeilles. Aucune d'elles ne remplit entièrement les vues d'intérêt que tout propriétaire économe doit se proposer, lorsqu'il entreprend cette culture.

Nous allons maintenant exposer les moyens que nous jugeons les plus propres à tirer de nos industrieux insectes tout le profit auquel il nous est permis d'aspirer, et que tout propriétaire doit employer avec soin pour les engager à un travail plus abondant. Nous réduisons ces moyens à cinq articles: 1°. à récolter nos ruches plusieurs fois dans l'année, autant que leur force et la beauté des pâturages le permettent; il est connu dans l'économie des abeilles, qu'autant qu'on leur coupe de rayons, autant elles sont empressées à en construire de nouveaux lorsque la campagne leur fournit des matériaux; 2°. à engager nos ruches d'essaimer tous les ans. Tous les cultivateurs conviennent que les essaims forment le plus grand profit des ruches; 3°. lorsque les cantons dans lesquels on tient les ruches ne leur fournissent pas des pâturages frais, pendant l'arrière saison, il faut les faire voyager dans les lieux où ils abondent; 4°, à s'emparer de toutes leurs provisions, en

faisant passer les mouches dans des ruches vides pour les remplir une seconde fois, ce qu'on
appelle *transvaser les ruches* ; 5°. à cultiver
aux environs du lieu où on élève les abeilles,
les principales plantes qu'on sait leur être particulièrement utiles, et contribuer à leur prospérité. Nous parlerons de chacun de ces moyens
dans les chapitres suivans. Nous traiterons de
ce dernier moyen au quatrième volume.

CHAPITRE XII.

De la méthode de récolter les ruches plusieurs
fois dans l'année ; règles très-nécessaires et
intéressantes pour cet effet.

Nous avons exposé au chapitre VIII la manière facile avec laquelle on récolte nos ruches
sans aucun inconvénient ; nous allons maintenant proposer quelques procédés propres à rendre nos mouches plus actives, et nous mettre à
portée de les récolter plus d'une fois dans l'année, et de retirer un plus grand profit de leur
travail. Ces procédés sont le fruit des attentions
que nous avons données à ces insectes pendant

quelques années de notre séjour en France. Nous exposerons, avant tout, différentes particularités qui nous ont paru nécessaires pour bien entendre et bien exécuter ce que nous avons à proposer.

En établissant, dans les jardins de M. Lemonnier, un rucher selon notre méthode, nous y avons suivi dans la formation des ruches à peu près les mêmes dimensions qu'on leur donne à Syra; et nous y avons d'abord employé les mêmes procédés pour y placer les essaims, pour les gouverner, pour les récolter, etc. Mais nous n'avons pas tardé à nous apercevoir que ces procédés, appliqués aux climats de ces pays, n'étoient pas exempts de quelque désavantage, et qu'ils pouvoient être perfectionnés. Ce désavantage provient de ce que nos ruches sont un peu grandes, de sorte que les abeilles ayant un pied d'espace vide à remplir avant d'essaimer, souvent la saison se passe sans qu'elles essaiment, ou elles le font trop tard. Nous avons attribué à cette cause l'infécondité de trois ruches du rucher de Montreuil, qui, quoique très-fortes et très-peuplées, n'ont point essaimé pendant deux ans consécutifs (1). Mais, en revanche,

_____

(1) Cependant ayant eu d'autres ruches qui, quoi-

elles ont rempli leurs ruches de rayons, nous parlerons au chapitre suivant du moyen que nous croyons pouvoir employer pour éviter ce désavantage.

De plus, nous avons reconnu que dans notre méthode plusieurs parties de l'économie de nos insectes, pouvoient être perfectionnées, ce que nous avons exécuté, autant qu'il nous a été possible, dans plusieurs endroits de cet ouvrage, et nous nous promettons d'en user toujours de même par la suite. Pour le moment nous allons exposer ce que nous pensons devoir être pratiqué par les cultivateurs dans la conduite de ces insectes et dans la récolte de leurs ruches pour en tirer le plus grand profit en cire et en miel.

A Syra, les ruches en général n'ayant qu'une seule ouverture par le devant, lorsqu'on y met un essaim, on s'efforce toujours de le pousser

---

que plus grandes que les trois dont il s'agit, ont constamment essaimé tous les ans ; on peut donc attribuer leur infécondité à leur mauvaise espèce. C'est pour cette raison que nous conseillons à tous les propriétaires de mettre leur attention à peupler leurs ruchers de ruches de la meilleure espèce et des plus fécondes, de la manière que nous expliquerons dans le chapitre XIII ci-après.

vers

vers le fond de la ruche; ce qui fait que c'est dans cette partie que les essaims commencent presque toujours leur travail qui, à mesure qu'il augmente, avance vers le devant. Cependant, par plusieurs expériences et par des faits que nous avons rapprochés, nous sommes convaincus que nos insectes travaillent avec beaucoup plus d'activité, et bâtissent un plus grand nombre de rayons, lorsque les essaims sont établis dans la partie antérieure de la ruche, et qu'ils poussent leur travail vers le fond. Nous avons posé cette année deux essaims dans deux différentes ruches; l'un, à la manière de Syra, par le devant de la ruche, lequel s'y est établi au fond; l'autre, par le derrière, et nous l'avons poussé vers le devant pour y commencer la bâtisse de ses rayons; ce qu'il a fait. De ces deux essaims, le dernier a presque rempli sa ruche de cire; le premier, quoique un tiers plus fort en population, a rempli à peine la moitié de la sienne. Cette même particularité vient à l'appui de plusieurs autres expériences très-faciles à faire, et que nous avons souvent répétées. Qu'on retire d'une ruche ancienne et pleine de cire, quelque rayon dans sa partie du devant, les abeilles ou n'y bâtissent aucun nouveau rayon ou bien le font très-lentement, à moins que la campagne ne leur fournisse d'abondantes récoltes ; si au contraire on leur en retire un par le derrière, elles le remplacent avec empressement, quoique les récoltes soient un peu avancées. L'autorité de plusieurs cultivateurs vient à l'appui de ce que nous avançons ; ils attestent que, dans les ruches faites à plusieurs hausses et pleines de rayons, si on enlève celle du sommet et si on la remplace par une autre vide, les abeilles ne tarderont pas à la remplir de nouvelle cire ; au lieu que si on leur donne une nouvelle hausse par-dessous, ou elle n'y bâtiront pas du tout, ou elles ne le feront qu'avec beaucoup de lenteur. Or, la partie postérieure de nos ruches posées horizontalement et leur fond repondent au sommet, ou à la partie supérieure des autres placées perpendiculairement.

Si on nous demande la raison de cette différence d'activité dans le travail de ces insectes, nous croyons pouvoir donner celle-ci comme très-probable, d'après les connoissances que nous avons de leur caractère. Ces animaux étant de nature sauvage, cherchent par instinct naturel les retraites les plus obscures et les plus cachées pour se nicher, quand cela dépend de leur choix, et pour mettre leur travail et leurs provisions hors de la portée de leurs ennemis. Lors donc qu'ils se sont établis à l'entrée de la ruche et qu'ils dirigent leur travail vers le fond, ils se croient plus en sureté, et leurs provisions plus à l'abri. Au contraire, quand ils se placent au fond et qu'ils avancent leur travail vers l'entrée, ils doivent se regarder comme moins en sureté, ce qui doit naturellement les décourager ; ce même découragement augmentera, si leur propriétaire est assez curieux et assez indiscret pour les ouvrir souvent ; ce qui nous arrive malheureusement presque tous les jours, soit pour y faire des observations, soit pour notre curiosité particulière et celle des amateurs qui viennent pour connoître et examiner notre procédé.

En conséquence nous conseillons très-sérieusement à nos lecteurs qui veulent suivre notre méthode, de ne pas faire passer leurs essaims par la partie antérieure de la ruche, ainsi qu'on le pratique dans le levant, et que nous l'avons proposé au livre quatrième, mais de les faire entrer par la partie postérieure, et de pousser peu à peu et très-doucement les abeilles, avec un balai de plumes ou de quelque plante, jusqu'à les faire toucher le couvercle du devant ;

elles s'y établiront alors et y commenceront leur bâtisse.

Pendant qu'on fait passer l'essaim dans la ruche, ce couvercle doit être dans sa place, et l'entrée qui y est pratiquée, fermée par la porte de tôle dont nous avons parlé à la fin du deuxième volume à l'explication des planches, de crainte que le trop de lumière n'empêche les abeilles de se fixer dans cette partie; peut-être même cette ouverture et le trop de lumière pourroient-ils faire naître aux abeilles l'envie de s'en aller. Aussitôt que l'essaim est passé dans la ruche, et qu'une bonne partie des abeilles s'est amoncelée vers le devant, on tourne la porte du côté des grands trous pour que les abeilles puissent en sortir et reconnoître leur nouvelle habitation. Au même instant on posera le couvercle de derrière, mais de manière qu'il y ait quelque issue par où celles qui sont dehors puissent entrer. Comme elles ne connoissent point encore leur véritable entrée du devant, si on ne leur laissoit pas cette issue par le derriere de la ruche, elles roderoient toute la journée, et ne trouvant pas leurs campagnes, ou elles retourneroient à la mère-ruche, ou périroient de froid. Vers le soir, lorsque toutes

les mouches se seront tranquillisées, on fermera tous les passages du derrière, et on ne
laissera que le seul passage du devant pour
leur sortie et leur entrée.

Nous avons oublié de dire qu'avant de mettre l'essaim dans la ruche, il falloit y disposer
un morceau de rayon dans la partie du devant,
contre et parallélement au couvercle, pour engager les abeilles à donner à leurs rayons la
direction que nous désirons. Voyez le chapitre
II du deuxième livre, et l'explication de la
planche II, figure IV et V à la fin du deuxième
volume, où nous avons expliqué la manière
dont on doit s'y prendre, soit avec une espèce
de fourche, soit avec une autre machine que
nous avons inventée à cet effet. Nous préférons
cependant la fourche dans le cas présent; car
le piédestal de l'autre machine empêcheroit le
rayon de s'approcher aussi près du couvercle
qu'il est nécessaire, c'est-à-dire à la distance de
cinq à six lignes. Si le temps a été favorable
au travail de ces essaims, après deux jours on
l'ouvrira par le devant, afin de pouvoir retirer
cette fourche. Pendant ce temps les abeilles auront attaché le rayon au sommet de la ruche;
ainsi on pourra alors abandonner le rayon à

lui-même, sans crainte de le voir tomber; il faut néanmoins avoir l'attention de retirer ladite fourche bien doucement, de la manière que nous l'avons recommandé dans les endroits cités. Au surplus, avant de la retirer, on pourra enfumer les abeilles pour les forcer à se détacher de ce rayon, et pour s'assurer s'il est ou non attaché à la ruche; s'il arrivoit qu'il tombât en levant la fourche, on ne doit pas s'en effrayer; les débris de ce rayon qui resteroient attachés, et d'autres petites languettes de cire que les abeilles auront déjà commencé à bâtir parallèles à ce rayon, conduiroient nos insectes à construire le reste de leur bâtisse selon nos vœux.

Cela fait, on bouchera avec du pourjet toutes les ouvertures inutiles autour des deux couvercles, pour que les abeilles n'aient qu'une seule sortie; l'expérience nous a appris que cela est très-intéressant pour plusieurs raisons inutiles à détailler ici. On pourroit cependant laisser quelque petite ouverture par le derrière, sans que les abeilles pussent y passer et uniquement pour laisser passer l'air, ce qui leur est très-avantageux, dans les grandes chaleurs seulement. Enfin nous conseillons aux amateurs d'ouvrir les ruches le moins possible, pendant leur travail ; cette discrétion et cette continence leur vaudront une plus grande récolte en cire et en miel ; car, comme nous l'avons remarqué, nos insectes sont d'autant plus excités à amasser des provisions, qu'ils se croient plus à l'abri de leurs ennemis parmi lesquels l'homme est le principal. Tous ces détails pourroient paroître déplacés dans cet endroit ; mais comme nous proposons une nouvelle manière de faire passer les essaims dans les ruches, pour pouvoir en tirer un plus grand profit par les récoltes répétées plusieurs fois dans l'année, nous avons cru qu'on nous pardonneroit de les rapporter ici.

Nous allons exposer maintenant la manière de pratiquer la méthode de récolter les ruches détaillée au chapitre VIII ci-dessus, pour en retirer le plus grand avantage.

D'abord nous croyons devoir prévenir nos lecteurs qu'ils ne peuvent espérer de retirer de l'économie des abeilles un grand profit que quand ils auront complété le nombre de ruches qu'ils voudront élever. Car tout propriétaire, qui n'aura que vingt ou trente ruches, et qui est résolu d'en porter le nombre à cent, doit, ainsi que nous l'avons remarqué plus haut, soigneusement conserver toutes ses anciennes ruches et leurs essaims. Et pendant ce temps il ne pourra avoir des produits que ce qu'il retirera des ruches qui n'auront pas essaimé dans l'année, et quelque peu de ces premiers essaims, surtout de ceux qui ont été hâtifs. Nous avons dit de *celles qui n'ont point essaimé ;* car des autres on n'en retire ordinairement que quelque rayon de cire, bâti au-delà de leur nécessaire, à moins que les ruches qui n'auroient donné qu'un seul essaim, ne se soient trouvées assez fortes pour en bâtir un plus grand nombre, ou que leurs propriétaires, employant avec intelligence tous les moyens que nous proposerons au chapitre suivant, pour les aider à se repeupler avec vîtesse, après qu'elles auront essaimé, ne les aient mises en état de faire de grandes récoltes. Dans ce cas, on peut retirer de ces mêmes ruches un honnête profit en cire et en miel.

Mais lorsque les propriétaires auront rempli le nombre de leurs ruches, ce profit sera infiniment plus abondant. Exposons donc la manière avec laquelle les propriétaires des ruches doivent se conduire dans l'une et l'autre de ces deux suppositions.

Les propriétaires de ruches, qui se trouvent

dans le premier cas, doivent récolter celles qui n'ont point essaimé, autant de fois qu'ils les verront à peu près pleines de cire; la première fois vers le commencement ou vers la mi-juillet, la seconde vers le vingt ou le trente du mois d'août, et si les lieux circonvoisins fournissent quantité de pâturages en sainfoins, en luzernes et en sarrasins, ils peuvent encore les récolter une troisième fois vers la fin du mois de septembre. Toutes ces tailles se feront du côté de derrière, comme nous l'avons dit. Les essaims, s'ils ont été bien hâtifs, on les récoltera de la même manière, sinon une ou deux fois seulement, selon la qualité et la durée des pâturages, en observant dans la dernière taille de leur laisser un rayon de plus qu'aux anciennes ruches; cet égard est dû à leur jeunesse. De six ruches, qui composoient le rucher de M. Lemonnier, nous avons retiré cette année, en suivant cette méthode, soixante livres de miel, et quatre et demie de cire. De ces six ruches deux avoient essaimé et les autres point, mais la sixième ne contenoit qu'un petit essaim de l'année dernière, qui s'est fort bien conservé et fortifié à pouvoir essaimer l'année prochaine; ainsi il ne doit pas être compté dans le produit de cette année. En mettant le miel à douze sous la livre, et la cire à quarante, pour ces pays, on a un profit de huit livres par ruche ; ce qui nous donne un produit supérieur à celui dont parlent plusieurs auteurs ; et cela, sans faire périr aucune des anciennes ruches. Observez que ce profit n'est que des ruches élevées aux environs de Versailles, lesquelles manquent presqu'entièrement de sainfoins, de luzernes et autres cultures semblables ; nous sommes persuadés que si on y cultivoit toutes ces plantes en abondance, le nombre de ruches qu'on y élève pourroit tripler et quadrupler, ainsi que le profit.

C'est à notre méthode de construire, de disposer et de récolter les ruches qu'est dû le produit en cire et en miel dont nous venons de parler. On sait que dans la méthode ordinaire, on ne peut rien retirer ni des ruches qui ont essaimé, ni de leurs essaims ; et il n'y en a presqu'aucune qui se prête à récolter, même celles qui n'ont point essaimé, sans quelque inconvénient.

Quel que soit ce produit, il est certain qu'on peut le doubler et le tripler, lorsqu'on aura rempli le nombre de ruches qu'on veut élever. Cela dépend du plus ou moins grand nombre de ruches qui essaimeront; de manière que si on parvenoit, d'après les règles que nous donnerons à ce sujet au chapitre suivant, à faire essaimer la totalité des ruches, nous pouvons hardiment assurer les propriétaires que de chacune de leurs ruches ils pourroient retirer près de trente à quarante livres en argent, surtout lorsqu'elles donneroient leurs essaims de bonne heure, et que l'année seroit passablement bonne.

Pour qu'on ne prenne pas cela pour une exagération, nous allons en rapporter une preuve évidente. Dans cette année 1791 (qu'on peut regarder comme bonne, quoique cependant les mois de mai et de juin aient eu de grands froids qui ont beaucoup dérangé nos insectes et retardé leur travail), une de nos ruches entre autres, a donné trois essaims, l'un le 18, l'autre le 23, et le troisième le 25 juin; le premier a rempli presque une ruche de deux pieds de long sur un de diamètre; le second, une de paille de quatorze pouces de hauteur sur un pied de diamètre; et le troisième, une petite de planche, qui avoit douze pouces environ de longueur et dix pouces carrés. Ces trois ruches avoient ramassé au moins 55 livres de miel et

trois à quatre livres de cire ; la seconde seule pesoit vingt-cinq livres : elle avoit donc au moins
quinze livres de miel ; le premier en avoit ramassé plus de trente, le troisième cinq à six.
Or, si nous n'avions pas besoin du premier essaim
pour compléter notre rucher, et des deux autres pour en faire quelque expérience au printemps prochain, et si nous avions voulu nous
en défaire, il est certain que nous aurions pu
retirer trente à quarante livres en argent de la
vente de leurs provisions, ce qui appartiendroit
à la mère-ruche qui a produit ces trois essaims,
sans même compter ce que nous avons retiré
de cette mère, d'avoir trois rayons d'un pied
de diamètre avec un peu de miel qu'elle avoit
bâtis avant d'essaimer.

Observons une autre fois que ce produit n'est
que celui des ruches qu'on élève aux environs
de Versailles, qui ne passeront pas à beaucoup
près pour les plus heureux du Royaume pour
l'éducation de nos insectes; eh ! que ne pourroit-on se promettre dans les pays plus fertiles
en pâturages, et dans ce canton là-même, si
on y cultivoit en abondance les plantes telles
que les luzernes et les sainfoins qui leur sont
aussi utiles pour les mois de juillet, août et

septembre , et si on vouloit pratiquer la méthode de transvaser les ruches que l'on veut
réformer, une ou deux fois avant la fin de la
campagne, ainsi que nous l'exposerons au chapitre suivant ?

Voici donc les règles que nous proposons
aux amateurs, comme les plus propres à tirer
de la culture des mouches tout l'avantage qu'ils
peuvent désirer. Après que le nombre de leurs
ruches sera complété, et qu'ils les auront récoltées deux ou trois fois, selon les circonstances, ils
peuvent, ou faire périr le surplus, vers la fin de
septembre , en s'appropriant toutes les provisions, ou faire transvaser les abeilles dans celles
qu'ils conservent, ainsi que nous l'exposerons à
la suite.

Ce n'est qu'après des réflexions très-solides
que nous proposons cette méthode. Nous avons
observé que dans ces pays la multiplication des
ruches est très-rapide , quand on sait bien les
gouverner ; car elles y donnent plus fréquem-
ment des essaims que dans les îles de l'Archipel ;
nous en avons dit ailleurs la raison. Nous avons vu
ici des ruches très-foibles qui, à Syra, auroient
à peine pu se conserver, se fortifier extrêmement et donner des essaims vers la fin de juin.

Cette fécondité des ruches, jointe à une méthode sage de les gouverner pendant l'hiver pour les préserver de la mortalité, il est certain que ces insectes se multiplieroient de sorte à ne savoir qu'en faire, et la campagne ne pourroit leur suffire, si on n'en faisoit pas périr tous les ans un grand nombre. Dans le continent du levant, où cette multiplication existe avec la même vigueur, on est dans l'usage également de faire périr tous les ans les ruches qui excèdent le nombre de celles qu'on possède.

Cela n'empêche pas cependant que nous ne conseillions aux propriétaires, lorsqu'il se présente des personnes qui veulent acheter ces ruches surnuméraires pour les élever, de leur donner la préférence s'ils leur offent un prix raisonnable. Nous sommes d'autant plus empressés d'inculper ce conseil, que nous savons qu'il y a de ces propriétaires qui aiment mieux faire périr leurs essaims pour en tirer les provisions, que de les vendre à ceux qui ont envie de les conserver; de crainte que leur multiplication ne blesse leur propre intérêt, en diminuant la récolte de leurs ruches, ou en faisant baisser le prix du miel et de la cire. On pourroit comparer ces cultivateurs à ce ri-

chard dont parle Quintilien, qui répandoit
du poison sur les fleurs de son jardin, de
crainte que les abeilles de son voisin n'en
profitassent. On voit que le virus de l'égoïsme
a toujours infecté la pauvre humanité, et
malheureusement il est porté aujourd'hui à
son comble, grâce à cette sublime philosophie
qui le caractérise. Nous ne pouvons nous re-
fuser d'accorder à nos philosophes modernes
(puisqu'on veut les appeler ainsi), d'avoir introduit quelque foible bien par l'assoupissement
apparent et momentané de quelque passion;
mais s'ils sont vrais, ce dont nous doutons, ils
doivent avouer qu'en revanche ils ont introduit avec plus de force cette idole de l'égoïsme
qui est la source d'une infinité de vices, et ils
ont créé et nourri d'autres passions presqu'inutiles dans tous les siècles passés, et infiniment
plus dangereuses.

Si quelqu'un oppose à cette méthode de faire
périr les abeilles des ruches que nous voulons
réformer, les égards et la pitié qu'elles méritent
de la part de l'homme à qui elles sont aussi
utiles, nous le renvoyons à ce que nous en
avons dit au dernier chapitre du premier livre.
Au surplus nous allons proposer dans le cha-

pitre suivant la méthode de faire transvaser les abeilles des ruches que nous voulons détruire dans celles que nous destinons à conserver, sauf à l'abandonner, si on s'aperçoit par l'expérience que les suites d'une telle opération sont dangereuses pour la prospérité des ruches à conserver, et à nous en tenir à la simple destruction des abeilles que nous avons proposée, après les avoir récoltées deux ou trois fois.

On pourroit nous demander ici, quel est au juste le prix qu'on peut vendre un premier essaim ? Pour fixer le prix, il faut observer deux choses : 1°. la bonté du canton où on élève les abeilles et celle de la saison. Certes, un essaim vaut plus dans un canton où les pâturages sont très-abondans, et où ils se conservent long-temps, que dans un autre où ils sont moins abondans, et d'une courte durée ; de plus, dans une année où tout promet bien, où les pluies sont réglées, et où les abeilles travaillent avec vigueur, un essaim doit valoir plus que dans des années où tout nous menace de la perte de nos ruches ; 2°. il faut considérer qu'un essaim bien printanier vaut plus qu'un essaim tardif. D'après ces observations, nous ne craignons pas de dire que dans les années passablement bonnes

un

un essaim hâtif, c'est-à-dire venu avant le dix du mois de juin, peut valoir 12 livres aux\environs de Versailles; les plus tardifs, de six à huit francs. Les seconds ensuite, en suivant les mêmes règles, nous les remettons à moitié près des premiers, et moins encore. Quelque vendeur d'essaims pourra opposer à cela que s'il conservoit son essaim, et s'il le gouvernoit bien, sur-tout d'après notre méthode, il pourroit en retirer 20 à 21 livres au moins, et qu'il n'est pas juste de le taxer à 12 livres. Sans doute; mais nous savons aussi les risques et les dangers qu'un essaim et son produit peuvent courir avant la fin de la campagne. Il ne faut pas perdre de vue qu'un essaim peut s'enfuir et abandonner sa ruche; qu'il peut tout d'un coup se trouver sans reine; de plus on a souvent vu que des grêles affreuses ont détruit les plus belles espérances qu'on avoit conçues au commencement du printemps sur la bonne réussite de ces insectes, de sorte que les ruches se sont trouvées dans la plus grande détresse. Ainsi les prix que nous avons énoncés doivent être jugés fort justes.

CHAPITRE XIII.

Sur les moyens de mettre nos ruches cylindri-
ques en état d'essaimer tous les ans.

LORSQUE nous avons formé dans les jardins
de M. Lemonnier le rucher dont nous avons
tant parlé, et disposé les ruches, nous avons
suivi, ainsi que nous l'avons remarqué au chapitre précédent, à peu près tout ce qu'on
pratique à cet égard dans l'île de Syra, sur-
tout relativement aux dimensions de ces mêmes
ruches ; mais nous n'avons pas tardé à nous
apercevoir que la conduite de ces insectes, par
rapport aux essaims, étoit dans nos îles, différente de celle de ces pays. Quelquefois nos ruches, avant de bâtir un pouce de nouveaux
rayons, s'appliquent uniquement à se bien repeupler ; c'est dans cet état qu'elles essaiment,
et ce n'est qu'après avoir fini d'essaimer et de
se repeupler la seconde fois, qu'elles commencent à travailler à de nouvelle cire. D'autres
fois, tandis qu'elles sont occupées à l'éducation
du nouveau peuple , elles s'appliquent aussi
lentement, il est vrai, à construire trois ou quatre

nouveaux gâteaux ; après quoi elles cessent
tout travail trois ou quatre jours avant d'essaimer. Il est rare d'y voir une ruche se remplir
avant d'essaimer.

Nous avons observé au contraire que dans
ces pays les abeilles n'essaiment point avant
de remplir leur ruche ; de sorte que dans nos
ruches de deux pieds de long sur un de diamètre, la saison favorable aux essaims passe
avant que nos insectes élèvent leurs premières
couvées, et avant de remplir de rayons un
pied de vide qui s'y trouve ; ainsi ou ils
n'essaiment point ou ils essaiment trop tard,
et au moment que le propriétaire s'y attend
le moins.

La première année, nos ruches, quoique très-
fortes, n'ont point essaimé. Nous n'avons pu
en imaginer une autre raison que celle que
nous venons de rapporter ; et nous avons pensé
à quelque moyen pour rétrécir le volume
du vide de nos ruches, et pour engager par
là nos abeilles à essaimer le printemps suivant.
Pour cet effet, nous avons formé un bouchon
de planche, que nous avons enfoncé par le devant de la ruche, le plus près possible des rayons.
Nos ruches de terre cuite n'étant jamais par-

faitement cylindriques, on sent qu'il y avoit à l'entour par-ci, par-là, entre le bouchon et la ruche des ouvertures par où les abeilles pouvoient passer, sans compter le passage qui leur est préparé au bas de ce même bouchon. Nous avons appliqué ces bouchons à quatre de nos ruches. Nous espérions que par ce moyen elles seroient forcées de nous donner de bons essaims printaniers ; mais point du tout ; les abeilles de trois de ces ruches ont affranchi les bouchons, et se frayant une communication par les ouvertures entre les bouchons et les parois, elles ont commencé à travailler dans l'espace extérieur, jusqu'à ce qu'il ait été rempli. La conduite de ces trois ruches nous a mis hors d'état de pouvoir juger de la bonté de notre moyen : voyant que la quatrième, qui n'avoit pas encore affranchi le bouchon pour travailler en dehors, avoit déjà un grand nombre d'abeilles amoncelées, ce qui marquoit leur disposition à y construire de nouveaux rayons : nous avons pris pour les en empêcher la résolution de retirer le couvercle de devant, et de laisser ces abeilles exposées à l'intempérie de l'air : elles ont pris le parti de se retirer toutes, pendant la nuit, derrière le bouchon ; et nous n'en avons plus

observé d'amoncelées en dehors que lorsque la
population étoit tellement accrue, qu'elles ne
pouvoint être contenues au dedans du bouchon.
Enfin le 18 de juin cette ruche a donné son
premier essaim qui pesoit huit livres, un second
le 23 et un troisième le 25. Nous sommes persuadés qu'elles auroient essaimé beaucoup plus tôt
sans les grands froids qui se sont fait sentir,
cette année, pendant le mois de mai et le commencement de juin, ce qui a extrêmement dérangé nos insectes.

Les mêmes froids ont également dérangé nos
trois autres ruches, sans quoi nous étions persuadés qu'elles auroient essaimé toutes, malgré
le grand travail qu'elles ont dû faire, et dont
on peut juger par notre ruche de planche en
forme d'armoire, composée de deux étages d'un
pied quarré; les abeilles en ont rempli de rayons
toute la partie inférieure, et elle a donné le
même jour que l'autre un seul essaim extrêmement fort que nous avons jugé peser plus de
dix livres. L'an passé, cette même ruche nous
avoit donné, le quatre de juin, trois essaims,
sans entamer aucun travail dans sa partie inférieure; et nous étions persuadés que cette
année elle auroit donné son premier essaim

dans le mois de mai ; mais les froids ayant re-
tenu l'essaim , il s'est lassé d'attendre , et il s'est
établi dans la partie inférieure qu'il a remplie.
Nous en étions tellement convaincus , que nous
avions déjà dit d'avance à quelques personnes
que cette ruche n'essaimeroit que quand le second seroit prêt , et nous avions ajouté qu'il
seroit monstrueux , devant être composé du
premier et du second ; il fut tel en effet , et je
puis dire que jamais dans ma vie je n'en ai vu
un plus fort. Elle n'en a pas donné d'autre ,
à moins qu'il ne soit parti sans qu'on s'en soit
aperçu.

Notre expérience n'ayant pas eu toute la
réussite que nous en attendions avec une espèce de certitude , par la raison que nous avons
exposée, nous avons pris la résolution d'employer
encore le moyen du bouchon pour le printemps prochain , mais d'une manière différente.
Nous avons cru , pour plus de succès , devoir
nous y prendre dès l'automne : pour cet effet
nous avons d'abord récolté nos ruches par la
partie du derrière , et nous y avons posé le
bouchon à quelques lignes de distance des rayons;
et pour empêcher les abeilles de franchir cette
borne , nous avons bouché avec du pourjet tou-

tes les ouvertures, et même celle d'en bas, mais avec un morceau de chiffon, à cause de la nécessité où l'on se trouve de le retirer pendant l'hiver pour nettoyer la ruche et en enlever les ordures, ainsi que nous l'exposerons avec plus de détail dans le quatrième volume, au chapitre où nous parlerons des soins qu'on doit donner à nos insectes pendant les divers mois de l'année.

Outre ce moyen, en voici quelques autres que nous pratiquons avec succès dans le Levant pour disposer nos ruches à essaimer. Aussitôt que les belles journées du printemps paroissent, il faut leur donner une demi-livre de miel ou moins encore (même sans qu'elles en aient besoin) en y ajoutant autant de bon vin, ou d'autre liqueur spiritueuse en moindre quantité. Il faut croire que ce mélange les échauffe et les anime, sur-tout la reine-mère; celle-ci en devient plus féconde, et la population de la ruche s'en ressent. Voici une preuve évidente de l'avantage de ce moyen. A la ruche en forme d'armoire, dont nous venons de parler, et qui, l'an passé, avoit jeté trois bons essaims, nous donnâmes après son premier essaim un peu de miel mêlé avec de la liqueur, autant après la sortie du

second, ainsi qu'après celle du troisième sorti.
Cette nourriture anima tellement nos mouches,
qu'à la fin du mois de juillet cette ruche étoit
aussi vigoureuse et aussi peuplée qu'au printemps, avant de donner son premier essaim. Le
printemps suivant cette même ruche s'est trouvée aussi vigoureuse que toutes celles même
qui n'avoient pas essaimé l'année d'auparavant,
et elle a été une des premières à donner un
essaim ; une autre ruche qui avoit également
donné trois essaims, et à laquelle nous n'avons
pas donné de ce mélange de miel avec de la
liqueur, s'est traînée foiblement pendant tout
l'été, ainsi que font ordinairement toutes celles
qui donnent plusieurs essaims dans l'année. Par
ce petit secours accordé aux ruches qui ont essaimé, on voit qu'on se procure deux grands
avantages; le premier, d'animer nos insectes à
se repeupler avec vîtesse, et par-là à bien se
pourvoir de provisions pour l'hiver ; le second,
de les mettre en état de donner des bons essaims au printemps suivant.

Un autre moyen qui pourroit infiniment contribuer à ce que les ruches essaimassent toutes
au printemps, c'est la transvasion. Nous avons
lieu de croire que les ruches dans lesquelles on

aura transvasé les abeilles d'autres ruches, de
la manière que nous l'exposerons au chapitre X,
d'après M. Ducarne, donneront infailliblement
des essaims à la belle saison, si elle est tant
soit peu favorable.

Enfin, pour avoir des essaims en plus grand
nombre, il est nécessaire de composer ses ruchers d'essaims d'une belle espèce et féconde ;
car parmi ces insectes, ainsi que parmi les autres animaux, il y a des républiques qui sont
plus ou moins fécondes en essaims ; un propriétaire attentif ne tardera pas à découvrir cette
différence parmi les ruches qu'il élèvera. Il suffit qu'il marque tous les essaims provenans de
ruches qui ne sont ni assez fécondes, ni assez
actives ; et lorsque le nombre de ses ruches
sera rempli et qu'il voudra faire périr le surplus, il choisira les infécondes et les paresseuses. Nous exhortons tout propriétaire d'a-
beilles à faire attention à ce dernier conseil, et
nous lui répondons d'un plein succès.

Tout ce que nous venons de dire sur les
moyens d'avoir des essaims regarde ceux que
les mères-ruches donnent naturellement. Quant
aux essaims artificiels plusieurs auteurs se sont
appliqués avec quelque succès à en former avant

que les mères les jettent, ou paroissent avoir
même l'envie d'en donner. Nous avons déjà
parlé à la fin du deuxième volume de ces différentes méthodes ; mais en ayant eu des notions
plus amples par l'acquisition de l'ouvrage de
M. Schirach, et d'un traité particulier de M.
Ducarne sur cette matière, nous nous réser-
vons à en parler diffusément au volume suivant
où, après avoir examiné toutes ces méthodes,
nous donnerons au public une nouvelle forme
de ruche, avec une méthode de multiplier les
ruches, ou, ce qui vient au même, de former
des essaims artificiels avant que la mère les
donne. Cette méthode, à ce que nous espé-
rons, porte avec elle une très-grande facilité
dans son exécution, et une espérance de réussir
supérieure à tout ce qui a été proposé par ces
auteurs.

CHAPITRE XIV.

Sur l'usage de faire voyager les ruches, pour leur procurer de nouveaux pâturages, suivant la pratique de différens peuples anciens, et modernes ; et de son utilité.

« SAVARY, dans ses lettres sur l'Egypte, nous fait un détail sur la manière avec laquelle les habitans de cette contrée font voyager leurs ruches le long du Nil : les Egyptiens, nous dit-il, dans leur manière d'élever les abeilles, annoncent beaucoup d'intelligence. Comme dans la Haute-Egypte les fleurs et les moissons paroissent plus tôt que dans la basse, les habitans profitent de ces momens précieux. Ils rassemblent, sur de grands bateaux, les abeilles de différens villages. Chaque propriétaire leur confie ses ruches désignées par une marque particulière. Lorsque la barque en est chargée, les hommes qui doivent la conduire remontent doucement le fleuve, et s'arrêtent dans tous les lieux où ils trouvent de la verdure et des fleurs. C'est ainsi qu'après trois mois de séjour sur le Nil, les ruches sont rapportées aux lieux d'où on les avoit enlevées, et y trouvent de nouvelles richesses. Cette industrie procure aux Egyptiens un miel délicieux et de la cire en abondance. Les propriétaires paient aux bateliers à leur retour une rétribution proportionnée au nombre de ruches qu'ils ont ainsi promenées d'un bout de l'Egypte à l'autre. »

Cette méthode de faire voyager les ruches n'a point été inconnue aux anciens Grecs On lit dans Columelle, que les habitans de l'Achaïe voituroient ainsi leurs ruches en Afrique, où la saison des fleurs étoit tardive. Il faut croire que cet auteur parle de l'Egypte sous le nom général d'Afrique. On sait que toute la fertilité de cette province dépend de l'inondation des eaux du Nil ; cette inondation commence au mois de juin, et ne cesse qu'environ trois mois après. Ainsi, on comprend que dans l'Afrique, c'est-à-dire en Egypte, qui est un pays plus chaud que la Grèce, la saison des fleurs étoit plus tardive que dans l'Achaïe, où, après le mois de septembre, on ne voit guères de pâturages pour les abeilles, au lieu qu'en Egypte ils sont dans toute leur force après ce même temps, à cause de la retraite des eaux du Nil.

Nous savons que les Grecs modernes qui habitent les côtes de l'Asie Mineure, vers les îles de l'Archipel, voiturent leurs ruches par mer, de plage en plage, pour leur procurer des pâturages plus frais et plus abondans. Il n'y a pas même long-temps que dans un de ces transports le couvercle d'une ruche s'étant dérangé, les abeilles se répandirent sur tout le bateau, et se jetèrent furieuses contre les matelots, lesquels furent forcés de gagner la terre à la nage; heureusement que le rivage n'étoit pas loin et que le temps étoit calme. Ces matelots ne purent regagner leur bateau que lorsque l'essaim se fût un peu tranquillisé, et après s'être précautionnés d'ingrédiens propres à se procurer de la fumée.

Ces émigrations ont lieu à la Chine, de la même manière qu'en Egypte. La même pratique existe dans le pays de Juliers. Il y a aussi une saison où les riverains du Pô voiturent par eau leurs ruches, jusqu'aux pieds des montagnes du Piémont.

« Tel est l'avantage, conclud M. Valmont de Bomare, d'être voisin d'une grande rivière: on peut par ce moyen réunir en faveur des abeilles, le printemps d'un pays sec avec l'automne d'un pays gras et ombragé, et suppléer par là abondamment à la disette naturelle du canton qu'on habite.»

» Des personnes industrieuses, poursuit le même auteur, ont trouvé que compensation faite de la dépense et du produit, on pourroit aussi les faire voyager par terre, lorsqu'on n'a pas la commodité de l'eau. »

« Effectivement M. l'abbé Tessier et d'autres auteurs nous assurent que des propriétaires d'abeilles de la Beauce, transportent tous les ans au mois d'août leurs ruches sur des charrettes, dans des cantons du Gâtinois, ou aux environs de la forêt d'Orléans, jusqu'à la distance de dix lieues de leurs habitations. Elles y trouvent de la bruyère ou du sarrasin en fleurs, dans le temps où la Beauce, après la récolte des sainfoins et des vesces, n'offre plus rien à ces insectes pour leur provision d'hiver.

Cette manière de faire voyager les abeilles s'appelle, dans le pays, *les mener en herbage.* Une seule charrette contient trente à quarante ruches. On ne marche presque que la nuit, seulement au pas, et autant qu'on peut, par des chemins doux. Les ruches sont enveloppées de toiles, et disposées par étages; celles du lit su-

périeur étant renversées entre celles du lit inférieur, on en attache même hors de la charrette. On les laisse environ deux mois dans le
lieu où elles doivent séjourner. Des paysans se
chargent d'y veiller moyennant un modique sa-
laire. On voit dans cette saison jusqu'à trois
mille ruches étrangères dans un petit village. »

« Lorsqu'on veut transporter des ruches
qu'on a châtrées, on les pose le soir chacune sur
une toile claire, dont on les enveloppe, en les
serrant avec des liens de paille, ou d'osier, ou
de corde. Deux hommes peuvent en porter plusieurs, en laissant passer un long bâton dans
les nœuds de la toile qui les enveloppe. On
les charge aussi sur des chevaux ou sur des ânes.
On conseille encore de les mettre renversées
dans des hottes. Si on les laisse dans le sens
ordinaire, c'est-à-dire, posées sur l'ouverture,
il faut les soulever et les soutenir à la hauteur
de quelques pouces, sur-tout si le voyage est
de plusieurs jours ; car il est nécessaire que les
abeilles respirent un air renouvelé. Des essaims
nouvellement recueillis peuvent rester ainsi
renfermés deux ou trois jours. On peut dans des
temps froids mener aussi loin qu'on veut, des
ruches pleines de cire, de miel et d'abeilles,

en ayant seulement l'attention d'empêcher que les gâteaux ne se brisent les uns contre les autres : pour cet effet, on les assujettit avec de petits bâtons. »

« A ces détails de M. l'abbé Tessier nous en ajoutons d'autres non moins intéressans tirés de M. Bomare dans son dictionnaire. On a vu, dit-il, et on voit encore dans le Gâtinois, un économe intelligent faire transporter ses ruches en charrette, après la récolte du sainfoin, dans les plaines de la Beauce, où abonde le mélilot, puis en Sologne, où la campagne est couverte de sarrasin qui est en fleur jusque vers la fin de septembre. La plupart des habitans de ces pays sont maintenant dans l'usage d'imiter notre économe, et de faire en petit ce qu'il fait en grand. »

Nos lecteurs se seront aperçus, ainsi que nous, dans ces deux rapports de M. l'abbé Tessier et de M. Bomare, d'une contradiction frappante. Le premier nous dit que le transport des ruches se fait dans la Beauce, dans le Gâtinois; le second, au contraire nous assure qu'il se fait du Gâtinois dans la Beauce. Nous n'avons pu rectifier cette erreur, si c'en est une, et savoir qui des deux a raison. Au reste il n'est pas à craindre que les habitans de ces cantons prennent le change à cet égard, et qu'elle leur porte aucun préjudice.

« Nous apprenons, ajoute M. Bomare, par un mémoire de M. Duhamel, que le profit que l'on retire des abeilles de ces pays-là avec de pareils soins est très-considérable. Dès le commencement de juillet, lorsque les mouches à miel ont jeté leurs essaims et fait une ample récolte sur les sainfoins, on s'approprie tout le miel et la cire, en faisant passer les mouches dans une ruche vide, par le moyen de la fumée » (*ainsi que nous l'avons rapporté ci-dessus chapitre*).

« On transporte ensuite les ruches dans les pays où elles trouvent de riches récoltes de fleurs. Si la saison est belle et les fleurs abondantes, les ruches qu'on a changées le premier juillet sont très-bien remplies à la fin du mois d'août : on les vide alors une seconde fois, et l'on a grand soin de ménager le couvain. Aussitôt que les abeilles ont été ainsi changées une seconde fois, on les transporte dans les pays de sarrasin; et lorsque la saison a été favorable, les ruches sont assez remplies pour qu'on puisse rogner près d'un demi-pied de leurs gâteaux :

Tome III.   G g

« Voilà, conclud notre auteur, à l'aide de l'industrie humaine des récoltes surprenantes; mais
il faut avouer que toutes les années ne sont pas
aussi favorables, et que quelquefois on ne peut
les changer au plus qu'une fois. D'ailleurs il y
a des mouches plus laborieuses les unes que les
autres : on a vu des paniers de mouches très-
vigilantes, qui, au bout de vingt-quatre heures,
se sont trouvées augmentées de six livres tant en
miel qu'en cire « (*et nous ajoutons : et en poussières des étamines*).

« On retire d'un bon panier dans le Gâtinois
soixante à soixante et dix livres de miel, et près
de deux livres et demie de cire. Le grand art
dans ce pays, et celui que ne doit jamais perdre
de vue un bon économe, est d'avoir des paniers
extrêmement peuplés de mouches. Dans les
pays qui ne sont pas si riches en fleurs, et où
l'on ne prend pas de semblables soins, le profit
que l'on retire des mouches est bien moins considérable, et dans les endroits du Royaume où
la situation n'est pas des plus favorables pour les
abeilles, on en peut cependant encore tirer un
assez bon profit. Dans ce pays, par exemple,
un bon essaim de deux ans peut donner deux
livres et demie de cire, et depuis vingt jusqu'à

trente livres de miel et plus. Si l'on joint à ce produit celui de l'essaim, on conclura qu'un grand nombre de ruches qui ne coûtent presque rien, dans le cours de l'année, peuvent être à la campagne d'un grand profit. »

Tous ces détails sont très-intéressans et propres à exciter les gens de la campagne et les propriétaires en biens de terre, à s'adonner sérieusement à la culture des abeilles, et les gouvernemens à l'encourager; mais ils ne sont pas entièrement satisfaisans. Ce n'est pas que nous doutions de l'avantage de ce transport des ruches dans des pâturages frais, lorsqu'on peut le faire sans de grands inconvéniens; mais ils manquent d'exactitude, et ils paroissent impliquer des contradictions. Premièrement, ce que M. de Bomare nous dit, d'après le mémoire de M. Duhamel, sur l'ample récolte qu'on retire, vers le premier juillet, des ruches qui ont donné plusieurs essaims, et qu'on transvase dans d'autres ruches vides, nous semble très-douteux. On sait que des ruches qui ont donné deux et trois essaims pendant plus d'un mois, presqu'après la sortie du dernier essaim, ne s'occupent guères qu'à se repeupler pour se mettre en état de force, et ce n'est qu'après qu'elles se sont suf-

fisamment rétablies, qu'elles s'appliquent sérieusement à rassembler des provisions pour
l'hiver. Dans les pays d'un climat semblable à
peu près à celui de Versailles, les abeilles ne
commencent ordinairement à essaimer que dans
le mois de juin, et avant de donner leurs troisièmes ce mois est bien avancé. Or, comment
pouvons-nous espérer de retirer de ces ruches
une ample récolte au mois de juillet ? De plus,
en transvasant une de ces ruches, à peine parviendra t-on à former un essaim passablement
bon.

Eh ! comment pourrons-nous nous flatter qu'un
tel essaim soit en état de remplir sa nouvelle
ruche, d'en être transvasé une seconde fois, et
de parvenir à remplir presque de nouveau sa
ruche ?

Mais on nous dira que l'auteur recommande
de ménager avec beaucoup de soins le couvain
qui, dans ces ruches qui ont essaimé, doit être
très-abondant. Nous répondons qu'il ne suffit
pas de recommander ces soins, il faut proposer
au commun des cultivateurs des moyens faciles
et propres pour un tel ménagement. Nous
avouons ingénuement que nous n'en connoissons
aucun pour les ruches de paille en forme de

cloche, sur-tout lorsqu'on doit les faire voyager. Nous dirons, ci-après, ce que nous pour-
rons pratiquer, à cet égard, avec nos ruches.

Notre auteur nous dit que le grand art du
pays dont il parle est d'avoir des ruches extrêmement peuplées; mais encore une fois il
falloit qu'il nous expliquât quels sont les moyens
que les cultivateurs emploient pour cela. Assurément la méthode de transvaser les ruches,
telle qu'il nous propose, n'est pas faite pour augmenter, mais pour diminuer leur population.
Nous avons déjà dit ci-dessus au chapitre, comment on pourroit augmenter la population des
ruches par le moyen de la transvasion; nous
dirons aussi plus bas quelque autre particularité,
qui peut intéresser les amateurs, sur le même
sujet.

En second lieu, M. de Bomare nous dit dans un
article que de soixante à soixante et dix livres
de miel, on retire près de deux livres et demie
de cire; plus bas ensuite, il nous assure que de
vingt à trente livres de miel, on retire deux
livres et demie de cire; ce qui semble une contradiction manifeste. Cette même contradiction
semble commune presqu'à tous les auteurs qui
ont traité de la proportion du produit de la cire

à celui du miel. M. Tessier nous dit, d'après
M. Duhamel, que le curé de Tillay-le-Peilleux
en Beauce, de quatre cent quatre-vingt livres
de miel, n'a retiré que cinq à six livres de cire;
un cultivateur vient de m'assurer qu'il lui arrive
d'avoir une livre de cire sur dix livres de miel.
Tout cela peut dépendre de l'état dans lequel se
trouvent les rayons qu'on retire, vieux ou nouveaux, pleins ou vides. Certes, s'ils sont nouveaux,
ils produisent plus de cire ; de sorte qu'un rayon
d'un pied quarré nouveau a plus de cire qu'un
vieux. Ensuite , lorsqu'on retire d'une ruche,
par exemple, dix pieds quarrés de rayons vides,
la proportion de la cire au miel doit être plus
forte que s'ils étoient pleins : cela est très-clair.
Ainsi, nous disons que pour connoître la vraie
proportion de ces deux produits de nos insectes, il faut avoir un rayon tout nouveau, que
nous supposons d'un pied quarré et plein de
miel qu'on retirera et qu'on pesera; ensuite on
fera fondre à part la cire qu'on pesera de même;
le résultat de cette expérience décidera la véritable proportion de la cire au miel. Si ce même
rayon étoit vieux, nous pensons qu'il donneroit
moins de cire. Au contraire, si on prenoit les
parties supérieures de trois rayons de quatre

pouces de large pour en former un pied quarré,
elles nous donneroient beaucoup plus de cire,
parce que les parties supérieures ou les attaches
des rayons qui sont les faces de la maison, sont
plus solidement bâties et contiennent plus de
cire à proportion que le reste du rayon. C'est
sur cette vérité que nous avons dit ailleurs que
nos ruches horizontales, qui peuvent contenir
dix-huit rayons et autant d'attaches, doivent
nécessairement produire, à tous égards, plus
de cire que les ruches posées perpendiculairement, quoique de la même grandeur.

Revenons au transport des ruches, et avant
d'exposer notre sentiment, nous rapporterons
celui de M. Ducarne qui semble désapprouver
entièrement une pareille méthode. « En effet,
répond M. Ducarne à son voisin qui lui exalte
les avantages de ces voyages des ruches, d'après
ce qu'il avoit entendu dire à un ami : mais il
ne vous a pas dit que sur quatre années qu'il en-
verra ses ruches aux sarrasins, il ne s'en trouvera qu'une qui lui réussira, et que dans les
trois autres ses abeilles n'auront rien fait. Il ne
vous a point dit non plus que dans les voyages,
sur-tout en allant, on en perd quelquefois le
quart, quelquefois même la moitié, sur-tout si

ces blés noirs sont éloignés de plus de deux ou
trois lieues de l'endroit d'où l'on est parti;
que, quoiqu'en les conduisant, on ait soin de
les envelopper avec des linges fort clairs,
ou autrement, pour leur laisser beaucoup
d'air, et de les placer dans la voiture la baie
en haut, il ne laisse pas, pour peu qu'il fasse
chaud, d'en périr encore un grand nombre qui
y sont étouffées; qu'outre cela, quand elles y
sont arrivées, les vieilles ruches qu'on y conduit sans les avoir traversées, sont presque toujours pillées par les autres, même par celles des
voisins qui en conduisent aussi. Il ne vous a pas
dit tout cela, et bien d'autres inconvéniens encore qui se rencontrent dans cette pratique,
sans compter que le miel de sarrasin ne vaut
pas grand'chose, puisqu'il se vend moitié moins
que l'autre. Comme cette méthode ne sera jamais la mienne, par ce qu'un de mes amis
qui s'en est servi long-temps, m'en a fait voir
tous les inconvéniens, nous n'en parlerons plus
davantage. »

Nous ne pouvons pas raisonnablement suivre
ce sentiment de M. Ducarne qui n'a jamais
essayé ce transport avec ses ruches, et qui ne se
fonde que sur des ouï-dire et sur des raisons in-

concluantes; d'abord, quant à ce qu'il dit que sur quatre années de voyage, il ne s'en trouvera qu'une qui réussira, nous répondrons qu'il est très-facile aux propriétaires d'éviter cet inconvénient, en n'entreprenant ce transport que dans les années passablement bonnes, et après s'être informé de la bonne qualité et du bon état des pâturages dans les cantons où l'on veut transporter les ruches; et, pour la prétendue grande perte qu'éprouvent les propriétaires dans ces voyages, selon M. Ducarne, nous lui opposons l'autorité de plusieurs auteurs et amateurs qui, pendant plusieurs années, ont pratiqué cette méthode sans presqu'aucune perte; et il n'y a pas long-temps que nous avons été informés par un particulier de la campagne qu'il avoit exercé ce métier pendant plusieurs années, sans en avoir jamais perdu une seule; et ce qui de plus nous a surpris, c'est qu'il nous a assuré que quelquefois il a été obligé de transporter ses ruches à dix lieues de l'endroit où il les tenoit, et de les voiturer sur des charrettes pendant quatre jours. Ce brave cultivateur nous a paru bien intelligent dans la conduite de ses mouches; il disposoit d'avance adroitement et solidement trois étages de traverses dans les ru-

ches avant d'y mettre les essaims, de manière que
les rayons y étoient inébranlables pendant les
plus longs voyages. Nous conseillons à tous les
cultivateurs qui veulent faire voyager leurs ruches de suivre l'exemple de ce cultivateur,
et même, au lieu des traverses ordinaires, ils
pourroient s'en servir de larges de trois doigts,
lesquelles assujettiroient mieux les rayons. Et
si des ruches ainsi disposées, quoique pleines de rayons, peuvent soutenir de longs voyages sans déranger la santé des abeilles, à plus
forte raison des essaims transvasés ou mis nouvellement dans les ruches, peuvent-ils aisément
faire ces mêmes voyages sans crainte d'être
étouffés, ainsi que M. Ducarne nous en menace.
Nous en sommes d'autant plus persuadés, que
nous-mêmes nous avons fait transporter à Syra
des ruches que nous avions achetées dans des
îles éloignées de dix à quinze lieues, et dont les
rayons n'étoient pas assujettis avec des moyens
aussi solides que ceux des ruches de paille, et
dont l'entrée n'étoit fermée qu'avec de la toile
bien serrée ; cependant elles n'ont rien souffert
dans leurs rayons, et les essaims se sont trouvés en très-bon état. Nous pouvons assurer en
outre que ces ruches ont été bien culbutées par

terre et par mer, et ont éprouvé de très-fortes chaleurs.

Nous sommes étonnés de ce que M. Ducarne dit du danger que les vieilles ruches courrent d'être pillées dans les cantons où on les a transportées. Il est universellement reconnu, et il ne l'ignore pas, que les abeilles, pendant que la campagne leur fournit abondamment de quoi se nourrir et s'approvisionner, ne s'amusent point à se piller les unes les autres ; ainsi pendant le travail de ces ruches on n'a rien à craindre à ce sujet. Si après la récolte, dans le mois de septembre, on s'apercevoit de quelque danger, nous avons indiqué ailleurs les moyens pour les préserver du pillage, et sans cela même on pourroit les charger et les transporter à leur ancienne place pour les mettre à l'abri de tout danger.

Le miel du sarrasin, ajoute M. Ducarne, *ne vaut que la moitié de l'autre :* mais enfin il vaut quelque chose ; et dès-lors ce n'est pas une raison suffisante pour détourner les amateurs de la méthode de transporter leurs ruches, si, compensation faite, le produit excède la dépense du transport ; sinon, on pourroit toujours transporter des ruches affoiblies par les rejetons

qu'elles ont donnés, et les petits essaims seconds
ou troisièmes, pour leur procurer les moyens
de se fortifier, ce qui est à tous égards un
grand avantage dans l'économie de nos insectes.

M. Ducarne, d'après ces raisons, condamne
cette méthode, en disant qu'elle ne sera jamais
suivie par lui, et cela parce qu'un de ses amis
lui en a fait connoître tous les inconvéniens. Si
ces inconvéniens ne sont autres que ceux, ou à
peu près, qu'il nous a exposés, il a grand tort
de la condamner avant d'avoir lui-même pratiqué exactement ce transport. Pour s'en convaincre, nous devons penser que cet ami étoit très-
peu au fait de l'économie de nos insectes pour
avoir rencontré autant de difficultés, et subi autant de pertes dans une pratique que plusieurs
cultivateurs exécutent sans danger et avec
avantage.

Concluons donc, d'après tous les détails que
nous avons rapportés sur l'usage de faire voyager les ruches dans des pâturages frais, et d'a-
près les observations que nous y avons faites,
que ces voyages faits par eau doivent être extrêmement utiles aux propriétaires et aux abeilles, de même que ceux par terre, quoique plus
coûteux et plus difficiles à exécuter. Le seul

conseil que nous jugeons à propos de donner aux propriétaires qui voudroient faire voyager les ruches, c'est de ne jamais transporter toutes celles qu'ils possèdent, mais d'en laisser toujours au moins la moitié, pour que dans le cas d'un accident imprévu la totalité de sa possession ne soit pas exposée.

Il nous reste maintenant à exposer la manière de pratiquer cette méthode, de faire voyager les abeilles avec nos ruches qui sont cimentées dans le mur. Cette manière est très-facile, et elle consiste à faire passer les abeilles d'une de nos ruches dans une autre de paille; nous avons exposé au chapitre X la manière d'exécuter ces sortes de transvasions, et nous y renvoyons nos lecteurs.

D'après tout ce que nous avons dit sur l'usage de faire voyager les ruches, nous croyons qu'il est de notre devoir d'établir certains moyens qui puissent guider tout propriétaire qui voudra entreprendre cette pratique.

Nous plaçons en deux classes les cultivateurs de nos ruches; ceux qui n'ont pas encore rempli le nombre de ruches qu'ils veulent élever, et ceux qui l'ont déjà rempli et qui en possèdent une quantité de surnuméraires. Ces dernières, on peut les diviser en deux classes; l'une qui n'a qu'un rucher, et l'autre qui en a plusieurs en différens cantons, à certaines distances les uns des autres.

Premier moyen. Nous pensons que les propriétaires qui n'ont pas rempli leur rucher, ne doivent transvaser et transporter que les abeilles qui n'ont pas essaimé. Pour les ruches qui n'ont point essaimé, il est juste qu'on les fasse voyager, pour qu'elles nous récompensent de leur infécondité par la multiplicité de leur travail et de leurs tailles. Ces ruches ordinairement se trouvent très-peuplées dans le mois de juillet; ainsi on peut avec sureté les transvaser dans les ruches de paille, et les envoyer dans de bons pâturages, sans s'inquiéter de leurs couvains qu'on remettra dans ces ruches qui ont essaimé et qui sont ordinairement plus foibles.

Après que ces ruches herbagées auront terminé la récolte des premières fleurs, on ne doit pas les transvaser une seconde fois, mais les transporter telles qu'elles sont dans les cantons des sarrasins; et si elles sont entièrement pleines, leur mettre par-dessous des hausses qu'on retirera ensuite avec toutes les provisions qui y seront ramassées. Cependant si la beauté de la

saison et du sarrasin, et la force des ruches pouvoient nous faire espérer de voir les abeilles en
état de remplir une seconde fois leur ruche,
on pourroit, avant de les transporter aux sarrasins, les changer de panier, sur-tout si on
avoit quelque moyen de leur rendre le couvain.
Ces ruches une fois de retour à leur ancienne
place, on doit les conserver et donner ses soins
pour qu'elles nous donnent au printemps suivant des essaims qu'on mettra dans les ruches
de notre façon, jusqu'à ce que le rucher soit
rempli.

Ces mêmes propriétaires doivent transporter
tous leurs seconds et troisièmes essaims pour
les fortifier ; et si les pâturages sont abondans,
ils augmenteront tellement leur travail et leur
population, que l'année d'après ils pourront
donner de très-bons rejetons, ce qui contri-
buera à remplir d'autant le rucher. Tous ces
essaims seconds et troisièmes qu'on destine à
voyager doivent être mis dans des ruches de
paille, dès qu'on les ramasse après leur sortie, et on doit les faire voyager dans toutes les
classes.

Second moyen. Une fois qu'on aura complété
le nombre de ruches qu'on désire, on peut faire

partir pour l'herbage toutes les surnuméraires ou celles qu'on destine à la réforme, après les avoir transvasées dans des ruches de paille, en observant, si leur population n'est pas assez forte, d'en joindre deux dans une ruche, ainsi que nous l'avons expliqué ailleurs. Ces mouches peuvent être changées de panier autant de fois que la quantité de leur travail l'exigera ; puisque dans le transport de ces ruches on ne doit avoir d'autre but que d'en retirer le plus de miel et de cire possible.

La récolte finie, on reporte chez soi toutes ces ruches, qu'on fera périr pour en avoir les provisions, ou on les transvasera dans celles du rucher qu'on veut fortifier, de la manière proposée déjà. On transvasera de même tous les seconds et troisièmes essaims, si cela peut être utile, sinon on les fera périr.

Troisième moyen. Ce que nous venons de dire dans le moyen précédent regarde les propriétaires qui n'ont qu'un rucher ; mais pour ceux qui, étant riches en biens de terre, veulent entreprendre cette culture en grand, et qui ont plusieurs ruchers à la distance de quelques lieues les uns des autres, nous avons quelques observations à leur proposer. Supposons qu'ils aient

trois

trois ruchers, l'un vers le midi, l'autre vers le nord, et un autre entre les deux; que dans le le canton du premier rucher on ne trouve que les fleurs ordinaires du canton, dans celui du milieu quantité de sainfoins, et autour de celui du nord beaucoup de luzernes et de sarrasins : d'abord nous leur proposons, s'ils ne trouvent pas à acheter assez d'essaims pour fournir à ces trois ruchers, de commencer par remplir celui du midi, et ensuite de transporter au second tous les essaims que celui-ci donnera, et dès que ce dernier sera rempli, depeupler le troisième; et en attendant que tous les trois soient complets, on pourra faire voyager les ruches de ces ruchers, lesquelles n'ont pas essaimé, ainsi que nous l'avons proposé dans la première règle ; avec cette différence, que la seconde transvasion qu'on fera pour la récolte du sarrasin (si elle doit avoir lieu) se fasse dans une ruche du rucher du nord, où l'on laissera l'essaim, sans toucher en rien à son travail.

Par ce moyen nous avons un double avantage, celui de remplir rapidement nos ruchers, et celui de sauver les essaims tardifs du premier rucher qui, sans cela, ne pourroient s'établir et se conserver, ou qui nous auroient échappé. Les seconds et troisièmes, en les mariant et en les transportant dans des ruchers environnés de pâturages frais, pourront aussi être conservés très-aisément; on pourroit même transporter ces seconds et troisièmes essaims, dès leur sortie, et les placer dans le rucher du nord : ce seroit un moyen de les faire prospérer avec plus de facilité.

Lorsque ces trois ruchers sont remplis, on peut alors transvaser leurs ruches et les transporter de l'un à l'autre, ainsi que nous l'avons dit dans les moyens précédens, en faisant attention de tenir auprès du troisième rucher tout ce qu'il faut pour en retirer la cire et le miel, afin de ne pas être obligé de transporter ses ruches au second ou au premier rucher, après la récolte du sarrasin, à moins qu'on n'aie dans ces ruchers des ruches foibles qu'on veuille fortifier; dans ce cas on pourra transporter des ruches qui ne seront remplies que d'abeilles, pour les transvaser dans ces foibles.

Tout ce que nous venons de dire sur l'usage de mener herbager les ruches, suppose la culture des abeilles en France dans l'état de langueur où elle est actuellement; de sorte que dans tout le Royaume, même dans les cantons les

plus convenables à cette culture, il n'y a peut-
être pas la dixième partie des abeilles qu'ils
pourroient nourrir. Aussi dans une telle supposition, nous ne pouvons nous empêcher d'avouer
qu'un tel usage, pratiqué avec intelligence,
doit être très-avantageux; mais si les choses
changent, si le goût de la culture des abeilles
reprend en France, si les riches propriétaires
du Royaume ouvrent à la fin les yeux sur leur
intérêt le plus légitime et le plus honnête, s'ils
donnent à la culture des abeilles toute l'attention et l'étendue dont elle est susceptible, nous
pensons qu'alors tous ces avantages diminueront
de beaucoup ou disparoîtront même entièrement.
Certes, si les habitans des villages du Gâtinois,
où l'on voit à l'herbage plus de trois mille ruches étrangères, comme nous l'avons rapporté
d'après M. l'abbé Tessier, vouloient sérieusement s'adonner à élever pareil nombre de ruches, et même davantage, pour en tirer eux-
mêmes le profit de l'abondance de leurs champs,
on n'y verroit plus cette foule de ruches qui y
sont menées de tous côtés pour sucer le miel de
leurs propres plantes.

Il seroit même à souhaiter que cet esprit vînt
aux habitans du Gâtinois, parce qu'alors les

autres propriétaires d'abeilles, sur-tout ceux qui sont riches en biens de terre, se verroient forcés de faire cultiver dans leurs propres fermes toutes ces plantes qu'ils auroient reconnu être infiniment utiles à leurs mouches; ce qui insensiblement étendroit sur toute la surface du royaume cette double culture des abeilles et des pâturages qui leur conviennent, au grand avantage de l'État, par l'abondance de la cire et du miel, ainsi que nous le ferons voir au chapitre qui servira de conclusion de cet ouvrage vers la fin du quatrième volume.

Effectivement, si on cultivoit dans tout le royaume, ou du moins dans les provinces qui sont les plus propres à cette culture, les sainfoins, les luzernes et les sarrasins, comme on le pratique dans le Gâtinois, et si à chaque pays de dix à douze lieues de circonférence on élevoit trois à quatre mille ruches, à quel profit immense n'auroit-on pas le droit de s'attendre? Dans cette supposition, le moyen le plus propre pour arriver à pareille abondance, ce seroit de faire usage de nos ruches qui nous donnent toute la commodité pour les récolter sans inconvéniens, les transvaser et pratiquer par leur moyen tout ce qu'on peut désirer pour le plus grand

avantage des propriétaires et pour la prospérité de nos mouches.

CHAPITRE XV.

*De la manière de retirer, à Syra, le miel et
la cire des rayons.*

LA méthode dont on use dans notre île pour
extraire le miel des rayons, et pour en retirer
la cire est très-simple ; il se peut qu'elle ne nous
mette pas à portée d'en tirer tout l'avantage
possible ; mais toujours elle est plus utile que
celle dont font usage la plupart des cultivateurs de ces pays, qui vendent leurs ruches ou
leurs rayons, tels qu'ils les retirent des ruches,
aux marchands ciriers, faute de savoir extraire
eux-mêmes le miel et la cire.

Dans le Levant, et sur-tout dans les îles de
l'Archipel, on n'a pas la commodité des pressoirs et autres instrumens propres à tirer des
rayons toute la quantité de miel et de cire qu'on
pourroit naturellement espérer ; on n'y emploie
que les mains, un morceau de bois et de canevas bien fort pour en faire un sac. Avec ces

petits moyens qui, comme on voit, sont bien simples, nous parvenons à extraire, à peu de chose près, tout le miel et toute la cire de nos rayons.

Nous avouons cependant que l'usage des pressoirs et autres ustensiles dont plusieurs personnes se servent dans ces pays, donnent plus de miel et de cire par la force de la pression ; aussi nous les regardons comme très-utiles, surtout pour ceux qui cultivent un grand nombre d'abeilles. C'est pour cette raison qu'après avoir exposé nos procédés à cet égard, nous rapporterons ce que nous avons jugé de plus intéressant chez les auteurs que nous avons parcourus ; ce sont MM. Lagrenée et Duchet, dont les méthodes nous semblent les plus simples.

On n'est pas chez nous dans l'habitude de faire plusieurs sortes de miel. Tous nos miels sont presque de la même qualité. Cependant il y a quelques cultivateurs qui mettent à part le miel qui a coulé naturellement des rayons avant de les presser ; ce miel est de toute beauté, tant pour le goût que pour sa clarté et sa transparence.

Voici la manière ordinaire avec laquelle nous faisons le miel. On expose d'abord au soleil les rayons tels qu'ils sont dans le baquet, couverts d'une serviette pour les préserver des abeilles qui pourroient s'y attacher; souvent même nous n'avons pas besoin de les exposer au soleil pour les échauffer, l'atmosphère étant assez tempérée pour produire quelquefois le même effet. Les rayons étant suffisamment mous, nous prenons la quantité suffisante que nous pouvons commodément tenir entre nos mains. Nous la pressons d'abord bien doucement, jusqu'à ce qu'une bonne partie du miel soit coulée, et ensuite de toute notre force, de temps en temps nous enfonçons la matière que nous tenons dans un petit baquet d'eau tiède, placé à cet effet à côté de nous; enfin nous la pressons et repressons jusqu'à ce que nous ayons retiré tout le miel que nous pouvons en exprimer.

Le miel du Levant a beaucoup de corps, et est si épais que, pour pouvoir le détacher des rayons, il faut les mouiller un peu. Cependant le peu d'eau qui se mêle avec le miel n'altère pas sa bonté, tant parce qu'elle est bue par les pots de terre dans lesquels il se conserve ordinairement chez nous, et qui ne sont pas vernis, que parce qu'étant plus légère que le miel, la petite quantité qui en reste monte avec

les autres ordures sur la surface du miel , et
s'enlève en grande partie avec les ordures qui
surnagent.

Quelques cultivateurs, après avoir retiré leur
miel , éparpillent toutes les boules de cire et les
mettent dans un baquet d'eau tiède où ils les
laissent quelque temps ; ensuite ils les lavent
bien dans la même eau, pour que tout leur miel
se mêle avec elle et leur serve à former de l'hydromel, ainsi que nous l'avons exposé dans le
V⁰. Livre au chapitre sur la manière de faire
cette liqueur. D'autres, sans se donner la peine
de les laver, les jettent tout simplement dans
un chaudron pour les faire bouillir et en extraire la cire. Ensuite ils rassemblent toutes ces
eaux et autres semblables, les laissent fermenter, les font passer par l'alambic et en tirent une
eau-de-vie très-forte et très-spiritueuse.

Voici les ustensiles que nous employons dans
la formation de la cire : 1°. une planche longue
de deux à trois pieds, et large d'un ou environ,
creusée un peu dans le milieu.

2°. Un banc quarré oblong, dont deux des
pieds doivent être un peu plus courts de quelques pouces, de sorte qu'en y mettant, dessus
ladite planche, elle penche un peu du côté que
la cire doit tomber.

3°. Un baquet d'environ un pied de profondeur et d'un et demi de diamètre, que l'on place sous la planche posée sur le banc du côté qu'elle penche.

4°. Un sac de toile forte, mais peu serrée : ce sac pourra avoir près d'un pied et demi de longueur sur neuf à dix pouces de largeur.

Tous ces ustensiles doivent être proportionnés à la quantité de cire que nous avons à fondre ; cependant il faut avertir que lorsqu'elle est assez grande, on ne doit pas la faire échauffer, et qu'il ne faut la faire passer qu'à plusieurs reprises.

De plus, nous avons besoin d'un morceau de bois rond bien uni, semblable à celui dont les pâtissiers travaillent leur pâte. Cela exposé, venons à la manière de se servir de ces instrumens dans la formation de la cire.

D'abord nous jetons dans un chaudron la quantité de rayons que notre sac peut commodément contenir, en ne le remplissant que jusqu'à la moitié ; ensuite nous y versons une bonne quantité d'eau, égale à peu près aux rayons. On met le chaudron sur un feu qui ne soit ni trop fort ni trop lent, pour faire fondre tous ces rayons. A mesure que l'eau s'échauffe et que les rayons se fondent, il faut les presser avec une grande cuillier percée de bois ou autre matière, contre les parois du chaudron, afin d'en accélérer la fonte. On doit observer ici que tous les corps étérogènes qui se trouvent dans les rayons, principalement dans les vieux, ne se fondent pas ; tels sont les poussières d'étamines, les dépouilles des nymphes qui, comme nous l'avons dit ailleurs, se ramassent sur les parois, et sur-tout au fond des cellules, où ils forment avec le temps comme de petits boutons ; ces boutons n'étant pas de nature à fondre, on s'exposeroit à brûler la cire, si on ne faisoit pas cette observation, et si on attendoit après leur fonte.

Les rayons suffisamment fondus, voici comment il faut passer la cire. On appuie d'abord la planche creusée sur le banc de quatre pieds dont nous avons parlé, et on l'assujettit, autant qu'on peut avec une vis, ou d'une autre manière sous la planche du côté qu'elle penche, on y pose le baquet rempli d'eau fraîche jusqu'à la moitié ; ensuite on mouille bien cette même planche, les parois du baquet que l'eau n'atteint pas, le sac qui doit recevoir la cire, le bâton qui doit la presser, et tout autre ustensile qui doit servir à cette opération; par ce moyen on détache plus aisément la cire qui pourra s'y attacher.

Tout étant préparé, on verse la cire dans le sac avec une grande cuiller, ou avec le chaudron, en le tenant avec un canevas des deux côtés. Pendant qu'un homme verse la cire dans le canevas, un autre le tient suspendu sur le baquet, jusqu'à ce que les eaux et la première cire en partie soient coulées. On appuie ensuite le sac sur la planche; et pendant qu'un des ouvriers entortille le bout du sac vide, l'autre presse sur la partie qui contient la cire avec le bâton dabord légérement, et à mesure que la cire coule on serre le sac d'avantage en tournant le bout vide, et on le presse avec plus de force. Si l'on s'aperçoit que la cire s'est refroidie, on gratte avec un couteau le dehors du sac, pour en détacher la cire; ensuite on l'enforce dans de l'eau bouillante pendant quelques minutes, et on répète la pression.

Si la matière qu'on doit passer est assez considérable, à peine on aura versé la cire dans le sac, qu'on doit mettre d'autres rayons dans le chaudron pour se trouver prêts aussitôt après la pression de la première quantité. Si la cire qui

est tombée dans le baquet s'est refroidie, il faut
la retirer avant de verser la seconde pression,
sinon on peut la laisser et jeter la seconde sur la
première. Si on doit faire plus de deux ou trois
pressions, il faut alors avoir plus d'un baquet,
et pendant qu'on verse la cire dans le second,
exposer le premier à l'air pour refroidir la cire.

Lorsqu'on la retire, on la pose sur un linge
ou canevas propre à faire couler toutes les eaux :
on gratte aussi le sac et les autres ustensiles
pour en détacher la cire, qu'on met ensuite en
totalité ou en partie dans un chaudron sur un
feu lent jusqu'à ce qu'elle soit bien fondue ;
après quoi, on la retire du feu et on la laisse
reposer un peu , pour que toutes les ordures qui peuvent s'y trouver se précipitent au
fond. Pendant ce temps-là nous préparons des
écuelles suffisamment grandes, dont les bords
doivent être ouverts et bien unis, pour qu'ils
n'empêchent pas les pains de cire de se détacher, lorsqu'ils seront refroidis. Nous les mouil-
lons bien, et nous y laissons au fond une petite
quantité d'eau ; cela fait, on les remplit les unes
après les autres de la cire fondue ; on les laisse
ensuite jusqu'à ce qu'elle soit bien froide ; car,
quoiqu'on voie leurs superficies prises, on s'ex-

pose à les voir crever si on les remue. C'est pour
cette raison qu'avant de verser la cire dans les
écuelles, il faut les poser dans un endroit solide où elles puissent rester, jusqu'à ce que
la cire soit bien refroidie; on retourne alors l'é-
cuelle, et en la soulevant, le pain de cire s'en
détache et tombe dans la main. Nous avons
vu ici mettre dans l'écuelle un morceau de ficelle attachée à un petit morceau de bois, laquelle sert à suspendre le pain de cire à un
clou; cela pourroit donner occasion aux fri-
pons d'y mettre des corps durs qui pourroient
altérer le poids de la cire. Chez nous on n'y met
pas la moindre chose.

Si, malgré toutes ces précautions, on apercevoit des ordures au fond de ces pains, on
doit bien les gratter avec un couteau; cela servira à la propreté de la cire et à empêcher que
les fausses-teignes ne s'y mettent. Il est vrai
que ces insectes ne mangent pas la cire, ainsi
que nous avons eu occasion de le dire, en parlant de ces animaux; cependant ils ne laissent
pas de lui faire grand tort, en cherchant les
matières hétérogènes qui se trouvent parmi la
cire; ils la rongent et ils s'en perd une grande
quantité.

Après avoir rapporté la manière usitée dans les îles de l'Archipel pour extraire le miel des rayons, nous allons rapporter, d'après M. Lagrenée, une autre manière plus commode, suivie dans ce pays, et qui s'exécute avec des instrumens plus propres à tirer une plus grande quantité de miel et de cire.

CHAPITRE XVI.

Du lieu propre à faire le miel et la cire, et des ustensiles nécessaires pour fabriquer l'un et l'autre.

Ce que nous allons exposer dans ce Chapitre, d'après M. Lagrenée, suppose que l'on a une certaine quantité de miel à faire ; « sans quoi on consultera ce que nous avons dit au chapitre précédent. »

« On doit d'abord préparer un endroit propre à faire le miel et la cire, comme est un fourmil. S'il tire le jour du côté du midi, plutôt que du nord, il en sera meilleur, parce qu'il sera plus chaud ; car la chaleur est nécessaire pour faire le premier miel et en tirer davantage.

Obs. I. Le conseil de M. Lagrenée est très-intéressant. La chaleur fait couler plus aisément le miel ; le froid le condense et l'arrête. Chez nous même, comme nous l'avons remarqué au chapitre précédent, on fait échauffer au soleil les rayons, avant de les presser ; cette chaleur les rend plus maniables ; le froid les endurcit et ils deviennent cassans.

« Il est de toute nécessité qu'il y ait une cheminée pour le second miel et la cire ; mais lorsqu'on fait le premier miel, on la bouche exactement avec de la paille ou du foin ; on prend garde aussi qu'il n'y ait des vitres cassées, et on calfeutre la porte, afin qu'il n'y ait aucune issue par où les mouches du dehors puissent s'introduire : lorsque l'on entre ou que l'on sort, on ferme promptement la porte derrière soi ; par ce moyen, on travaille sans embarras et sans inquiétude. »

« Si, malgré ces précautions, il entre quelques mouches que l'on voit voltiger sur les vitres, qu'on se donne bien de garde, par commisération pour elles, d'ouvrir la fenêtre pour leur donner la liberté ; car celles du dehors, attirées par l'odeur du miel, viendroient en si grande foule, que le laboratoire en seroit rempli en peu de temps ; qu'on seroit obligé

d'abandonner l'ouvrage ; qu'il y auroit beaucoup
de miel de consommé et de mouches perdues,
parce qu'alors elles se gorgent de manière à ne
pouvoir plus retrouver leurs ruches. On peut
cependant, vers le soir, ouvrir un instant les
fenêtres pour laisser aller celles qui sont dans
le laboratoire, sans craindre que celles de dehors viennent s'y rendre. »

Obs. II. Si on laissoit ces pauvres animaux
toute une journée renfermés dans l'appartement,
la plus grande partie y périroit ; car, à force de
se heurter continuellement contre les carreaux,
croyant trouver une issue pour s'enfuir, ils épui-
sent leurs forces, et ils tombent sur les traverses
de ces carreaux. S'ils étoient en petit nombre,
et si on vouloit les sauver, nous aurions conseillé de les prendre avec un linge, et de les
lâcher en l'air ; mais de crainte que les insectes
voulant piquer la main qui les tient, ne laissent
leur aiguillon sur le linge, nous proposons de
leur présenter, l'un après l'autre, une goutte
de miel au bout d'une baguette ; les abeilles s'y
attachent pour le sucer, et on les porte dehors
l'une après l'autre. Si, par hasard, il arrivoit qu'une
grande quantité d'abeilles entrât dans le laboratoire par quelque issue échappée à la vigilance
des

des ouvriers, l'unique moyen de les chasser seroit de bien fermer tous les volets, et de rendre obscur l'appartement, d'y pratiquer une
grande fumée de bouse de vache, et d'entr'ouvrir en même temps deux volets; les abeilles
irritées par cette fumée, ne tarderont pas à s'enfuir. Si on craignoit que d'autres n'y entrassent,
on pourroit poser une chaufferette avec de la
même fumée en dehors des deux volets entr'ouverts.

Il pourroit se faire que les travailleurs attrappent quelques piqûres, mais elles n'auront pas
de suite, ne venant que de mouches à demi-
mortes, qui se rencontrent sous leurs doigts en
maniant les rayons. Ce ne sont que des demi-
piqûres, dont le miel qu'ils façonnent peut devenir le meilleur remède en l'appliquant dessus.

Obs. III. Dans plusieurs endroits de cet ouvrage, nous avons indiqué différens moyens pour
appaiser la douleur, et pour empêcher l'enflure
qui suivent ordinairement les piqûres des abeilles. En voici deux que nous avons éprouvés, et
qui sont souverains contre l'une et contre l'autre; la thériaque de Venise et l'huile d'olive.
Pour ce qui est de la première, tout le monde

en connoît la vertu contre toute piquûre veni-
meuse. On connoît aussi la vertu de l'huile, qui
a à peu près la même force; mais une anecdote qu'une personne digne de foi, venue d'É-
gypte, nous a racontée, nous a engagé à en faire
usage contre les piqûres des abeilles, et nous
l'avons fait avec beaucoup de succès. Il y avoit, il
n'y a pas long-temps dans ce pays, un homme qui
s'occupoit par profession à la chasse des aspics;
et, quoique souvent il en fût piqué, on savoit dans tout le pays, qu'il avoit un remède qu'il
ne communiquoit à personne, et qu'il appliquoit
aussisôt sur la plaie; jamais ses piqûres ne lui
occasionnoient aucune suite fâcheuse. Il cachoit
son secret, même à sa femme. Elle ne savoit
autre chose, sinon que son mari qui étoit Turc
ainsi qu'elle, toutes les fois qu'il alloit à cette
chasse, prenoit avec lui un petit flacon qui contenoit ce remède. Un jour voulant faire son ménage et nettoyer son appartement, elle renversa,
sans le vouloir, et jeta par terre ce même flacon, ignorant l'endroit dans lequel son mari le
cachoit; ce flacon se mit en morceaux, et la
liqueur se dispersa. Cependant ayant soupçonné
par tous ces indices, que c'étoit de l'huile d'o-
live, elle s'empressa d'acheter un autre flacon

semblable qu'elle remplit d'huile, et qu'elle re-
mit à la même place. Le lendemain le mari,
sans s'en douter ni s'apercevoir de rien, prend
son flacon, et va à sa chasse ordinaire. La pauvre femme, n'étant pas sûre que le secret de
son mari ne consistât qu'en cette huile, trem-
bloit de peur qu'il ne fût piqué de quelque
aspic ce jour-là. Au retour de la chasse, elle
lui demanda avec empressement, si, par hasard,
il avoit été piqué ce jour de l'aspic, et de quel
remède il s'étoit servi contre son poison; il lui
répondit qu'il en avoit reçu plusieurs morsures,
et qu'il s'étoit servi de son remède ordinaire
qu'il portoit dans son flacon. La femme lui ra-
conta alors son aventure, et le mari avoua que
son secret n'étoit autre chose que l'huile d'olive.
C'est par ce moyen que son secret devint public.
On doit appliquer l'huile sur les piqûres, avant
de mettre aucun autre remède. Nous l'avons
ainsi employée avec beaucoup de succès. C'est
pour cela que nous tenons toujours un petit
flacon de cette liqueur auprès du rucher. Nous
ne nous sommes servis de la thériaque que trois
ou quatre heures après la piqûre des abeilles;
aussitôt l'enflure commença à se dissiper, et le
lendemain elle ne paroissoit point, contre l'ordi-

naire ; car semblables enflures , sur-tout à l'œil , durent deux et trois jours. Nous sommes persuadés que si on l'appliquoit sur la plaie , aussitôt après avoir retiré l'aiguillon , elle feroit cesser la douleur , et empêcheroit l'enflure.

Les ustensiles nécessaires pour fabriquer le miel et la cire , sont ceux qui suivent.

Sept ou huit baquets que l'on fait avec des tonneaux sciés en deux : on les gratte jusqu'au vif , afin qu'ils ne donnent pas de couleur , ni de mauvais goût au miel ; il faut aussi prendre garde qu'ils ne fuient.

Plusieurs paniers , selon la quantité du miel qu'on a à faire , ils doivent être à claire. voie , tant par le fond que par les côtés , avec des anses ; on leur donne dix-huit pouces de diamètre sur un pied de haut. Le fond du panier doit être garni d'une traverse de bois pour le rendre plus solide et moins ployant dans cette partie ; qui porte toute la charge des rayons qui sont très-lourds.

Plusieurs chassis de bois pour soutenir les paniers dont on vient de parler , au-dessus des baquets.

Un mannequin d'osier pour y mettre les rayons sans miel , à mesure que l'on les sépare de ceux qu en sont pleins.

Une espèce de couteau courbé, non en ser-
pette, mais dans le sens des tranchets des cor-
donniers, pour gratter les ruches quand on les
vide, afin qu'il n'y reste point de cire; (*l'instrument dont nous avons donné la description
à la fin du deuxième volume, et que nous
appelons en grec Ghlistro*, suppléera à cette
sorte de couteau dans nos ruches pour en détacher les rayons, et un couteau ordinaire pour
nettoyer les pains de cire); il sert aussi pour
nettoyer le dessous des pains de cire lorsqu'ils
sont froids.

Une cuiller de fer-blanc, telle que celles dont
se servent les ciriers pour faire des cierges:
elle est extrêmement commode pour mettre le
miel dans des pots, et verser la matière bouillante contenant la cire, du chaudron dans le
sac de corde.

Un morceau de canevas, appelé toile à garde-
manger, servant à garnir un panier à claire
voie, pour purger promptement le premier miel
de son écume.

Un petit cuvier dans lequel on verse le miel
pour en remplir ensuite des barils. Ce cuvier
n'est nécessaire que quand on a une grande
quantité de miel, et qu'on veut l'entonner dans
des barils.

I i iij

Un chaudron de cuivre, d'environ quinze pouces de diamètre.

Un trépied de fer.

Une espèce de ratelier de bois, servant à faire
le second miel et la cire. Il faut qu'il soit assez
long pour s'appuyer par les deux bouts sur les
bords du grand baquet ou cuvier qui suit.

Un grand baquet ou cuvier, dont les bords
soient à la hauteur des mains des travailleurs,
pour n'être pas obligés de se courber pendant
leur travail, ce qui les fatigueroit trop.

Un petit pressoir pour extraire le second miel
et la cire (1).

Deux sacs de canevas, servant à faire en
partie le second miel; je les fais de quinze pouces en quarré.

Deux pièces de toile de roide assez grandes
pour garnir le fond de l'auge du pressoir, et se
reployer sur la matière que l'on verse dedans
pour la pressurer.

_____

(1) Nous avions d'abord résolu de faire graver ce
même pressoir de M. Lagrenée pour l'insérer dans
notre ouvrage; mais nous avons changé d'avis, et nous
avons préféré celui de M. Duchet, comme plus simple. On en trouve le plan à la fin de ce volume.

Deux sacs de la même toile, dont l'ouverture soit suffisamment large pour y verser la matière bouillante, et dont la grandeur n'excède pas la capacité de l'auget qui doit les contenir tour à tour. On fait de cette toile à Beauvais; mais avec un échantillon, on en fera faire par le premier tisserand.

Un grand entonnoir de fer-blanc pour entonner le second miel.

Une écumoire.

CHAPITRE XVII.

Manière de faire le premier miel, tirée de l'ouvrage de M. Lagrenée.

« En faisant la séparation des rayons, dit cet auteur, on doit être attentif à ne pas mettre avec ceux qui sont destinés à faire le premier miel, les morceaux qui n'ont que du couvain, ou qui contiennent des poussières d'étamines; ils feroient tourner le miel, sur-tout les premiers. »

Sur ces deux points, nous observons que nous avons déjà parlé du couvain dans plusieurs en-

droits de cet ouvrage, et de l'usage qu'on doit
faire des rayons garnis de nymphes qu'on rencontre dans la taille des ruches; nous avons recommandé de le rendre à sa mère, si elle doit
être conservée, ou à une autre. Sans cela, le
conseil de M. Lagrenée est très-juste.

Quant aux poussières ou molividhes, il est
hors de doute qu'ainsi que le couvain elles donnent un mauvais goût au miel en se mêlant avec
lui. Il est vrai que le miel étant très-lourd de
sa nature, après sa fermentation, rejette sur sa
surface les corps étérogènes les plus grossiers
qui lui sont attachés; mais toutes les parties
fines s'imbibent avec lui, et altèrent sa qualité.

Il est très-facile dans la manipulation du miel
d'observer le mélange des rayons qui sont garnis de couvain; mais la séparation de ceux qui
portent les poussières, est très-difficile. Nous
avons dit ailleurs que les abeilles surchargent
les cellules qui contiennent la molividhe avec
du miel, et qu'ensuite elles bouchent ces cellules avec la cire. Or, comment les reconnoître
et les séparer? On pourroit cependant séparer
ceux des rayons qui ont leurs poussières à découvert. Dans ces pays on en rencontre presque
toujours dans la taille des ruches, sur-tout dans

celle qui se fait en automne. Dans le Levant,
et nous croyons de même dans tous les pays
chauds, on ne voit point un seul alvéole garni
de molividhe sans être surchargé de miel. Nous
croyons que cette différence provient de ce que
ces climats froids produisent une plus grande
quantité de poussières, du moins pour la durée
des fleurs qui les donnent; de sorte que dans ces
pays on envoie les abeilles, dès le mois de mars
jusqu'au mois de septembre , entrer chargées
dans leur ruche. Nous sommes persuadés même
que ces insectes, dans l'arrière saison, trouvent
plus de poussières que de miel, c'est pour cela
qu'ils laissent plusieurs alvéoles garnis de cette
matière, sans être remplis de miel ; au lieu que
dans les pays chauds et secs, comme, par exemple, à Syra, nos ruches ne trouvent abondamment ces poussières que jusqu'à la fin du mois
d'avril; le reste de la campagne ne leur fournit
guères que du miel par la fleuraison du thym.
Aussi nos insectes font-ils une étonnante provision, depuis le mois de février jusqu'au mois
d'avril.

Quoi qu'il en soit, les propriétaires ne doivent point s'alarmer de ce que nous leur disons, que la séparation des rayons garnis de

poussières est très-difficile. Ces rayons n'altèrent effectivement la qualité du miel, que lorsqu'ils sont pressés, sur-tout par la force du pressoir. Ainsi, en faisant son miel de la manière
que notre auteur va nous le dire, par coulement,
il ne recevra presque aucune altération de ce
mélange de rayons.

« Quant aux rayons vides qui ne sont qu'emmiellés, je les expose dans le jardin, pour que
les mouches en fassent leur profit; cela est très-
propre à fortifier les foibles ruches si l'on en a :
je fais de même des vaisseaux emmiellés; afin
qu'il n'y ait rien de perdu. »

« Ceux qui exploitent un grand nombre de
ruches qu'ils achetent de côté et d'autre, doivent
séparer celles qui viennent de pays où il y a du
sarrasin, de celles venant de pays où il n'y en a
point, parce que le miel provenant des premières, communiqueroit l'âcreté qu'il a naturellement au miel provenant des autres, ce qui feroit perdre beaucoup de son prix à celui-ci. »

« Il est bon que celui qui fait l'ouvrage dont
nous parlons ici, ait près de soi de l'eau dans
une terrine pour y démieller de temps en temps
ses mains et ses outils. »

« Pendant qu'un des deux travailleurs (car il

faut être deux pour façonner le miel et la cire)
s'occupe à ce que nous venons de dire, l'autre
après avoir posé le baquet sur le châssis, et sur ce
châssis un panier à claire voie, prend les rayons
pleins de miel que son camarade met dans un baquet à mesure qu'il les sépare des autres qui sont
vides, ou qui n'ont que du couvain. Il les brise à
deux mains au-dessus du panier et y en met
jusqu'à ce que le panier soit plein ; ensuite il
en remplit un second et un troisième, et ainsi
de suite jusqu'à la fin. »

Au lieu de briser les rayons de la manière
proposée par l'auteur, nous préférons d'écraser
tant soit peu, avec une cuiller les alvéoles scellés,
ou de les gratter légèrement pour en écarter les
couvercles de cire, et au lieu de les jeter sans
ordre dans le panier, ce qui empêcheroit une
grande partie du miel de couler, nous croyons
qu'il vaut mieux les y attacher droits les uns à
côté des autres, et dans un sens contraire à
la position qu'ils avoient dans leur ruche. On
sait que nos insectes, en bâtissant les rayons,
donnent une pente aux alvéoles vers leur partie
intérieure pour empêcher le coulement du miel ;
or, en disposant les rayons comme nous l'avons
dit dans le panier, si on a l'attention de les

mettre renversés le haut en bas, cette pente se
trouvera vers le bord, et facilitera le coulement
du miel. Ceux qui ont un peu d'expérience à
manier les rayons distingueront aisément la
position qu'ils avoient dans leur ruche. Ceux qui
ne sont pas au fait de toutes ces particularités
n'ont qu'à examiner quelque cellule vide d'un
rayon, en y mettant encore une épingle du cen-
tre jusqu'au bord, et découvriront dans l'instant
de quel côté les alvéoles inclinent, et ils agiront
en conséquence.

Toutes ces petites pratiques, sur-tout quand
on a l'attention de les exécuter dans un appartement bien tempéré naturellement, ou par la
chaleur d'un poêle, faciliteront beaucoup le coulement du miel, et peut-être en entier, ce qui
nous épargneroit la peine d'employer les moyens
que M. Lagrenée nous proposera ci-après, pour
avoir un second miel; moyens très-embarrasans
et pleins d'inconvéniens. Car outre qu'un tel
miel doit être très-mauvais, la cire doit aussi
contracter de mauvaises qualités, du moins elle
sera très-difficile à blanchir.

Si, en retirant les rayons, après que le coulement a cessé, on s'apercevoit qu'il y eût encore du miel dans les alvéoles, et si dans le pa-

nier il y a plusieurs ordres de rayons les uns sur
les autres, alors il faut commencer par en enlever
un de l'ordre supérieur pour les élargir un peu.
Cela fait, on commencera à plier, d'abord d'un
côté un rayon sur l'autre, et ensuite de l'autre
côté, et on les laissera alternativement dans
cette position pendant une heure ou deux, après
quoi on les retire et on fait la même chose aux
rayons inférieurs. Si après toutes ces pratiques
les rayons se trouvoient encore fournis de quelque partie du miel, qui assurément ne doit pas
être considérable, voici ce que nous proposons
de faire plutôt que de se servir des moyens de M.
Lagrenée. Il faut d'abord retirer tout le bon
miel, établir de nouveaux baquets avec des paniers par-dessus, de la manière proposée par
M. Lagrenée; on prépare ensuite un vase plein
d'eau plus que tiède, mais pas assez pour brûler,
et pour qu'elle ne se refroidisse pas; on la tiendra sur des cendres chaudes. Alors on commencera à retirer un à un les rayons des autres
paniers, on les enfoncera dans ladite eau, et on
les y tiendra deux ou trois secondes; en les retirant de l'eau, avant de les entasser dans le nouveau panier, il faut les tourner d'un côté et
d'autre sur le vase, pour que le gros de l'eau y

tombe. Par ce moyen le miel rendu plus liquide par la chaleur et par l'eau, coulera avec plus de facilité, sur-tout si nous pratiquons ces différens mouvemens des rayons, que nous avons prescrits plus haut; si on ne vouloit pas se donner cette peine, on plieroit tout bonnement le panier tantôt d'un côté et tantôt de l'autre. Après que tout le miel sera détaché des rayons, plusieurs auteurs conseillent de les exposer devant le rucher, pour que nos insectes achevent de les nettoyer. Nous mêmes nous avons pratiqué souvent ce conseil tant en France que dans le Levant. Cependant les amateurs de ces pays, lorsqu'ils voudront exposer leurs rayons aux abeilles, sur-tout s'ils sont en grande quantité, doivent faire attention que se soit dans une journée bien tempérée et éclairée par un beau soleil; car il est étonnant la quantité de mouches qui se jettent dans cette saison sur les rayons qui sentent le miel, et si le temps n'étoit pas fixé au beau, le froid exposeroit la vie d'un très-grand nombre de ces animaux.

Quoi qu'il en soit, nous exhortons nos cultivateurs à bien tremper leurs rayons dans de l'eau tiède, et à bien les laver, avant de les fondre pour en avoir la cire, dans l'intime persuasion

où nous sommes que cette propreté et la nouvelle méthode que nous donnerons au chapitre
suivant pour fondre les rayons, nous procureront
une cire de la meilleure qualité, et plus facile
à blanchir, sur-tout si on vouloit se donner la
peine de séparer les rayons pleins de poussières
et de les faire fondre à part. Il est très-facile de les
reconnoître après que le miel en est sorti; d'ailleurs, ils sont lourds. Toutes ces particularités
nous donnent, il est vrai, quelque peine; mais
nous rendons un grand service aux fabriques de
cire, qui seroient charmées de ne travailler que
de la cire facile à blanchir, et qui, pour cette
raison, nous la paieroient plus cher. Il seroit à
désirer que l'homme cherchât toujours dans ses
opérations à unir l'intérêt de son semblable avec
le sien. Ce seroit le moyen le plus sûr d'espérer
de voir fleurir le bonheur public.

Nous avons oublié de dire qu'il est bon,
lorsqu'on attache les rayons les uns à côté des
autres dans le panier, de mettre entre eux de
petites branches, pour éviter que les uns ne
bouchent les cellules des autres, et n'empêchent
par là le coulement du miel.

« On laisse égoutter ce miel deux fois vingt-
quatre heures, sans remuer la matière. Le miel

sort par le fond et les côtés du panier, goutte
à goutte ; c'est là ce qu'on appelle le premier
miel. Lorsqu'il a dégoutté tout ce temps, on
vide les paniers à mesure pour y remettre d'autres rayons. Ce marc qui doit servir pour faire
le second miel, se met dans de grand baquets
ou tonneaux propres. On y fait, si l'on veut,
par le bas, un trou par où puisse couler le
miel qui est encore bon jusqu'au temps où l'on
retirera le second. »

Si l'on veut faire une portée de ce que j'appelle miel d'ami, c'est-à-dire d'un miel supérieur à celui dont je viens de parler, et qu'on
vend souvent à Paris dans des boutiques d'épi-
ciers pour miel de Narbonne, on met de côté
quelques rayons des plus blancs qu'on brise dans
un panier à part, et qu'on fait égoutter.

Il passe toujours avec le miel des particulles
de cire et de mouches mortes, soit de celles
qui n'ont pas été ôtées avec soin des rayons,
soit de celles qui s'y engluent et s'y noient. Cela
forme une écume qui surnage ; on l'ôte avec
une écumoire autant de fois qu'il est nécessaire,
et on la remet sur le panier d'où elle est sortie ; de sorte que le miel qu'on ne peut se dispenser d'enlever, en ôtant cette écume, se filtre
une

une seconde fois au travers des rayons. Par ce moyen, le miel qui est dans les baquets demeure pur et sans tache. Si on veut l'en purger sur le champ, on le passe au travers d'un canevas fin, appelé toile à garde-manger dont on garnit un panier à claire voie, que l'on pose au-dessus d'un baquet par le moyen d'un carré de bois. »

« Ce premier miel, lorsqu'on le met dans des petits barils, n'est pas aussi facile à entonner qu'on se l'imagineroit, à cause de son épaisseur; ainsi, nous allons indiquer une excellente manière de s'y prendre. On pose sur deux traiteaux le cuvier: on y verse du miel autant qu'il en peut contenir; ensuite on pose le baril que l'on veut remplir immédiatement au-dessous du goulot ou lèvre de ce cuvier : les gouttes de miel qui en découlent par la bonde, qu'on débouche un peu, indiquent juste l'endroit où doit être posé le baril, pour que le miel enfile juste sa bonde. »

« Alors on débouche entièrement le trou du cuvier; ce premier miel, à cause de son épaisseur, ne jaillit pas comme feroit de l'eau; c'est pourquoi il tombe juste dans le baril par la bonde, et en un instant le baril est plein. »

« On rebouche le cuvier avec son bondon; les

gouttes de miel qui tombent dans l'intervalle du temps que l'on met à boucher et à déboucher le cuvier, sont reçues dans un plat par un pressoir. Il faut observer qu'il est à propos pour ne rien perdre, de mettre le baril que l'on remplit dans un baquet dans lequel tombe le miel qui va de côté. »

« Cette méthode de transvaser son premier miel, lorsqu'on le met dans des barils, est fort commode; autrement l'épaisseur du miel mettroit dans un grand embarras, et feroit perdre beaucoup de temps et même du miel. Si l'on met tout simplement son miel dans des pots ou autres vases à larges ouvertures, le cuvier dont je viens de lparler devient inutile; on se sert d'une cuiller de fer-blanc bien arrangée à cet effet. »

« On ne fait le second miel que quand le premier est fini et entonné. Pour faire ce second miel, on prépare le grand baquet ou cuvier dont il est parlé au chapitre précédent : si le cuvier n'est pas assez haut de bords, on le hausse avec des pièces de bois que l'on met dessous, afin que les travailleurs fatiguent moins. »

« Sur ce cuvier on pose une machine faite en forme de ratelier, on met le pressoir en état de servir, on apprête les deux sacs faits de toile à garde-manger, et les deux morceaux de toile de corde dont il est parlé ci-dessus même chapitre. »

« On met ensuite dans un chaudron sur le feu le marc resté du premier miel, environ la moitié au plus du chaudron : on fait un feu très-modéré et sans flamme, autrement le chaudron s'échauffant trop vîte, empêcheroit d'y pouvoir tenir la main pour retourner la matière à son aise. »

« Un des travailleurs tourne donc et retourne sans discontinuer ce marc avec la main; s'il est trop sec, on met dans la première chaudronnée seulement un ou deux gobelets d'eau, de celle dans laquelle on se lave souvent les mains pour les démieller. Aux autres chaudronnées, au lieu d'eau on met une potée du second miel qui a été tiré; cette eau ou ce second miel servent à rendre liquide le marc, et à faire passer le miel qui y est plus aisément au travers du sac de canevas fin. «

« On continue à remuer le marc dans le chaudron avec la main, et de briser les grumeaux que l'on y sent, jusqu'à ce que la chaleur de la matière empêche d'y tenir la main. »

» Quand ce degré de chaleur, suffisant pour

bien fondre le miel, mais non la cire, est arrivé,
un des deux travailleurs tire le chaudron de
dessus le feu, l'approche du grand baquet,
l'autre tient au-dessus de l'espèce de ratelier un
des deux sacs de canevas fin, assez large d'ouverture pour qu'on y puisse verser facilement
la matière qui est dans le chaudron, ou bien on
se sert de la cuiller : celui qui est chargé de
verser la matière dans le sac, a dans chaque
main un morceau de grosse toile pour ne pas
se brûler. »

« Quand la matière est dans le sac, on la lie
avec une ficelle, le plus serré qu'on le peut ;
puis un des deux travailleurs le pétrit comme
on feroit de la pâte ; le miel sort et tombe dans
le baquet ou cuvier qui est dessous. »

« Pendant ce temps-là l'autre travailleur arrange au fond de l'auget du pressoir cinq ou six
morceaux de bois, à égale distance les uns des
autres. Il garnit l'auget d'une pièce de toile de
corde : puis quand il ne sort plus guères de
miel du sac que son camarade pétrit, et bien
avant que la matière soit refroidie, on délie le
sac, on verse la matière qui y est dans l'auget
du pressoir garni de la toile de corde, on en
reploie les bords sur cette matière, on passe des-

sus la pièce de bois qui entre quarrément dans l'auget, on descend la vis avec les mains, puis avec la barre de fer on presse peu à peu pendant plusieurs minutes ; le miel sort par le trou de l'auget, sous lequel doit être un baquet pour le recevoir. »

« Lorsqu'il ne sort plus de miel, on ôte de dans l'auget la toile de corde et la matière qu'elle contient, laquelle a pris la forme d'une espèce de gâteau noir quarré-long, d'environ un pouce ou un pouce et demi d'épaisseur et sec.

« S'il tient à la toile, de façon que l'on ne puisse l'en détacher sans le briser, c'est une marque que le marc étoit trop chaud ; car c'est la cire trop chaude qui le fait ainsi tenir à la toile. Si cela est, on se corrige de ce défaut aux autres chaudronnées. On met ces gâteaux en piles, en attendant que le second miel soit tout-à-fait fini, et qu'on les reprenne pour en extraire la cire qu'ils contiennent. «

« Pour ne pas perdre le temps et ne point user de bois inutilement, aussitôt que le marc est sous le pressoir, on met sur le feu une seconde chaudronnée de marc, que l'on arrange comme la précédente, en observant comme je l'ai dit, si le marc est sec, d'y mettre une potée de second miel, et non de l'eau comme la première fois. »

« Quand le sac de canevas et la pièce de toile de corde sont trop emmiellés, on en change ; et après les avoir mis en presse pour en exprimer le miel qui y est, on les lave dans de l'eau, et on les fait sécher au soleil. »

« Ce second miel fini, on le purge de son écume qui est considérable, comme nous avons dit qu'on fait pour le premier miel. De plus, si on le met dans des pots, on l'écume encore de temps à autre jusqu'à ce qu'il soit pris. »

On feroit très-bien de recueillir toutes ces écumes qu'on retire du second miel et de les conserver dans quelque petit pot avec de mauvais miel, qu'on donnera aux ruches foibles au commencement du printemps. Ces ordures n'étant presque toutes composées que de poussières des étamines, elles sont très-avantageuses à nos insectes dans cette saison ; et comme elles se tiennent toujours sur la surface du miel, afin d'empêcher qu'elles ne s'altèrent dans le petit pot, on le tiendra dans un lieu frais, et après qu'il aura pris, on versera par-dessus un peu de miel liquide pour couvrir ces poussières.

« Il ne faut pas tant d'apprêt pour entonner ce

second miel que pour le premier, si on le met
dans des barils ; comme il n'est pas si épais, on
se sert tout simplement d'un pot et d'un grand
entonnoir de fer-blanc, ou de bois, pareil à ceux
dont se servent les marchands de vin. L'entonnoir devient inutile, si on le met dans des pots
à larges ouvertures ; on se sert alors de la cuiller, comme nous avons dit pour le premier miel.

« Il est bon de donner ici un avis intéressant
aux personnes qui laisseroient par mégarde leur
laboratoire ouvert, comme il m'est arrivé une
fois, en faisant mon premier miel. Une infinité
d'abeilles, de mes ruches et autres, attirées par
l'odeur du miel, s'étoient précipitées dans les
baquets où il couloit. Il y en avoit bien la valeur d'un fort essaim. Presque toutes étoient
sans mouvement et me paroissoient sans vie ;
je les regardois comme perdues, ce qui me
faisoit beaucoup de peine. Lorsque je les eus retirées de dedans le miel avec une écumoire, et
que je les eus mises sur un clayon avec un vase
dessous pour recevoir les égouttures, il me vint
en idée de les exposer dans le jardin, comme je
fais des rayons englués ; au bout de quelques
heures, je fus très-agréablement surpris de
voir que toutes ces mouches que je croyois
mortes à perpétuité, séchées par leurs compa-

gnes, reprendre vie et force, et s'en retourner l'une après l'autre à leurs ruches, en sorte qu'il n'y en eût aucune de perdue.»

Après avoir donné cette méthode de tirer le miel de M. Lagrenée, nous avions préparé un autre chapitre qui contenoit la manière de faire fondre les rayons pour en extraire la cire, suivant les moyens proposés par le même auteur et autres; mais ayant imaginé une autre manière que nous jugeons beaucoup plus facile et plus avantageuse, que nous rapporterons au chapitre suivant, nous n'avons pas voulu entretenir nos lecteurs de pratiques inutiles.

CHAPITRE XVIII.

D'une nouvelle méthode imaginée par l'auteur pour séparer la cire des rayons, plus commode et plus expéditive qu'aucune des précédentes.

En réfléchissant souvent sur la manière de rendre plus facile la méthode de séparer la cire des corps étérogènes, dont sur-tout les vieux rayons sont ordinairement remplis, il nous est venu une idée qui nous a paru si simple et si commode, que nous avons d'abord comme désespéré de sa réussite, ne pouvant nous figurer qu'un procédé d'une aussi facile exécution eût pu échapper à nos cultivateurs de Syra, ainsi qu'à ceux de ces contrées, s'il eut été praticable; cependant nous l'avons hasardé l'année dernière sur les rayons du rucher de M. Lemonnier, et elle a parfaitement bien réussi. Nous y avons même remarqué plusieurs avantages très-intéressans, sur tous les procédés employés jusqu'ici. D'abord, par ce nouveau procédé on retire des rayons une quantité de cire plus abondante qu'avec les anciens. On sait que dans ceux-ci, quoiqu'on fît passer le marc des rayons fondus par le pressoir, il restoit toujours une certaine quantité de cire, et les marchands qui l'achetoient s'en servoient pour en former des toiles cirées; par la nouvelle méthode au contraire il n'y reste aucune partie de cire. Aussi des rayons qui nous ont donné environ soixante livres pesant de miel, avons-nous extrait six à sept livres de cire? En second lieu, dans les anciens procédés on étoit obligé de faire fondre deux fois la cire avant de la mettre en pain, au lieu que dans la nouvelle méthode on peut la mettre en pain dès la première fonte. Enfin, avec cette nouvelle méthode on peut, dans le même espace de temps, fondre quatre fois plus de rayons et en purifier la cire qu'avec les autres procédés; on y consomme par conséquent moins de bois, et on n'a besoin, ni de pressoir, ni d'autres ustensiles comme dans les anciens.

Nous allons maintenant exposer la manière dont nous avons exécuté notre premier essai; après quoi nous dirons ce que nous croyons propre à perfectionner cette méthode, et l'exécuter en grand, lorsqu'on a une bonne quantité de rayons à fondre.

Nous avons mis dans un sac d'un pied et quelques pouces de long sur huit à neuf de large, le tiers des rayons que nous devions faire fondre, bien pressés et bien serrés, pour y en faire entrer le plus possible. Après avoir bien fermé l'ouverture dudit sac avec de la ficelle, nous l'avons mis dans un petit chaudron rempli d'eau, et posé sur le feu. Pour obtenir le succès que nous désirions, nous avons cru nécessaire que le sac rempli de rayons se tînt au fond de l'eau, à trois ou quatre pouces de sa superficie. En conséquence nous avons coupé une petite branche d'environ deux pieds de long, et dont le

bout étoit garni de plusieurs autres plus petites,
mais suffisamment fortes pour notre opération,
et que nous avons coupées; de manière que la
branche présentoit par cette extrémité comme
une main entre-ouverte, avec laquelle nous
avons pressé le sac et l'avons assujetti au fond
du chaudron, l'autre bout de la branche étant
attaché à son axe avec une ficelle. Comme le
chaudron dont nous nous sommes servis ne s'est
pas trouvé assez grand, d'abord partie du sac
débordoit et se trouvoit au-dessus de l'eau; mais
à mesure que les rayons se fondoient et que le
sac s'affaissoit, il s'est enfoncé d'autant plus
promptement, que nous ne cessions de le presser avec la branche.

L'eau avoit à peine commencé à s'échauffer,
qu'on y a vu surnager la cire, et environ un
quart-d'heure après que l'eau eut commencé à
bouillir, la cire s'est rassemblée en quantité;
nous l'avons ramassée avec une cuiller à ragoût,
et versée dans une jatte. Nous avons laissé ainsi
bouillir l'eau pendant trois quarts-d'heure, et
retiré successivement toute la cire que nous avons
vu surnager; nous avons ensuite descendu le
chaudron de dessus le feu, et nous y avons mis
un autre sac plein de rayons, de la même manière que le premier.

En examinant le marc qui étoit resté dans le sac, nous n'y avons aperçu aucune trace de cire ; nous avons cependant trouvé quelques petites parcelles de cire fondue, et qui s'étoit figée entre les plis et replis du sac. Nous avons jugé que cela provenoit, ou de ce que nous n'avons pas laissé assez bouillir, ou de la grosseur des plis du canevas qui l'aura arrêté et empêché de filtrer, ou mieux encore de ce que, en retirant le sac du chaudron, quelque partie de cire fondue qui surnageoit s'étoit attachée au sac et s'y étoit figée.

Dans cette première expérience, nous avons fait plusieurs fautes qu'il faut éviter : 1°. nous nous sommes servi pour former notre sac d'une sorte de canevas clair, ce qui a été la cause que nous avons été obligés de faire refondre la cire pour la purifier, une certaine quantité de marc s'étant mêlée avec la cire et ayant passé avec elle. On évitera cet inconvénient, en se servant pour former le sac d'un canevas suffisamment serré : nous croyons qu'une étoffe de laine, un peu légère, seroit excellente pour cette opération ; elle arrêteroit aisément les ordures et se prêteroit avec facilité à la filtration de la cire : nous sommes persuadés que la cire seroit assez pure,

pour qu'on pût la mettre en pain, en la retirant
du chaudron, sans autre cérémonie.

La seconde faute a été d'avoir mis dans le sac
la cire brute en boules bien pressées; cela doit
nécessairement retarder sa fonte; nous pensons
donc qu'il convient de bien éparpiller les rayons
avant de les mettre dans le sac : la situation
gênante et pressée dans laquelle se trouvoit le
sac peut aussi retarder la fonte des rayons; ainsi
nous croyons que si le sac pouvoit rester au fond
de la chaudière sans être pressé, la cire se fon-
droit plus promptement.

Pour éviter ces fautes et rendre cette opération plus commode, nous croyons pouvoir proposer aux amateurs, sur-tout à ceux qui ont
une grande quantité de rayons à fondre, de se
précautionner d'une chaudière assez grande pour
cette opération, et dont le bord ne soit pas plus
large que le fond; un pied et demi de largeur
nous paroît devoir suffire; car si elle étoit plus
considérable, la cire s'étendroit trop et seroit
plus difficile à ramasser avec la cuiller. On formera un sac à peu près de la largeur du chaudron, et plus court de trois ou quatre pouces. Ce
sac doit avoir la même forme qu'un carton à
manchon, et être composé de trois pièces ; la

principale formera le corps ; les deux bouts doivent être unis et bien cousus, et les deux autres de figure ronde ; l'un formera le fond du sac, et l'autre la partie supérieure. Avant d'être cousus à la partie principale, ils doivent être ourlés, pour que la couture n'offre aucune issue aux ordures des rayons. Au milieu de la partie supérieure, il doit y avoir une ouverture ronde, de trois à quatre pouces, dont les bords soient ourlés ; on formera ensuite une pièce séparée et aussi ourlée, sur les mêmes dimensions que la petite ouverture, par laquelle on remplira le sac de rayons, qu'ensuite on fermera, en y cousant ladite pièce séparée ; toutes ces coutures doivent être solidement faites et bien serrées, pour que rien ne puisse s'en échapper. Tout étant prêt, on pose le sac dans la chaudière qu'on remplit d'eau propre ; et comme le sac rempli de rayons ne manqueroit pas de surnager, il est nécessaire d'employer un moyen facile pour le tenir enfoncé dans l'eau, sans quoi toute l'opération manqueroit. Trois moyens se présentent naturellement, et nous ne doutons point que des personnes éclairées par l'expérience ne puissent en imaginer de plus commodes.

Le premier de ces moyens est de pratiquer

huit anneaux bien soudés et à égale distance les uns des autres, tout autour dans la partie supérieure de la chaudière, à six pouces de son bord. Après qu'on aura posé le sac dans le chaudron au-dessous de ces anneaux, on passera une forte ficelle dans les anneaux situés en face l'un de l'autre, ce qui formera comme une claie très-propre à empêcher le sac de remonter. Après cette préparation, on remplit la chaudière d'eau à deux ou trois pouces près, et on la met sur le feu.

Le second moyen consiste à pratiquer à la même hauteur quatre anneaux au lieu de huit, toujours à égale distance, c'est-à-dire en forme de croix, et quatre autres dans le fond de la chaudière vers le bord; ces quatre anneaux seront pratiqués perpendiculairement au-dessous des autres, ou même entre deux. On formera également huit autres anneaux de ficelle sur les deux extrémités du sac; savoir, quatre dans la partie inférieure, et autant dans la supérieure, qu'on disposera de manière qu'ils répondent directement à ceux du chaudron. On attachera huit morceaux de ficelle de longueur suffisante aux huit anneaux du sac; dès qu'on a approché ce sac au bord de la chaudière, on fait passer l'extrémité de ces ficelles par les anneaux de ladite chaudière qui leur répondent, c'est-à-dire les ficelles de la partie inférieure du sac, par les anneaux du fond ; et celles de la partie supérieure par les anneaux du milieu ; ensuite, à mesure qu'on fait entrer le sac, ou même après l'avoir placé dans la chaudière, on tire à soi ces huit ficelles, et on les attache aux deux anneaux qui doivent exister sur les deux côtés extérieurs de la chaudière, et qui serviront aussi pour la placer sur le feu ou pour l'en retirer. Il faut prendre garde que la flamme ne puisse atteindre et brûler nos ficelles, ce qui nous jetteroit dans de grands embarras. Pour la même raison, nous devons faire attention que tous ces anneaux soient bien assujettis et les ficelles assez fortes ; car si quelques anneaux ou ficelles venoient à manquer, notre opération en souffriroit infailliblement.

Si on emploie ce moyen, il n'est pas nécessaire que la partie supérieure du sac soit, comme dans le précédent, au niveau des anneaux auxquels elle est assujettie ; au contraire il peut être aussi grand que la chaudière, et à mesure que l'eau commence à s'échauffer, la cire à se fondre, et le sac à s'affaisser, nous tirerons peu à peu les ficelles

celles des anneaux supérieurs, jusqu'à ce que le sac soit à leur niveau ; on a soin pour cela de faire quelque marque sur ces ficelles pour les reconnoître. Ce second moyen a sur le premier et sur le troisième un avantage que nous allons exposer, en ce que la partie inférieure du sac étendue et assujettie au fond de la chaudière, tout le marc y est à son aise, et la cire se fond et filtre plus facilement.

Le troisième moyen ressemble à celui dont nous nous sommes servis pour faire notre première expérience. Il consiste à former un cercle de bois, qui doit être traversé par deux barres en forme de croix, au milieu de laquelle doit être assujetti un manche de bois semblable à celui d'un balai, et suffisamment long. Au bout de ce manche on formera un trou pour y passer une cheville et y attacher deux fortes ficelles.

On met le sac (qui peut être aussi grand que celui du second moyen) dans la chaudière, et à mesure que la cire se fond, on le presse peu à peu avec la machine jusqu'à un demi-pied au-dessous du bord de la chaudière, et là on l'assujettira par les deux ficelles qu'on attachera aux deux anneaux extérieurs de la chaudière. Il ne faut pas pousser plus profondément ladite machine, de crainte de trop presser le sac contre le fond de la chaudière, pour ne pas gêner le marc, et empêcher la fonte subite de la cire.

Il peut arriver que le sac, après que les rayons seront bien fondus, ressorte en partie par les espaces qui sont entre les bras de la croix; ce qui gêneroit le rassemblement de la cire fondue. Pour obvier à ce débordement, on liera de la ficelle sur un des bras de ladite croix, et on en fera un ou deux cercles en l'entortillant sur les autres bras.

De ces trois moyens de faire fondre les rayons, nous serions tentés de donner la préférence au premier, si on y pouvoit se servir d'un sac aussi ample, et faire fondre à la fois une aussi grande quantité de cire que dans les deux autres. C'est pourquoi nous conseillons de préférer le second.

Nous allons maintenant exposer la manière de retirer la cire fondue de dessus l'eau. Observons, avant tout, que la chaudière ne doit pas être entièrement pleine; il est nécessaire de lui laisser au moins deux bons pouces de vide, de peur que l'ébullition de l'eau ne jette la cire dehors; pour éviter cet inconvénient, il faut diminuer le feu, dès que la chaudière aura commencé à bien bouillir. Après une demi-heure d'ébullition, on commencera à ramasser la cire avec une grande cuiller à ragoût, et on la versera dans des écuelles préparées de la manière que nous l'avons exposé au chapitre XV. Si on s'aperçoit que la cire ne soit pas assez propre, **il y a deux moyens d'y remédier ; le premier, de** bien échauffer les écuelles, avant d'y verser la cire ; celle-ci conservant alors long-temps sa chaleur, elle a tout le temps de déposer toutes les ordures, et on gratte ensuite le dessous du pain de cire avec un couteau.

L'autre moyen est de ne pas retirer la cire de la chaudière pendant qu'elle bout, mais de la laisser jusqu'à ce qu'elle soit toute fondue ; il faut alors la descendre du feu, la laisser reposer un peu, pour donner le temps aux ordures de se déposer ; après quoi on la versera dans les écuelles. Si, après avoir versé une bonne partie de la cire, on s'apercevoit qu'elle touchât au sac, ou même qu'elle y eût pénétré, il faudroit prendre de l'eau bouillante et la verser dans la chaudière pour y faire remonter la cire : et si on craignoit que la seule chaleur de l'eau ne fût suffisante pour la faire ressortir du sac et surnager, il faudroit remettre la chaudière sur le feu pour la faire rebouillir pendant quelques minutes.

On devroit même enfoncer le sac, pour que la cire ne le touche pas. On éviteroit encore ce touche- ment en y versant de l'eau chaude qui feroit remonter la cire. Après en avoir retiré toute la cire pure, s'il y reste quelque partie sale, on aura soin de la retirer également ; et si on a une se- conde fonte à faire, on la jettera dans le sac avec les rayons, sinon on la fera bouillir dans un pe- tit chaudron, et on la fera passer par un tamis pour la purifier.

Comme nous n'avons fait que ce seul essai sur cette nouvelle méthode de fondre les rayons, nous avons été forcés de proposer plusieurs moyens pour la rendre plus commode dans la pratique, et d'entrer dans des détails minutieux ; mais les amateurs pourront, d'après ce que nous avons exposé, et d'après leur propre expérience, se former une méthode particulière.

N. B. La Planche ci contre représente un pressoir d'après le dessin que M. Duchet nous donne. Il devient inutile pour la cire, après la nouvelle méthode que nous venons de proposer pour l'extraire des rayons ; il pourra cependant servir pour en avoir le second miel. A la fin du second volume, nous avons donné l'explication des autres figures.

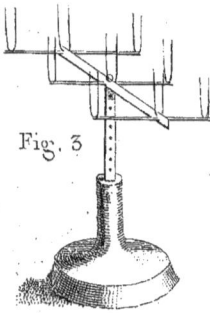

Fig. 3

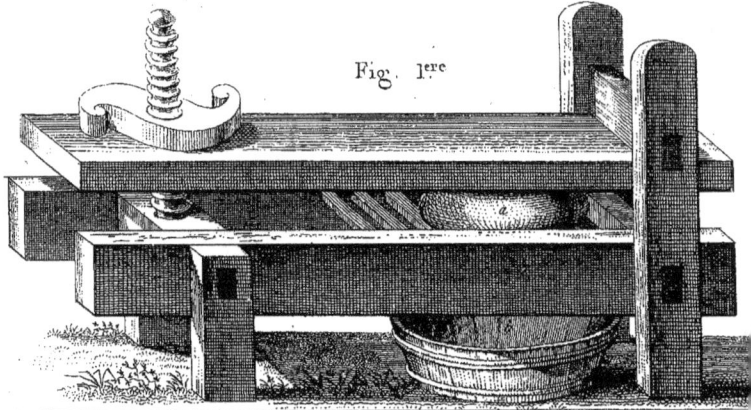

Fig. 1ere

Fig. 5

Fig. 4

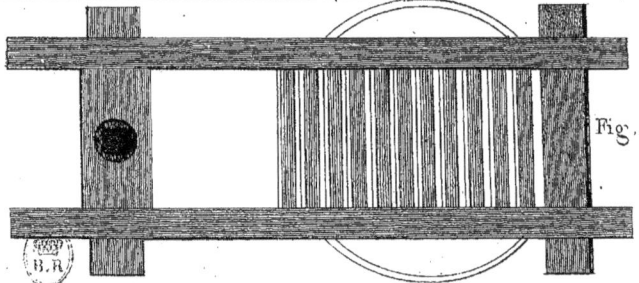

Fig. 2

www.ingramcontent.com/pod-product-compliance
Lightning Source LLC
Chambersburg PA
CBHW031358210326
41599CB00019B/2811